现代物联网技术与发展探索

张鹏　赵满　梁潇　著

北方联合出版传媒（集团）股份有限公司

辽宁科学技术出版社

图书在版编目（CIP）数据

现代物联网技术与发展探索 / 张鹏，赵满，梁潇著. —
沈阳：辽宁科学技术出版社，2024.3
ISBN 978-7-5591-3397-7

Ⅰ.①现… Ⅱ.①张… ②赵… ③梁… Ⅲ.①物联
网—研究 Ⅳ.①TP393.4 ②TP18

中国国家版本馆 CIP 数据核字（2024）第 022271 号

出版发行：辽宁科学技术出版社
　　　　　（地址：沈阳市和平区十一纬路 25 号　邮编：110003）
印　刷　者：辽宁鼎籍数码科技有限公司
经　销　者：各地新华书店
幅面尺寸：170mm×240mm
印　　张：18.25
字　　数：320 千字
出版时间：2024 年 3 月第 1 版
印刷时间：2024 年 3 月第 1 次印刷
策划编辑：王玉宝
责任编辑：孙　东
责任校对：康　倩

书　　号：ISBN 978-7-5591-3397-7
定　　价：88.00 元

前　言

随着科技的迅猛发展，物联网技术作为数字时代的中坚力量，正迅速渗透并改变着我们日常的方方面面。本书旨在深入研究物联网技术的最新进展、关键技术和应用领域，为读者提供一份全面了解物联网的指南，助力他们更好地把握这一引领未来的核心技术。

本书的宗旨在于全面探讨现代物联网技术的发展趋势、关键技术和实际应用，为读者提供深入的理论指导和实践经验。通过系统性的介绍，我们希望读者能够对物联网的核心概念、技术原理和实际应用场景有更全面的了解，从而更好地应对数字时代的挑战。

本书作为一份现代物联网技术的权威指南，通过理论分析、实际案例、发展趋势等多个维度，阐释了物联网技术的核心概念和应用场景。同时，本书旨在激发读者对物联网科技的思考，促使他们更主动地参与并推动物联网技术的发展。

通过本书的学习，我们期望读者能够深刻理解现代物联网技术的内涵与外延，更好地应对日益复杂、多变的信息社会需求。物联网作为连接一切的技术纽带，将持续推动科技的创新和社会的进步。愿本书能够为读者提供一个窗口，让他们深入了解物联网的无限可能，共同见证数字时代的精彩发展。

本书由齐齐哈尔大学张鹏参与编写第六章、第八章、第九章的内容，约140千字；齐齐哈尔大学赵满参与编写第三章、第七章的内容，约90千字；齐齐哈尔大学梁潇参与编写第一章、第二章、第四章、第五章内容，约90千字。

本书出版得到以下项目基金的资助：

[1] 黑龙江省省属本科高校优秀青年教师基础研究支持计划，项目编号YQJH2023105，不确定性系统鲁棒信息融合 Kalman 滤波；

[2] 黑龙江省高等教育教学改革一般项目，项目编号 SJGY20210963，课

程思政视域下物联网专业方向课程组教学改革研究与实践；

[3] 齐齐哈尔大学教育科学研究项目，项目编号 GJQTZX2021025，新形势下大数据技术课程思政元素探究；

[4] 黑龙江省省属高等学校基本科研业务费科研创新平台项目，项目编号 145309328，无线传感器网络时序数据挖掘研究；

[5] 齐齐哈尔市科技计划创新激励项目，项目编号 CGYGG-202309，大气环境监测数据湖数据资源目录技术研究；

[6] 齐齐哈尔大学教育科学研究项目，项目编号 GJQTYB202301，基于 OBE 理念的物联网工程专业《大数据技术与应用》课程建设。

目　录

第一章 物联网技术概述

第一节 物联网与物联网技术

物联网技术作为基于现代互联网信息技术发展而来的新兴技术，其不但给社会生产活动带来了新的影响，同时也改变了人们的生产生活方式。首先，介绍物联网技术的概念与内涵，其次，分享物联网技术的主要特征，最后，则结合物联网技术的应用发展现状，对未来的发展趋势进行分析与展望，希望可以有效提升物联网技术在我国现代化建设中的作用，为实现我国社会主义现代化建设做出积极的贡献。

物联网技术又称为信息传感交互技术，该技术能够通过不同类型的信息传感设备与互联网连接来构成新的网络系统，其目标是实现设备的远程控制与连接，同样，也可以结合智慧生产生活体系来提升人们的生活质量。作为新一代信息技术的载体，物联网技术的应用也会带领计算机、移动通信与互联网基础研究技术的进步，实现信息产业的又一次革命。为了进一步探讨物联网技术的发展趋势，现就物联网技术的定义与内涵、特征分享如下：

一、物联网

物联网技术最早出现于 20 世纪末。实际上，最早物联网技术的定义很朴素，就是通过射频识别来实现所有物品传感系统与互联网的连接。根据这个定义，信息的交互与通讯是物联网技术的基础，同时，也是实现后期智能化识别控制的核心。根据物联网技术的定义我们不难发现，物联网能够实现不同类型的信息整合，关键依赖于信息传感设备的有效利用，其中应用较为

1

广泛的类型包括射频识别装置、全球定位装置、激光扫描装置等，另外，红外感应等应用比较广泛的技术也被纳入其中。根据物联网技术的发展规划历程进行分析，射频识别技术是其中最为关键的技术指标之一，这是由于该技术不但可以识别到物体的信息，还可以让物体"开口说话"，是智能化的前提。物联网技术的应用构想中，对信息的互用性提出了很高的要求，借助于无线数据来实现信息的自动化采集已经成为中央信息系统的构建模板，它也是实现物品识别，经过网络信息交换共享的关键。

二、物联网的技术特征

物联网技术是基于计算机互联网基础上的技术类型，可以借助射频识别、无线数据等多种技术来实现不同类型事物之间的衔接。传统的互联网在进行信息传播时，需要借助于网络媒介，但是不能实现不同类型事物之间的衔接，而物联网技术的出现与发展，则可以很好地解决这个问题，实现不同类型物品之间的交流。借助于计算机互联网的识别功能，再添加上信息的互联与共享，最终，达到理想的信息整合与资源利用。在物联网概念提出后，传统的互联网格局被打破，新的应用模式与技术领域也开始向更为高层次的方向演进和发展。一方面是基础设施层面上的应用，包括建筑物、机场等，而另外一个方面就是数据层面上的应用，包括个人电脑、宽带等，多个方面之间的协调就是通过物联网技术来实现的。通过将多个信息资源整合在一起，就可以达到更为理想的设备应用效果。所以，无论是国家建设还是日常生活中的各种生活用品、家用电器，都可以通过物联网技术来实现相互的连接，对相关资源进行整合后，人类社会与物理层面上的系统就形成了更高维度的连接。这也为进一步推广智能化提供了基础条件，对于改善人与自然的关系也具有一定的作用。

三、物联网技术在我国的应用与发展

物联网技术在我国的应用已经有多年的历史，在实际开展过程中具有许多优势，同时，也要面临各种问题，分别就应用现状与发展前景做如下分析：

1. 应用现状

从实际应用层面来看，物联网的开展不是仅仅依靠某个人或者某个公司就可以实现的，而是需要全社会的参与和协调。在政府的主导下，再加上各种法律法规的支持，才能够实现物联网技术的规模化应用。物联网技术的特征决定了它在应用过程中需要同时考虑各种属性，包括管理性、参与性，还需要考虑一些基本的属性类型。从技术层面上来看，物联网技术作为综合性较强的技术类别，对人才的整体需求较高，复合型人才的数量不足成为物联网技术发展的障碍。另外，由于物联网技术的覆盖面较为广泛，所以，没有任何一家企业能够在技术层面上进行垄断，而国内各企业在应用物联网技术时，也会出现技术水平差异与壁垒，导致各企业局限于行业内部的使用而无法实现整体的布局规划。一些技术传感器、应用软件的使用也会受到不同程度的限制。

2. 发展前景

物联网技术在我国已经具有 10 年的历史，随着物联网技术的进步，它在国内的应用也逐渐得到了关注，从国家层面对物联网技术也提出了科学发展的战略部署要求。从客观上来看，我国的物联网技术依然处于初级发展阶段，这个阶段流通业对于物联网的应用较为频繁，而其他领域的现代化建设还存在较大的发展潜力与发展空间。随着时间的推移，物联网技术也会向着无线智能化的方向发展，包括通信技术、传感器端机制造以及基站的构建等，都是未来发展的热点。目前，国内许多知名企业都开始在物联网领域跃跃欲试，包括联通、电信以及移动等企业都取得了阶段性的建设成果，通过在这个领域持续发力，既可以提升企业的内部运行效率，也可以在未来的发展规划中获得一定的发展先机。从世界范围来看，物联网技术的发展正向着标准化的方向迈进，我国也与德国、美国、韩国等国家成为国际标准的制定者，通过联合美国相关机构来构建物联网国际化标准，在民航、电网、公路安全等领域都取得了突破性的进展，一些产品更是通过物联网实现了出口，取得了良好的经济效益与社会效益。

综上所述，物联网技术在我国现代化建设与发展中具有不可替代的作用，为了充分发挥物联网技术的应用优势，需要做好物联网技术的特征分析与整理，找到其技术的薄弱环节并投入更多的精力进行技术整合、研发升级，以此来体现物联网技术的优势，为更好地提升资源综合利用率，满足现代化发展的客观需求创造良好的条件。

第二节　大数据时代下的物联网技术

进入新时代后，物联网和大数据技术得到迅速发展和广泛应用，促进了各个生活领域的发展。物联网和大数据技术的出现和发展，使人们的工作及生活更加轻松，并且显著改变了社会生产方式。

时代的发展为物联网的发展提供了前所未有的机遇。随着物联网技术的发展，大数据的应用也达到了新的高度。物联网是主要的数据源，大数据也是数据应用和决策支持有价值的辅助手段。对大数据的处理是物联网的发展趋势。

一、大数据与物联网结合的优势

大数据对军事、医疗、社会和其他部门产生了深远的影响。在大数据时代，所有单位和个人都会受到数据的影响。特别是在智能设备的日常使用中，互联网数据的生成终端处于多样化状态。在分析商业部门消费者的消费模式时，大数据已被充分应用于提供更有针对性的服务。例如，根据互联网上的消费者搜索协议，可以为用户推荐更好的产品和服务。在开发物联网方面，也面临着大数据的机遇，在物联网中使用大数据具有以下优势：①大数据可以帮助物联网相关部门扩大数据收集的范围和空间，并创建网络交流空间。例如，在传统的农业生产中，农业信息的收集必须手动完成。所获得的信息有限，收集时间长，难以实现农业生产中的物联。利用大数据分析，可以将各种农业生产信息整合到物联网中，并且使用大数据分析、创建农业生产指南，然后创建互联网对象。使用农业生产传感器收集信息，并将物联网和大数据应用于农业生产。②大数据可以推动物联网的智能化发展。在当今的物联网中，物体之间的连接是利用各种红外检测技术实现的，这些技术是互联网的源头和支持，用以采集物联网的数据。随着互联网数据的指数倍地增长，在物联网中使用大数据是对传统物联网中难以接触的信息的反馈。例如，城市交通中的传统物联网只能根据路线推断出车辆到达的时间长短。然而，通过互联网的数据分析可以得知过载的情况，并科学地确定车辆的到达时间。同时，它也优化了城市管理，减轻了城市交通的压力，使交通更加智能、人们的生活更加舒适。

二、物联网大数据特点

自 20 世纪 90 年代以来，物联网的概念不断发展，但由于技术的限制，不可能建立生态化和系统化的联系，这在过去 10 年还是难以开发出来。在互联网信息技术的基础上，实现物联网技术的发展和扩展，成功实现技术目标，实现智能信息的传递和要求，使得数据采集需求得到满足。与传统的互联网协议相比，物联网技术具有重要特征。对于传统模型，因特网的形成基于传输控制协议 / 因特网互联协议（Transmission Control Protocol/Internet Protocol，TCP/IP 协议），但是在物联网网络中，网络信息节点的数据基于机器对机器（Machine to Machine，M2M）协议或 ZigBee 协议传输。数据传输距离不同，数据量不同，但整个传输节点密度较高。在大多数物联网系统架构中，不能通过以太网访问物联网节点，但代理功能通常可以实现网关功能，以满足节点的非 TCP/IP 协议转换要求，再将其传输至远程服务器。远程服务器可以存储物联网的数据并分析其持久性。原因是单个物联网节点信息较少，但密度较高，代理必须在一定程度上保证传输数据的可能性，这样才能提高其可靠性。

三、大数据时代物联网技术的应用

1. 利用物联网打造智慧城市

近年来，我国的城市化进程不断加快，越来越多的人涌入城市，智慧城市正在提出改善人口生活条件的概念。在建设智能城市时，有必要获得有关人口和居民需求的更多信息。因此，有必要建立一个有效的管理平台，加强相关信息的管理，创建城市数据中心，物联网可以有效地实现这一工作目标。利用物联网技术，相关从业者可以为建设智慧城市制定更合理的蓝图，创建以人为本的智能城市。此外，许多行业都参与建设智能城市，物联网技术的应用体现在各个方面。例如，物联网技术在城市交通系统中的应用，就是充分利用了物联网技术来处理交通信息等。

2. 在煤矿开采中的应用

"安全生产，重于预防"这简短的 8 个字已经在各行业安全生产标语中出现了多年。关于企业安全生产的要求，从"口号"到"真正实践"，如何实现更有效的预防和监督，社会本身从未停止思考和探索。实际上，防止安全生产事故的最有效方法之一就是确定安全生产中的事故来源，并加强安全生产中的事故预防措施，排除生产事故隐患。由于采矿洞穴的复杂情况和频繁的安全事故，煤炭开采是非常危险的行业，死亡率极高。随着社会的进步和人身安全观念的提高，依靠社会和企业人力资源组织识别隐患的传统方式显然不能满足安全生产的要求。因此，提高行业的安全水平已成为业务发展的重中之重。物联网和大数据技术的出现可以解决上述问题。企业可以通过互联网捕获，可靠地传输和智能地处理生产过程中发现的信息对象和大数据。目前，煤炭开采过程中潜在安全问题的检测率并不高，因为安全检查员在处理安全问题时，仍主要依赖经验、安全风险感知以及调查工作经验。

3. 在电子商务中的应用

大数据技术的应用范围是巨大的。在电子商务中，大数据和物联网等技术也得到了充分应用。为了响应国家的生产安全政策，并实现企业的快速、健康发展，尽可能实现所有假冒伪劣产品都能被识别出来。通过大数据平台的过滤分析，淘宝已经能够识别批量交易中的假冒伪劣产品。阿里巴巴控制平台的信息安全经理倪良曾表示，在电子商务平台中，消费者行为和淘宝卖家自下而上的商店行为，使得假冒商品的来源不明、商品质量较低，如果使整个商业网络存储在数据处理服务器中，则商品的来源和品质可以得到有效保护。根据最新消息，阿里巴巴审查了大量数据，与相关部委联合打击销售假冒商品犯罪。阿里巴巴充分利用庞大的数据、云计算技术，对淘宝平台上所有产品的来源进行监控，并制定最有效的处置方案。

4.大数据在物联网网络层中的应用

网络层主要包括几个用于收集、传输和接收信息的设备。一旦检索到设备硬件信息以收集信息，数据就通过无线网络下载到系统中。从捕获层发送到云计算设备和平台进行处理和报告不同的数据。例如，来自温度传感器和湿度监测设备所获得的数据，集成发射器将它们发送到云计算平台，用于计算室内温度适配人的体感温度，或通过消费者空调，云计算获得通过定制温度获得的数据。系统给出调整这些设备温度的指令。

5.物联网在新时期的应用

①智能家居领域。在智能家居中，通过安装网络摄像头、智能开关和门锁，将监控数据集中发送给用户，并使用技术智能地进行配置和管理物联网。②食品安全。物联网技术在食品工业的应用，主要用于跟踪食品的生产和加工。通过使用条形码和射频识别(Radio Frequency Identification，RFID)标签，跟踪和管理食品的加工、运输、储存和分配的整个过程。近年来，物联网技术不断发展，传感器技术也得到了更新。工作人员可以利用传感技术密切监控与食品加工和运输相关的安全因素，如灰尘颗粒、温度和湿度。③工业智能化领域的应用。许多公司已经构建了使用物联网技术收集、监控和显示数据的平台。数据的广泛应用有利于工业用户的数字化转型。

四、大数据时代物联网技术的发展

1.优化物联网技术的安全管理

物联网技术在很多领域都有普遍应用，但物联网技术本身也存在一定的弊端。其中，物联网技术的安全性就引起了人们的关注。物联网技术的应用尚未完全成熟，这可能导致金融风险，对公司可能会产生严重的负面影响。因此，在物联网技术的未来发展中，有必要关注、解决安全管理问题，寻找有效的方法避免安全风险，提升物联网技术应用的安全性。

2.建立统一的物联网技术标准

物联网技术的应用范围非常广泛，可以应用于许多领域，但不同领域的管理方法和生产方法之间存在重大差异。所有领域和部门都需要一个统一的标准以便相互交流。如果所有部门都没有统一的技术标准，物联网技术会增加申请流程的成本。因此，在物联网技术的未来发展中，需要建立统一的技术标准，以确保物联网技术数据和系统的不同编码、不同技术接口以及相互之间的互动平台是协调统一的。

物联网的出现，从根本上改变了人们的生产和生活方式。大数据的结合与物联网智能化的开发和应用，无疑将促进生产和社会生活的智能化趋势。基于物联网和大数据的概念，本节分析了将大数据集成到物联网中的优势和方法。可以看出，随着大数据技术的发展，物联网也被广泛应用于人们的生活，并且在城市管理、医疗保健和产品生产、物流和推广等领域提供技术支持，从而推动整个社会的智慧化发展进程。

第三节　5G 时代物联网技术

5G 技术的应用与发展，极大地改善了生产生活现状，当前要加强对 5G 通信与物联网技术的有效融合。本节首先对 5G 通信技术的优势以及物联网技术的相关内容进行探讨，并进一步研究 5G 时代下物联网技术的应用。

随着 5G 时代的到来，物联网的发展速度越来越快、应用规模越来越大。5G 技术的出现，极大地满足了物联网核心需求，尤其在海量连接以及 1ms 时延方面，更是有效提高了物联网技术的应用效果。在具体应用环节中，要对 5G 基础上推行的物联网加强有效的审核，进而确保物联网技术的高速发展。

一、5G 技术优势分析

为了能够给用户提供更高的信息数据传输速率，5G 技术应运而生。现阶段，随着 5G 技术研究工作的不断深入，其优势越来越明显：①传输速率更高，这也是 5G 技术的一个基本特点。从理论上来说，5G 网络的最高传输速率能够达到几十 Gbps，比如，一部超高画质的电影，能够在 1s 内下载完成。②5G 技术的优势还体现在高兼容、高容量方面。不同种类的设备，都

8

能获得 5G 网络的支持。因而，只要所用设备达到了 5G 技术规范的标准，就可以正常使用。比如，生活中常见的健身器材以及智能家电等。③ 5G 的接入更加稳定。在进行网络视频以及网页的浏览与观看时，不会再出现卡顿、停滞的问题。④ 5G 网络有着低时延、高可靠的优势。3G 网络时延维持在 100ms 左右，4G 网络的时延主要在 20-30ms 左右。但是，5G 网络的时延能够有效地控制在 1 个 ms 之内，因而，相关业务的开展更具可靠性。

相比于计算机技术、互联网技术而言，物联网技术同样是一种新型的信息产业技术，通常情况下，该技术也被称作传感网技术。随着 5G 时代的到来，物联网技术的应用范围将更加广泛，尤其在现代城市公共安全领域、卫生领域以及交通领域的应用，能够显著地改善居民生活质量，提高城市发展的现代化效果。早在"十三五"规划期间，我国就已明确指出，要积极发展 5G 时代下的物联网技术，并推进相关技术的应用。此外，这一期间也对相应的通用协议、标准等方面内容进行了研究。通过物联网技术在各行各业中的应用与发展，能够有效提高资源的互联、互通与共享水平。物联网技术的应用和发展，与技术层面的改革、创新有着密切的关系，随着信息化时代的到来，要积极借助国家层面的政策扶持，加速对物联网技术的研究与应用，特别是在各大高校中，加强对物联网信息技术等课题的深入研究，将 5G 技术与物联网技术进行有效的融合。

二、5G 网络对物联网技术的影响

一方面，5G 技术能够有效地改善传统网络，尤其在传输速率方面，使得信息的传输质量与效率大大提高。另一方面，5G 网络的覆盖范围更广。通过应用多天线传输以及高频段运输等技术，再加之通信设备的不断完善，使得 5G 网络的覆盖面积大大提高。此外，随着 5G 时代的到来，人们的创新思维更加发散，这对于提高创新能力与水平有着积极的作用。

三、5G 时代物联网技术的应用分析

作为信息技术的一个重要分支，加强对物联网信息技术的研究与应用，

不仅可以改善居民的生活质量，而且对提高生产生活水平也有着重要的作用。当前，在物联网技术的推动下，智能家居、智能社区以及智能城市等领域的研究已经取得了初步的成果，尤其是智能家居系列产品的应用，改变了居民的生活方式，提高了居民的生活品质。同时，物联网技术在人体芯片领域以及无人驾驶领域的应用，也取得了良好的效果。但是现阶段，仍要加强对技术应用缺陷的弥补，改善 5G 时代物联网技术的应用状况。

1. 5G 时代物联网技术的发展优势

当前，在进行 5G 信息技术的建设与应用时，基站的建设数量越来越多，这就使得物联网以及相应设备在周边程呈现出天线阵列。这将使得信息数据的传输更加清晰，并且传输环节所覆盖的区域更广。同时，通过物联网的信息终端设备与近端 5G 基站设备相接触，使远端的 5G 基站感知层的数据传输速率大大提高，这也是 5G 背景下物联网技术应用的巨大优势。此外，通过将 5G 信息技术与物联网技术进行融合，形成天线阵列，进而提高了阵列的容量，使上网速度更快捷。另外，5G 技术还能促进设备朝着便捷化、小型化方向发展，通过二者的有机融合，可以有效减少网络信息设备的种类与数量，进而为设备的安装与维护工作提供便利。

2. 智慧家庭

智慧家庭的建设和广大的用户之间有着最为直接的联系，对于智慧家庭这一愿景而言，需要将家庭内部的全部物品都与电子标签相关联，进而实现统一管理。在信息化的智慧家庭管理系统中，每一个家庭成员都能及时地了解所有物品的情况，并且能够提供查找、管控等功能。同时，该系统还能将设备的相关信息与运行状态及时地反馈给家庭成员，以便后期进行处理。该系统还能主动与相关维护单位进行联系，提高了检修工作的智能化效果。尤其在水表、电表以及煤气表等仪器信息的自动采集方面，可以有效降低相关人员的工作量。但是，就目前智慧家庭的应用现状而言，真正借助物联网技术得以实现这一愿景的并不多。居民往往只将汽车、手机等物品通过物联网与相应的智能管理系统相连接，但是对于水表、电表等设备，并没有真正实现信息的并网传递与处理。究其原因，主要是此类信息数据包相对较小，并且对于实时性的要求也不高。因而，4G 网络就能很好地满足上述需求。现阶段，在进行物联网技术的应用时，要注重 5G 网络的应用，提高信息传输的速率与可靠性，将 5G 网络与物联网技术结合使用。

3. 智慧社区

在社区日常生活中，通过云计算以及物联网技术的应用，能够有效提高居住环境的安全性、舒适性。一方面，在智慧物业管理工作中，通过应用防盗系统以及防火系统对社区进行智慧管理，有效提高居住环境的安全性。同时，借助于物联网技术，可以对停车场、公共设施进行智慧管理。另一方面，在开展养老服务与管理工作时，借助物联网技术以及各类型的传感器设备，可以及时地了解老人的生活起居状况以及健康状况，进而提高社区养老服务质量。

4. 智慧城市

在智慧城市的建设环节中，通过对物联网技术的应用，可以大力发展智慧交通、智慧政务等领域，各个城市通过建立相应的综合管理运营平台，进而达到一体化管理的效果。这一过程中，需要借助物联网技术构建一个完善的城市监控体系，该体系下需要进行大量视频以及图像等数据的传输，这就对网络的带宽、容量、稳定性等方面提出更高的要求。但是，5G 网络不仅有传输速率高、容量大的优势，在可靠性、时延性方面还有着极大的优势，能够很好地满足上述要求。因而，在进行智慧城市的建设过程中，要加强对物联网技术以及 5G 技术的研究与应用，进而为智慧城市的建设提供强大的数据传输支持。此外，在硬件、软件以及配套设施方面，也要积极进行研究，让物联网技术下的智慧城市美好愿景成为现实。

对于物联网技术而言，它是现代化信息技术的一个重要分支，随着 5G 时代的到来，物联网技术的应用将更加广泛，并且，物联网技术的发展规模也将越来越大。当前，要加强对 5G 时代下物联网技术的研究，尤其在智慧家庭、社区以及城市的建设工作中，要加强对该技术的应用，提高居民的生产生活质量。

第四节 信息安全

物联网也称传感网，是通过传感网络和信息技术能够把物体和网络之间相互连接，以此获取相关的信息，进行业务应用的一种网络处理系统。本节分析研究了物联网面临的信息安全威胁，以及防护策略。

在社会不断发展的背景下，物联网技术得到了有效的应用，它能够把物品和网络之间进行有效的连接。通过信息通信交换的形式，实现设备的智能化应用。在物联网技术运行的过程中，信息安全是值得人们关注的。因此，下文从物联网技术信息安全角度出发，对其进行详细的探讨，希望能够为物联网技术通信安全运行提供相应借鉴。

一、物联网面临的信息安全威胁

1. 物资的保密安全

在物联网系统中，要合理运用射频识别技术。RFID 标签被合理地整合在物资之中。用户在进行物资使用和运输的过程中，或被中途截取，或者不受控制、无法定位等。这会对物资的安全产生一定的影响，也会对使用者的人身安全产生影响。这其中涉及技术问题，也涉及了个人隐私的法律问题。

2. 节点的安全问题

物联网在部署和应用的过程中具有一定的开放性，其中涉及的感知节点或是末端设备，经常是处于无人监听、难以防护的状况。这样感知节点就经常会被人为损坏，引发出的安全问题可能会对传感的信息产生一定的影响，导致信息丢失等。同时，信息感知和采集之间存在一定的不同，末端感知节点设备往往涉及了比较多的内容，涵盖了比较多样的对象，在整体上不能制定出完善的解决方案。感知节点或者末端设备往往因为自身单一的性能，而不能对保护功能进行有效的完善，这也成为物联网安全系统中的防护难点。

3. 信息安全传输

和传统的网络相比，智能传感设备物联网技术往往是在攻击者的眼下所产生的。在传输的过程中经常会运用无线或者卫星设备，这样也增加了信息被攻击的可能。所以，在传感网络进行信息传输的时候，经常会受到干扰和侵袭。其中涉及伪造数据形成的堵塞和信号屏蔽，这导致末端不能接受信息。由此也可能出现假冒身份、伪造数据等行为。这都在很大的程度上对物联网信息产生影响。尤其是在当前物理位置信息的精确度越来越高的情况下，人们对它也越来越关注。

（四）网络系统的黑客攻击

在网络运行的过程中，时常会受到黑客的侵袭。尤其是那些涉密程度比较高的内容。通过恶作剧攻击形式来找出网络运行中的漏洞，导致网络出现问题。其中最危险的是敌对势力的攻击。另外，代码攻击和拒绝服务等都会对物联网信息技术产生一定的影响。和传统的网络攻击不同，攻击者往往是从系统的漏洞出发，并能够斩获相应的权限。通过进行数据篡改和破坏的手段下，导致物联网终端传感节点难以实现有效的工作。这个过程具有一定的隐蔽性和破坏性，因此难以防范。

二、物联网技术信息安全防护策略

1. 感知层安全层面

物联网系统中涉及很多的节点，主要有传感器、智能控制设备等。这些设备的合理运用会让物联网正常运转。但是，这些设备在接口标准和数据标准上并没有统一的整合。这就为物联网技术信息的安全问题带来了隐患。比如，物联网监控系统经常受到无线电波的干扰，在信息采集上会出现安全问题，导致信息传输出现泄漏。所以，在这样的情况下，就应该从感知采集阶段出发，安装安全认证，通过信息加密处理的形式，保证信息不被轻易篡改和非授权使用。这其中还应该使用安全路由、秘钥管理等安全技术。在对关键技术进行标准化的过程中，让基础设施得到有效的整合，同时，针对运行中的安全问题，提供有效的设施保护。这样，在实时关注设备运行的情况下，保证物联网信息在无人看守的情况下正常运行。

2. 传输层安全层面

物联网在进行信息传输的过程中，往往需要移动无线网、互联网和专业网络作为载体。在这一过程中，主要是能够把信息传输到处理层上，通过对传输节点和多项传输节点的共同研究，使信息得到顺利的输送。在此过程中，应该对移动节点、固定节点以及传输线路进行合理的监控，让网络安全形成虚拟的安全专网。这样，才能够让网络运转展现出一定的可靠性和准确性。同时，通过秘钥管理和节点加密等技术，创建完整的数据安全预防机制，在这其中，应该对网际间的移动节点和设施进行合理的管理。

3. 处理层安全

通过完善的认证机制和秘钥管理模式，结合秘钥的相关计划方案，保证数据拥有一定的机密性和完整性。在对密码技术进行合理运用的同时，能够找出恶意信息。与此同时，还应该对病毒入侵攻击进行检测和防范。能够分析其中恶意的指令，并对其进行预防和控制。在运用追踪技术和移动设备识别的过程中，能够让数据信息处理变得更加安全。

4. 应用层安全

创建有效的数据库运行机制。针对不同场景的信息提供完善的保护技术，针对泄露的信息进行网络追踪调查，形成完善的安全机制。针对不同环境下的信息，要开展隐私保护模式，保证信息不被泄露。另外，还应该创建身份验证和权限管理等形式。在对访问进行控制的情况下，让用户的身份拥有合法性和唯一性。根据身份认证系统的具体权限，让真正有需求的用户获得数据分享。在这个过程中，最重要的是要对非法的操作进行禁止访问，在全网用户进行业务办理的过程中，保证数据安全，让数据证书和安全网关结合在一起，让业务操作得到全方位的跟踪，进而使得操作行为拥有一定的安全保障。

综上所述，物联网技术在发展的过程中展现出一定的高度。但是，在信息安全上存在一定的问题。为实现信息的保密安全，应该从节点和信息的安全传输角度出发，对信息进行重点防护，应该从多个层面分析，要关注感知层、传输层以及处理层的安全。在创建安全运行体制的前提下，使物联网技术信息朝着更好的方向发展，能够为用户提供真实有用的数据。在多个举措的实行下，保障物联网技术信息安全。

第五节 物联网技术及应用

随着科学技术的发展和进步，人们的生活发生了很大的改变。物联网技术成为影响人类生活的重要技术之一，它的智能化特点越来越明显。物联网技术在未来还会被应用到各行各业，推动经济的发展和进步。笔者介绍物联网技术的内容以及物联网技术在实践中的应用，希望可以为相关研究人员提供参考。

"互联网+"时代的到来，使人类的生活出现了很大的改变，使人与物之间的联系加强，物联网的价值也开始在各个领域中展现出来。物联网技术应用水平越来越高，推动了经济的发展，为社会提供了诸多的便利。人工智能能够完善物联网技术，使其进一步发展，并保证物联网技术在具体的应用中发挥清晰的价值，产生积极的作用。

一、物联网核心技术

1. RFID 技术

RFID 技术指的是射频识别技术，也被称之为电子标签技术。这种技术通过识别系统中的射频信号来收集信息和数据，可以依靠计算机完成，节约了人力。目前，RFID 技术的实践应用非常广泛，它主要包括阅读器和应答器两个部分，有利于检测并控制目标物体。RFID 的原理较为特殊，需要明确目标物体的标签，这样一来才会确保接收到射频信号。针对管理与控制功能来讲，RFID 技术还与期待存在差距，无法适用于更复杂的业务。

2. 纳米技术

纳米技术同样属于物联网技术的范畴，纳米技术的研究对象是结构尺寸在 1 到 100 纳米范围内的材料的性质，以及这一材料的应用。物联网中纳米技术的作用是令物体更轻，即缩减传感器等设施设备的体积和大小，使其占据的空间更小，更加轻盈。物联网中的纳米材料还能够令物体更高，这主要是指纳米材料本身具有更高的光电磁热的特点。物联网中的纳米材料还拥有良好的强度和韧性，所以，它的力学性能也非常的优越。

3. ZigBee 网络技术

ZigBee 网络技术具有功耗低、成本低、不复杂等优点，它是一种双向无线通信技术。这种网络技术在短距离或者功耗较低的电子设备中应用较为广泛，能够满足数据传输的需要，而且信息数据的传输效率较高。分析移动通信网会发现，其建立目的是为语音通信提供通道，利用 ZigBee 网络技术能够控制成本，对于收集的数据也具有积极作用。

4. 传感器和智能嵌入技术

传感器和智能嵌入技术属于物联网技术的重要内容，传感器感知的是外界的信号，包括声、电、光、热，物联网工作所需要的信息和数据都是由传感器获得的。智能嵌入技术其实属于计算机技术的一个重要部件，它的信息处理效率较高，而且智能嵌入式的软件代码往往比较小，所以，应用时会更加方便。加之它所具有高度自动化水平，以及快速的响应能力，使其在实践中的应用范围越来越广泛。

5. 认知计算和智能控制技术

认知计算和智能控制技术能够为物联网技术的发展提供更多的可能性。认知计算与脑科学相关，它模仿了人脑的行为感觉和意识，从而达到自动控制的效果。研究认知计算的模式会发现，它其实需要的空间不大，功耗也比较低，所以，它属于现在人工智能技术的研究重点。物联网技术未来的发展和进步需要建立在这两种技术之上，达到科学控制目标物体，为物联网的发生创造更多的可能性。

二、物联网技术的应用

1. 智能交通建设

物联网技术可以应用到智能交通建设当中，具体来讲，包括传感器技术、信息发布技术、通信技术、网络技术以及数据处理和自动控制技术。这些技术对于智能交通建设的作用都非常明显，能够促进交通运输管理系统的形成，使得管理和控制变得更加准确、高效，同时，还能够达到实时的效果。例如，可以在实践中用传感器或者 RFID 嵌入式芯片获得路况信息，当然道路监视器也属于物联网技术之一。在应用的时候，需要注意区分具体的情况，有针对性地利用物联网技术。从而实现高效且实时搜集信息的目的，从而促进智能交通系统的建设。

2. RFID 产业的建设

从当前我国物联网技术的发展以及应用情况可以看到，RFID 技术的应用范围相当广泛，在生活中随处可见。最为常见的是电子票证。比如，现在非常流行的手机支付也是属于 RFID 的范围。再比如，电子门票以及车证垃圾处理等，RFID 技术展现的强实用性也非常明显。在未来应用物联网技术改变人类生活方式，促进经济的发展和进步，推动社会的完善和发展，需要建立起科学产业建设理念。就 RFID 技术来讲，未来可以在高速公路收费、食品安全溯源以及集装箱管理等领域发挥重要作用。我国当前对 RFID 技术的应用能力已有显著提高，具有建设整体产业的能力。

3. 电力物资管理

物联网技术改变了人类的生活方式，而电力物资管理的方式也因为物联网技术的出现发生了变化。无论是采购，还是使用和生产，均能够利用电网设备获得相关的信息和数据，从而实现智能化管理的目标。电网企业应用物联网技术提高工作效率，整体管理水平也大大提升，优化了资源的配置。电网企业能够利用物联网技术进行信息上的交流，从而达到高效合理地利用和管理先进技术和资源的目的。进行电力物资管理的时候，可以利用物联网技术，设计开发仓库基本信息查询系统，这样一来，便可以实时获得物资在仓库的地理位置，为用户提供更加优质的服务。

4. 食品安全控制

食品安全是人们最关心的事情，在食品安全控制上积极应用物联网技术，能够满足人们这一需求。食品安全控制利用的是物联网技术具有联动跟踪和实时监控的功能，借由这两种功能，可以预防食品安全事故，从而提高食品安全管理水平。

5. 智能家庭

随着现代科学技术的发展和进步，人工智能技术得到了完善，智能家庭不再是一种愿望，而逐渐成为现实，物联网技术在这当中扮演着重要的角色。物联网可以与外部服务相连接，从而促进服务与设备的互动。通过互联网技术，使家用电器不用在家里操作成为现实，从而实现了家电的智能化管理和操控，节省了时间成本。

第二章　物联网参考体系架构

第一节　物联网的参考体系架构现状

物联网参考架构是物联网发展的顶层设计，关系到物联网产业链上下游产品之间的兼容性、可扩展性和互操作性。物联网参考体系结构是物联网应用的基础。因此，了解和掌握物联网参考体系架构，有利于理解物联网的应用需求和技术需求。

一、物联网的参考体系架构需求

物联网参考体系架构的需求如下：

① 自治功能。为了支持不同的应用领域、不同的通信环境以及不同类型的设备，物联网参考架构应支持自治功能，使通信设备能够实现网络的自动配置、自我修复、自我优化和自我保护。

② 自动配置。物联网参考架构应支持自动配置，使物联网系统可对组件（如设备和网络）的增加与删除自动适应。

③ 可扩展性。物联网参考架构应支持不同规模、不同复杂度、不同工作负载的大量应用，同时，也能支持包含大量设备、应用、用户、巨大数据流等系统。相同组件不仅要能够运行在简单系统上，也要能够运行在大型复杂的分布式系统中。

④ 可发现性。物联网参考架构支持发现服务，可使物联网的用户、服务、设备和来自设备的数据根据不同准则（如地理位置信息、设备类型等）被发现。

⑤ 异构设备。物联网参考体系架构支持不同类型设备的异构网络，类

型包括通信技术、计算能力、存储能力、移动性及服务提供者和用户。同时，物联网参考架构也须支持在不同网络和不同操作系统之间的互操作性。

⑥ 可用性。为了实现物联网服务的无缝注册与调用，物联网参考体系架构应支持即插即用的功能。

⑦ 标准化的接口。物联网参考架构组件的接口应该采用定义良好的、可解释说明的、明确的标准。具有互操作性的设备通过标准化的接口，能支持内部组件的定制化服务。为了访问传感器信息和传感器观察结果，应具有标准化的 Web 服务。

⑧ 定义良好的组件。物联网需要连接异构组件来完成不同的功能。物联网参考架构应提供特点鲜明的组件，并用标准化的语义和语法来描述组件。

⑨ 时效性。时效性就是在指定的时间内提供服务，完成请求者需求响应。为了处理物联网系统内一系列不同级别的功能，必须满足时效性。当使用通信和服务功能时，为了保持相互关联事件之间的同步性，有必要进行时间同步。时效性在物联网系统中是很重要的。

⑩ 位置感知。物联网参考架构必须支持物联网的组件能与物理世界进行交互，需要及时向用户报告物理对象的位置，例如智能物流。因此，物联网组件要有位置感知功能。位置精度的要求将会基于用户应用的不同而不同。

⑪ 情感感知。物联网参考架构应该支持自定义的情感感知能力。

⑫ 内容感知。物联网参考架构须通过内容感知以优化服务，如路径选择和基于内容的路由通信。

⑬ 可靠性。物联网参考架构应在通信、服务和数据管理功能等方面提供适当的可靠性。物联网参考架构应具有鲁棒性，并具有应对外部扰动、错误检测和修复而进行变化的能力。

⑭ 安全性。物联网参考架构应该支持安全通信、系统访问控制和管理服务以及提供数据安全的功能。

⑮ 保密性。物联网参考架构应该实现物联网的保密性和隐私性的功能。

⑯ 电源和能源管理。物联网参考架构必须支持电源和能源管理功能，尤其是在电池供电的网络里面。不同的策略适合不同的应用，包含低功耗的组件、限制通信范围、限制本地处理和存储容量、支持睡眠模式、可供电模

式等。

⑰ 可访问性。物联网参考架构必须支持可访问性。在某些应用领域，对于物联网系统的可访问性是非常重要的，例如，在环境生活辅助系统（Ambient Assisted Living，AAL）中，有重要的用户参与系统的配置、操作和管理。

⑱ 继承组件。物联网参考体系架构应支持原有组件的集成和迁移功能。这样不会限制未来系统的优化和升级。

⑲ 人体连接。物联网参考架构须能够支持实现人体连接功能。在符合法律法规的前提下，为了提供与人体有关的通信功能，保证特殊的服务质量，还需要提供可靠、安全的隐私保护等保障。

⑳ 服务相关的需求。物联网参考架构必须支持相关的服务需求，如优先级、语义等服务，服务组合、跟踪服务、订阅服务，这些服务会根据应用领域的不同而改变，例如，在一些位置识别的应用里面，可能需要制定精确的定位服务。

三、物联网的体系架构研究现状

目前，针对物联网体系架构，有 IEEE、ISO/IEC JTC1、ITU-T、ETSI、GS1 等组织在进行研究。下面是这几个组织对物联网体系架构研究的输出成果：

1. ISO/IEC JTC1

ISO/IEC JTC1 是国际标准化组织 / 国际电工委员会第一联合技术委员会的缩写。目前，无线传感器网络 ISO/IEC 29182 系列标准由 JTCl Wg7（第 7 工作组）无线传感器工作研究组制定完成。ISO/iEC 29182 系列成果主要分为 7 个部分，其中 ISO/IEC 29182-1 主要对传感网的特点和需求进行基本的概述。ISO/IEC 29182-2 主要提供了传感网领域的术语，对传感网的概念进行专业性描述。ISO/IEC 29182-3 提供了传感器网络的参考体系架构。这个通用传感网架构可以供传感器网络设计者、软件开发商、系统集成商和服务提供商应用，以满足客户的要求，包括任何适用的互操作性要求。

该参考架构分为 3 个域，即感知域、网络域、服务域。

①感知域。感知域不仅要完成数据采集、处理和汇聚等功能，还要同时完成传感节点、路由节点和传感器网络网关的通信和控制管理功能。按照功能类别来划分，包括感知数据类，即数据采集、数据存储、数据处理和数据通信。数据处理将采集的数据经过多种处理方式提取出有用的感知数据。数据处理功能可细分为协同处理、特征提取、数据融合、数据汇聚等。数据通信包括传感节点、路由节点和传感器网络网关等各类设备之间的通信功能（通信协议和通信支撑功能）。通信协议包括物理层信号收发、接入调度、路由技术、拓扑控制、应用服务。通信支撑功能包括时间同步和节点定位等。

控制管理类包括设备管理、安全管理、网络管理、服务管理，反馈控制。

②网络域。网络域完成感知数据到应用服务系统的传输，不需要对感知数据处理，包含如下功能：

感知数据类。数据通信体现网络层的核心功能，目标是保证数据无损、高效地传输。它包含该层的通信协议和通信支撑功能。

控制管理类。主要指现有网络对物联网网关等设备接入和设备认证、设备离开等管理，包括设备管理和安全管理，这项功能实现需要配合应用层的设备管理和安全管理功能。

③服务域。服务域的功能是利用感知数据为用户提供服务，包含如下功能：

感知数据类。对感知数据进行最后的数据处理，使其满足用户应用，可包含数据存储、数据处理、信息通信、信息提供。数据处理可包含数据挖掘、信息提取、数据融合、数据汇聚等。

控制管理类。对用户及网络各类资源配置、使用进行管理，包括服务管理、安全管理、设备管理、用户管理和业务管理。

ISO/IEC JTCl SC6 WG7（第 6 分技术委员会的第 7 工作组）致力于对未来网络（FN）的研究，旨在创造一系列新的网络体系结构、网络设计方法和协议标准。未来网络项目开发计划有 3 个阶段：第一阶段是问题和总体要求研究，第二阶段是未来网络架构 / 框架的建立，第三阶段是未来网络协议的制定。目前的成果为 ISO/IEC TR 29181 系列标准的制定。该系列标准包含了 7 个部分，分别是未来网络的概念、问题和需求、未来网络命名和寻址方案、交换和路由技术、未来网络流动性问题、未来网络的安全问题、未来网络媒体分发、未来媒体服务组合这 7 个部分。

为了建立科学、合理的物联网参考体系结构，ISO/IEC JTCl SWG 5（第五特别工作组）于 2012 年成立。JTCl SWG5 完成了关于物联网参考体系架构研究报告，针对物联网参考架构需求、要求及模型等提出分析。目前 ISO/IEC JTCl WG10（第 10 工作组）物联网工作组正针对物联网参考架构标准项目进行研究和标准化工作。

2．ITU-T

ITU-T 是国际电信联盟远程通信标准化组织的缩写。对物联网的架构研究主要成果有 ITU-T Y.2060、ITU-T Y.2063、ITU-T Y.2069 和 ITU-T Y.2080 等。ITU-T Y.2060 描述了物联网参考模型的每一层的功能。此外，也定义了物联网参考模型的生态系统和商业模式。

ITU-T Y.2069 收集了在 ITU-T 发表的物联网相关的术语和定义，主要包括 RFID、普适计算机、物联网网络、M2M 等方面的术语和定义。

ITU-T Y.2080 是分布式网络功能架构（Distributed Service Network，DSN）。分布式业务网络是一个覆盖网络，为了在下一代网络（NGN）环境中支持各种多媒体服务和应用，它提供了分布式功能和管理功能。

ITU-T Y.2063 概述了 Web 架构，阐释了服务层、适应层和物理层三层架构以及每一层的功能。

ITU-T F.744 描述了传感网（Ubiquitous Sensor Network，USN）网络中间件的服务和要求，并阐述了传感网中间件的功能模型。ITU-T F.771 介绍了由基于标签识别的物理实体，ID 标签（RFID 或条码），ID 的终端，网络和服务的功能域触发的多媒体信息访问功能模型。

ITU-T H.621 介绍了由基于标签的识别触发的多媒体信息访问功能架构。

ITU-T Y.IoT 定义了物联网应用网关的功能结构，并介绍物联网网关的功能实体。

3．ETSI

欧洲电信标准协会（European Telecommunications Standards Institute，ETSI）在物联网架构的主要成果是 ETSI TS 102 690 标准，它描述了端到端

的 M2M 功能架构，包括功能实体和相关联的参考点的描述。M2M 功能架构主要关注服务层方面，并采取底层的端至端服务。

（1）应用实体（AE）。应用实体为端至端的 M2M 解决方案提供应用逻辑。应用程序实体可以快速地跟踪应用程序，如远程血糖监视应用程序、远程电力计量和控制应用程序。

（2）通用服务实体（CSE）。通用服务实体包括一系列在 M2M 环境下常见的服务功能，如管理功能、安全机制等。

（3）基础网络服务实体（NSE）。基础网络服务实体为通用服务实体提供服务，如设备管理、位置定位等服务。底层网络服务实体也在 M2M 系统中提供实体间数据传输功能。

4．GS1

在全球产品电子编码（Electronic Product Codeglobal，EPCglobal）里，国际物品编码协会（Globe Standard 1，GSl）EPCglobal 架构框架为其相关标准集合体，包括软件、硬件、资料标准以及核心服务等，由 EPCglobal 及其代表共同经营运作，目标是推进 EPC 编码的使用，促进商业圈和电脑应用的结合，达成有效供应链管理。一个物联网主要由 EPC（产品电子编码）编码体系、射频识别系统、EPC 中间件、发现服务和 EPC 信息服务 5 个部分组成。

（1）EPC 编码体系

物联网实现的是全球物品的信息实时共享，要实现全球物品的统一编码，即对在地球上任何地方生产出来的任何一件产品都要给它打上电子标签。在这种电子标签里携带一个电子产品编码，并且全球唯一。电子标签包含了该物品的基本识别信息。

（2）射频识别系统

射频识别系统包括 EPC 标签和读写器。EPC 标签是编号的载体，当 EPC 标签贴在物品上或内嵌在物品中时，该物品与 EPC 标签中的产品电子代码就建立起了一对一的映射关系。通过 RFID 读写器，可以实现对 EPC 标签内存信息的读取。这个内存信息通常就是物品电子码，它经读写器上报给物联网中间件，经处理后存储在分布式数据库中。用户查询物品信息时，只要在网络浏览器的地址栏中输入物品的编码，就可以实时获悉物品的各种信息。在供应链管理应用中，可以通过产品唯一标识，查询到产品在整个供应链上的处理信息。

（3）EPC 中间件

要实现各个应用环境或系统的标准化以及它们之间的通信，在后台应用软件和读写器之间，须设置一个通用平台和接口，通常将其称之为中间件。EPC 中间件实现 RFID 读写器和后端应用系统之间的信息交互，捕获实时信息和事件，或上行给后端应用数据库系统以及 ERP 系统，或下行给 RFID 读写器。EPC 中间件一般采用标准的协议和接口，是连接 RFID 读写器和信息系统的纽带。

（4）发现服务（Discovery Service）

EPC 信息发现服务包括对象名称解析服务（Object Naming Service，ONS）以及配套服务，基于电子产品代码获取 EPC 数据处理信息。

（5）EPC 信息服务（EPC Information Service，EPCIS）

EPCIS 即 EPC 系统的软件支持系统，用以实现最终用户在物联网环境下访问 EPC 信息。

5．IEEE

电气和电子工程师协会（Institute of Electrical and Electronics Engineers，IEEE）的 P2413 工作组正进行物联网体系架构的研究，该工作组希望定义一个物联网体系架构框架，包含各种物联网领域的描述，物联网领域的抽象定义，识别出不同的物联网领域之间的共性，提供一个参考模型，这个参考模型定义了各物联网类别之间的关系（如交通、医疗等），还有常见的体系结构元素。

三、物联网的网络架构

综上所述，我们能得到物联网网络架构由感知层、网络层和应用层组成。感知层实现对物理世界的智能感知识别、信息采集处理和自动控制，并通过通信模块将物理实体连接到网络层和应用层。网络层主要实现信息的传递、路由和控制，包括延伸网、接入网和核心网，网络层可依托公众电信网和互联网，也可以依托行业专用通信网络。应用层包括应用支持子层和各种物联网应用。应用支持子层为物联网应用提供信息处理、计算等通用基础服务设施、能力及资源调用接口，以此为基础，实现物联网在众多领域的应用。

如果拿人来比喻物联网的话，感知层就像皮肤和五官，用来识别物体、采集信息；传送层则是神经系统，将信息传递到大脑；大脑再将神经系统传来的信息进行存储和处理，使人能从事各种复杂的事情，这就是各种不同的应用。

第二节　物联网的形态结构

一、开放式物联网的形态结构

传感设备的感知信息包括物理环境的信息和物理环境对系统的反馈信息。其对这些信息智能处理后进行发布，为人们提供相关的信息服务（如PM2.5 空气质量信息发布），或人们根据这些信息去影响物理世界的行为（如智能交通中的道路诱导系统）。由于物理环境、感知目标存在混杂性以及其状态、行为存在不确定性等，使感知的信息设备存在一定的误差，需要通过智能信息处理来消除这种不确定性及其带来的误差。开放式物联网结构对通信的实时性要求不高，一般来说，通信实时性只要达到秒级就能满足应用要求。

最典型的开环式物联网结构是操作指导控制系统，检测元件测得的模拟信号经过 A/D 转换器转换成数字信号，通过网络或数据通道传给主控计算机，主控计算机根据一定的算法，对生产过程的大量参数进行巡回检测、处理、分析、记录以及参数的超限报警等处理，通过对大量参数的统计和实时分析，预测生产过程的各种趋势，或者计算出可供操作人员选择的最优操作条件及操作方案。操作人员则根据计算机的输出信息去改变调节器的给定值。

二、闭环式物联网的形态结构

传感设备的感知信息包括物理环境的信息和物理环境对系统的反馈信息，控制单元根据这些信息结合控制与决策算法生成控制命令，执行单元根据控制命令改变物理实体状态或系统的物理环境（如无人驾驶汽车）。一般来说，闭环式物联网结构主要功能都由计算机系统自动完成，不需要人的直接参与，且实时性要求很高，一般要求达到毫秒级，甚至微秒级。对此闭环式物联网结构要求具有精确时间同步、确定性调度功能，甚至要求很高的环境适应性。

1. 精确时间同步

时间同步精度是保证闭环式物联网各种性能的基础，闭环式物联网系统的时序不容有误，时序错误可能给应用现场带来灾难性的后果。

2. 通信确定性

要求在规定的时刻对事件准时响应，并做出相应的处理，不丢失信息、不延误操作。闭环式物联网中的确定性往往比实时性还重要，保证确定性是对任务执行有严苛时间要求的闭环式物联网系统必备的特性。

3. 环境适应性

要求在高温、潮湿、振动、腐蚀、强电磁干扰等工业环境中具备可靠、完整的数据传送能力。环境适应性包括机械环境适应性、气候环境适应性、电磁环境适应性等。

最典型的闭环式物联网结构是现场总线控制系统，它是一种用于现场仪表与控制室系统之间的全数字化、开放性、双向多站的通信系统，使计算机控制系统发展成为具有测量、控制、执行和过程诊断等综合能力的网络化控制系统。现场总线控制系统实际上融合了自动控制、智能仪表、计算机网络和开放系统互联（OSI）等技术的精华。

现场总线等控制网络的出现使控制系统的体系结构发生了根本性改变，形成了在功能上管理集中、控制分散，在结构上横向分散、纵向分级的体系结构。把基本控制功能下放到现场具有智能的芯片或功能块中，不同的现场设备中的功能块可以构成完整的控制回路，使控制功能彻底分散，直接面对生产过程，把同时具有控制、测量与通信功能的功能块及功能块应用进程作为网络节点，采用开放的控制网络协议进行互连，形成现场层控制网络。现场设备具有高度的智能化与功能自治性，将基本过程控制、报警和计算等功能分布在现场完成，使系统结构高度分散，提高了系统的可靠性。同时，现场设备易于增加非控制信息，如自诊断信息、组态信息以及补偿信息等，易于实现现场管理和控制的统一。

三、融合式物联网的形态结构

物联网系统既涉及规模庞大的智能电网，又包含智能家居、体征监测等小型系统。对众多单一物联网应用的深度互联和跨域协作就构成了融合式物联网结构，它是一个多层嵌套的"网中网"。目前，世界各国都在结合具体行业推广物联网的应用，形成全球的物联网系统还需要非常长的时间。提出面向全球物联网、适应各种行业应用的体系结构，与下一代互联网体系结构相比，具有更巨大的困难和挑战。目前，研究人员正在从具体行业或应用中去探索物联网的体系结构。

一个完整的智能电网作为电能输送和消耗的核心载体，包括发电、输电、变电、配电、用电以及电网调度 6 个环节，是最典型的融合式物联网结构。智能电网通过信息与通信技术对电力应用的各个方面进行了优化，强调电网的坚强可靠、经济高效、清洁环保、透明开放、友好互动，其技术集成达到新的高度。

内布拉斯加大学的 Ying Tan 等提出了一种 CPS 体系结构原型，展示了物理世界、信息空间和人的感知之间的互动关系，给出了感知事件流、控制信息流的流程。对比可以发现，物联网与物理信息融合系统两者的概念越来越趋向一致，都是集计算、通信与控制于一体的下一代智能系统。

CPS 体系结构原型的几个组件描述如下：

① 物理世界。包括物理实体（诸如医疗器械、车辆、飞机、发电站）和实体所处的物理环境。

② 传感器。传感器作为测量物理环境的手段，直接与物理环境或现象

相关。传感器将相关的信息传输到信息世界。

③ 执行器。执行器根据来自信息世界的命令，改变物理实体设备状态。

④ 控制单元。基于事件驱动的控制单元接受来自传感单元的事件和信息世界的信息，根据控制规则进行处理。

⑤ 通信机制。事件 / 信息是通信机制的抽象元素。事件既可以是传感器表示的"原始数据"，也可以是执行器表示的"操作"。通过控制单元对事件的处理，信息可以抽象地表述物理世界。

⑥ 数据服务器。为事件的产生提供分布式的记录方式，事件可以通过传输网络自动转换为数据服务器的记录，以便日后检索。

⑦ 传输网络。包括传感设备、控制设备、执行设备、服务器，以及它们之间的无线或有线通信设备。

第三节　物联网参考体系架构

一、物联网的技术体系

物联网涉及感知、控制、网络通信、微电子、计算机、软件、嵌入式系统、微机电等技术领域，其技术体系框架包括感知层技术、网络层技术、应用层技术和公共技术。由此可见，物联网涵盖的关键技术非常多。

1. 感知层

数据采集与控制主要用于采集物理世界中发生的物理事件和数据，包括各类物理量、标识、音频、视频数据，并通过执行器改变物理世界。物联网的数据采集涉及传感器、RFID、多媒体信息采集、二维码和实时定位等技术。

感知层的自组网通信技术主要包括针对局部区域内各类终端间的信息交互而采用的调制、编码、纠错等通信技术；实现各终端在局部区域内的信息交互而采用的媒体多址接入技术；实现各个终端在局部区域内信息交互所需的组网、路由、拓扑管理、传输控制、流控制等技术。

感知层信息处理技术主要指在局部区域内各终端完成信息采集后所采用

的模式识别、数据融合、数据压缩等技术，以提高信息的精度、降低信息冗余度，实现原始级、特征级、决策级等信息的网络化处理。

感知层节点级中间件技术主要指为实现传感网业务服务的本地或远端发布，而需在节点级实现的中间件技术，包括代码管理、服务管理、状态管理、设备管理、时间同步、定位等。

2. 网络层

网络层主要用于实现感知层各类信息进行广域范围内的应用和服务所需的基础承载网络，包括移动通信网、互联网、卫星网、广电网、行业专网，以及形成的融合网络等。根据应用需求，可作为透传的网络层，也可升级满足未来不同内容传输的要求。经过十余年的快速发展，移动通信、互联网等技术已比较成熟，在物联网的早期阶段，基本能够满足物联网中数据传输的需要。

3. 应用层

应用层主要将物联网技术与行业专业系统相结合，实现广泛的物物互联的应用解决方案。主要包括业务中间件和行业应用领域。其中物联网应用支持子层用于支撑跨行业、跨应用、跨系统之间的信息协同、共享、互通的功能。物联网应用包括智能交通、智能医疗、智能家居、智能物流、智能电力等行业应用。

4. 支撑技术

物联网支撑技术包括嵌入式系统、微机电系统（Micro Electro Mechanical Systems，MEMS）、软件和算法、电源和储能、新材料技术等。

嵌入式系统可满足物联网对设备功能、可靠性、成本、体积、功耗等的综合要求，可以按照不同应用定制裁剪的嵌入式计算机技术，是实现系统智能的重要基础。

微机电系统可实现对传感器、执行器、处理器、通信模块、电源系统等的高度集成，是支撑传感器节点微型化、智能化的重要部分。

软件和算法是实现物联网功能、决定物联网行为的主要技术，重点包括各种物联网计算系统的感知信息处理、交互与优化软件和算法、物联网计算系统体系结构与软件平台研发等。

电源和储能是物联网关键支撑技术之一，包括电池技术、能量储存、能量捕获、恶劣情况下的发电、能量循环、新能源等技术。

新材料技术主要是指应用于传感器的敏感元件的材料。传感器敏感材料包括湿敏材料、气敏材料、热敏材料、压敏材料、光敏材料等。新敏感材料的应用可以使传感器的灵敏度、尺寸、精度、稳定性等特性获得改善。

5．公共技术

公共技术不属于物联网技术的某个特定层面，而是与物联网技术架构的三层都有关系，主要包括架构技术、标识和解析、安全和隐私、网络管理技术等。

物联网架构技术目前处于概念发展阶段。物联网需具有统一的架构、清晰的分层，支持不同系统的互操作性，适应不同类型的物理网络，适应物联网的业务特性。

标识和解析技术是对物理实体、通信实体和应用实体赋予的或其本身固有的一个或一组属性，并能实现正确解析的技术。物联网标识和解析技术涉及不同的标识体系、不同体系的互操作、全球解析或区域解析、标识管理等。

安全和隐私技术包括安全体系架构、网络安全技术、"智能物体"的广泛部署对社会生活带来的安全威胁、隐私保护、安全管理机制和保证措施等。

网络管理技术重点包括管理需求、管理模型、管理功能、管理协议等。为实现对物联网广泛部署的"智能物体"的管理，需要进行网络功能和适用性分析，从而开发适合的管理协议。

物联网需要对传感数据的动态汇聚、分解、合并等进行处理和服务，在数字／虚拟空间内创建物理世界所对应的动态视图，即需要对海量数据提供存储、查询、分析、挖掘、理解以及基于感知数据决策和行为的基础服务。

云计算将大量计算资源、存储资源和软件资源链接在一起，形成巨大规模的共享虚拟 IT 资源池，为远程终端用户提供"招之即来，挥之即去""大小规模随意变化""能力无边界"的各种信息技术服务。物联网产生、分析和管理的数据将是海量的，原始数据若要具备各种实际意义，需要可扩展的巨量计算资源予以支持。而云计算能够提供弹性、无限可扩展、价格低廉的计算和存储服务，满足物联网需求，两者结合将是未来发展的趋势。可以说，物联网是业务需求构建方，云计算是业务需求计算能力提供方。

二、物联网的知识体系

科技界普遍认为，信息技术由四大部分组成，即信息获取、信息传输、信息处理与信息应用或信息利用，这四部分实际上组成了一个完整的信息链。检测技术的重点是在信息的获得，通信技术的重点是在信息的传输，计算机技术的重点是在信息的处理，自动化技术的重点则在信息的应用。

从上述分析可知，物联网系统包含信息获取、传输、处理与应用的全部过程。也就是说，物联网系统涉及信息技术的全部内容。

三、物联网的产业体系

物联网相关产业是指实现物联网功能所必需的相关产业集合，产业结构上主要分为服务业和制造业两大范畴。

物联网制造业以感知端设备制造业为主，它又可细分为传感器产业、RFID产业以及智能仪器仪表产业。感知端设备的高智能化与嵌入式系统息息相关，设备的高精密化离不开集成电路、嵌入式系统、微纳器件、新材料、微能源等基础产业支撑。部分计算机设备、网络通信设备也是物联网制造业的组成部分。物联网服务业主要包括物联网网络服务业、物联网应用基础设施服务业、物联网软件开发与应用集成服务业，以及物联网应用服务业四大类。其中物联网网络服务又可细分为机器对机器通信服务、行业专网通信服务以及其他网络通信服务。物联网应用基础设施服务主要包括云计算服务、存储服务等。物联网软件开发与集成服务可细分为基础软件服务、中间件服务、应用软件服务、智能信息处理服务以及系统集成服务。物联网应用服务可分为行业服务、公共服务和支持性服务。

对物联网产业发展的认识需要进一步澄清。物联网产业绝大部分属于信息产业，但也涉及其他产业，如智能电表等。物联网产业的发展不是对已有信息产业的重新统计划分，而是通过应用带动形成新市场、新业态。整体上可分3种情形，一是因物联网应用对已有产业的提升，主要体现在产品的升级换代。如传感器、RFID、仪器仪表，由于物联网的应用使之向智能化、网络化升级，从而实现产品功能、应用范围和市场规模的巨大扩展，使传感器产业与RFID产业成为物联网感知终端制造业的核心。二是物联网应用对已有产业的横向市场拓展，主要体现在领域延伸和量的扩张。如服务器、软件、嵌入式系统、云计算等由于物联网的应用拓展了新的市场需求，形成了新的增长点。仪器仪表产业、嵌入式系统产业、云计算产业、软件与集成服务业，不但与物联网相关，也是其他产业的重要组成部分，物联网成为这些产业发展新的风向标。三是由于物联网应用创造和衍生出的独特市场和服务，如传感器网络设备、M2M通信设备及服务、物联网应用服务等均是物联网发展后才形成的新兴业态，为物联网所独有。物联网产业当前浮现的只是其初级形态，市场尚未大规模启动。

物联网产业也可按关键程度划分为物联网核心产业、物联网支撑产业和物联网关联产业，具体内容如下：

（1）物联网核心产业

重点发展与物联网产业链紧密关联的硬件、软件、系统集成及运营服务四大核心领域。着力打造传感器与传感节点、RFID设备、物联网芯片、操作系统、数据库软件、中间件、应用软件、系统集成、网络与内容服务、智能控制系统及设备等产业。

（2）物联网支撑产业

支持发展微纳器件、集成电路、网络与通信设备、微能源、新材料、计算机及软件等相关支撑产业。

（3）物联网关联产业

着重发挥物联网带动效应，利用物联网大规模产业化和应用对传统产业的重大变革，重点推进带动效应明显的现代装备制造业、现代农业、现代服务业、现代物流业等产业的发展。

未来，全球物联网产业总的发展趋势是规模化、协同化和智能化。同时以物联网应用带动物联网产业将是主要发展方向。

① 规模化发展。随着世界各国对物联网技术、标准和应用的不断推进，

物联网在各行业领域中的应用规模将逐步扩大，尤其是一些政府推动的国家项目，如美国智能电网、日本 i-Japan、韩国物联网先导应用工程等，将吸引大批有实力的企业进入物联网领域，大大推动物联网应用进程，为扩大物联网产业规模产生巨大作用。

②协同化发展。随着产业和标准的不断完善，物联网将朝着协同化方向发展，形成不同物体间、不同企业间、不同行业乃至不同地区或国家间物联网信息的互联、互通、互操作。应用模式从闭环走向融合，最终形成可服务于不同行业和领域的全球化物联网应用体系。

③智能化发展。物联网将从目前简单的物体识别和信息采集，走向真正意义上的物联网。实时感知、网络交互和应用平台可控、可用，实现信息在真实世界和虚拟空间之间的智能化流动。

物联网仍处于起步阶段，物联网产业支撑力度不足，行业需求需要引导，距离成熟应用还需要多方面的培育和扶持。因此，未来几年，各国将结合本国优势、优先发展重点行业应用以带动物联网产业。我国确定的重点发展物联网应用的行业领域包括电力、交通、物流等战略性基础设施，以及能够大幅度促进经济发展的重点领域。

四、物联网的资源体系

物联网发展中的关键资源主要包括标识资源和频谱资源。

1. 标识资源

目前，物联网物体标识方面标准众多，很不统一。在条码标识方面，国际物品编码协会（GSI）的一维条码使用量约占全球总量的三分之一，而主流的便携式数据文件（Portable Data File417，PDF417）码、快速响应矩阵（Quick Response，QR）码、数据矩阵（Data Matrix，DM）码等二维码都是自动识别和移动技术协会（Association for Automatic Identifcation & Mobility. AIM）标准。在智能物体标识方面，智能传感器标识标准包括 IEEE 1451.2 和 IEEE 1451.4。手机标识包括移动通信系统（Global System for

Mobile Communication，GSM）和宽带码分多址（Wideband Code Division Multiple Access，WCDMA）手机的 IMEI（国际移动设备标识）、码分多址（Code Division Multiple Access，CDMA）、手机的电子序列编码（Electronic Serial Number，ESN）和国际移动设备识别码（Mobile Equipment Identifer，MEID）。其他智能物体标识还包括 M2M 设备标识、笔记本电脑序列号等。在 RFID 标签标识方面，影响力最大的是 ISO/IEC 和 EPCglobal，包括项目唯一标识符（Unique Item Identifier，UII）、标签（Tag ID，TID）、对象标识符（Object ID, OID）、标签对象标识符（Tag OID）以及泛在标识（Ubiquitous ID，UID）。此外，还存在大量的应用范围相对较小的地区和行业标准，以及企业闭环应用标准。

物体标识标准的多样性造成了标识的不兼容，甚至冲突，给更大范围的物联网信息共享和开环应用带来困难，也使标识管理和使用变得复杂。实现各种物体标识最大限度的兼容，建立统一的物体标识体系逐渐成为一种发展趋势，欧美、日韩等都在展开积极研究。

在通信标识方面，现阶段正在使用的包括 IPv4、IPv6、E.164（国际电信联盟定义的电话号码方案）、国际移动用户识别码（International Mobile Subscriber Identification Number，IMSI）、物理地址（Media Access Control，MAC）等。物联网在通信标识方面的需求与传统网络的不同主要体现在 2 个方面：一是末端通信设备的大规模增加，带来对 IP 地址、码号等标识资源需求的大规模增加。IPv4 地址严重不足，美国等一些发达国家已经开始在物联网中采用 IPv6。近年来，全球 M2M 业务发展迅猛，使得 E.164 号码方面出现紧张，各国纷纷加强对码号的规划和管理。二是以无线传感器网络（WSN）为代表的智能物体近距离无线通信网络，对通信标识提出了降低电源、带宽、处理能力消耗的新要求。

2. 频谱资源

物联网的发展离不开无线通信技术，因此，频谱资源作为无线通信的关键资源，同样是物联网发展的重要基础资源。目前，在物联网感知层和网络层采用的无线技术包括 RFID、近距离无线通信、无线局域网（IEEE 802.11）、蓝牙、蜂窝移动通信、宽带无线接入技术等。目前物联网应用大部分还在发展之中，物联网业务模型尚未完全确定，因此，根据物联网业务模型和应用需求，对频谱资源需求的分析、对多种无线技术体制"物联"带来的干扰问题分析、对频谱检测技术的研究、对提高空闲频谱频率利用率的方法研究、物联网频谱资源管理方式等方面将是物联网频谱资源研究的关键所在。

第四节　物联网参考体系架构发展趋势

未来的物联网参考体系架构会是什么样子呢？编者认为，物联网参考体系架构 IP 化是一种必然的趋势。为什么智能物件要采用 IP 协议呢？因为 IP 技术能够解决物联网面对的可发展性、大规模性、应用多样性、互通性、低功耗、低成本等诸多挑战。物联网参考体系架构 IP 化趋势的必然性如下：

一、IP 对物联网的重要性

随着全球互联网的成功应用，IP 的端到端的架构已经证明了 IP 的可扩展性、稳定性、通用性。IP 将是解决物联网建设的标准问题的最佳选择。

1. IP 架构的稳定性

IP 架构已经存在了将近 30 年。尽管 IP 架构内还存在着在应用层和链路层间继续发展协议的空间，但这些年来，整体架构一直保持着罕见的稳定性。30 年来，标准已经多次更新，但其作为一个基于分组的通信技术一直保持稳定。对物联网来说，智能物件系统设计的使用寿命很长，常常多达 10 年，所以稳定性非常最要。

2. 轻量级的 IP

低功耗、较小的物理体积和低成本是智能物件的 3 个节点级挑战。由于人们感觉 IP 架构对处理能力和内存需求较大，IP 架构一直被认为是重量级的。人们认为，在资源受限的无限传感器设备上嵌入 IP 协议栈不合适，因为嵌入式设备一般是几十 KB 的内存，而现在通用计算机的 IP 协议需要上百 KB，所以导致无线传感网的发展前期，多个非 IP 的协议栈开发出来，如

ZigBee 协议栈。现在，部分基于轻量级的 IP 协议栈开发出来，带来了基于 IP 架构的无限传感器网络的概念。其中较成功的为 uIP 协议栈，其已经被广泛应用在网络化的嵌入式系统中。

3．IP 的多样性

IP 架构被全世界广泛使用，大部分网络设备都支持。IP 架构还很好地支持多种不同的应用场合，如远程设备控制的低速率应用和严格服务质量（Quality of Service，QoS）需求应用等，都得益于 IP 架构的优良设计、灵活性与分层结构。

4．IP 架构的互通性

互通性是 IP 架构的一个突出特点。互通是因为它运行在多种具有完全不同特性的链路层之上，在这些链路层之间提供互通性，也因为 IP 提供了现有网络、应用和协议的互通性。IP 可以跨越不同的平台、设备及底层通信机制来互通。

5．IP 架构的可扩展性

随着全球网络的发展，IP 已被证明拥有固有的可扩展性。几乎没有其他的网络架构层拥有如此规模的部署。通过因特网的全球部署，IP 表明它能部署在大量的系统上。无限传感器节点设备将连接到一个比现有网络拥有更高数量级的网络，所以，可扩展性是一个主要的关注问题。下一代 IPv6 的协议，地址空间扩大后，完全可以满足给每一个物联网连接设备分配一个 IP。

6．IP 的配置与管理

随着网络设备的飞速增长，IP 已经开发出许多用于网络配置和管理机制协议，当网络增长到数千台主机时，这些机制就是必需的了。IP 架构不但提供了自动配置机制，而且提供了高级配置和管理机制。把 IP 引入物联网架构里面，可以快速地、低成本地对每一个入网的感知设备进行分配和管理。

7．端到端的 IP

IP 提供了端到端的通信和设备之间的通信，不需要中间的协议转换网关。协议网关本质上是复杂的设计、管理和部署。网关的目的是将两个或两个以上的协议之间进行转换或映射。随着 IP 端到端的架构形成，将不需要复杂的协议转换网关。IP 端到端的架构建立以后，就算中间节点或者路由器出现故障，端到端的通信也会为设备重新选择路径，维持通信。这非常适合物联网，把 IP 引入到物联网架构，可以方便节点之间的通信，同时，也方便了节点连入互联网，从而方便建立感应节点与应用终端的通信。总之，基于 IP 的物联网架构是物联网以后发展的趋势。

总而言之，智能物件网络及其应用在节点和网络中都带来了挑战，为了迎接这些挑战，IP 架构完全可以满足需要。构建基于 IP 的物联网参考体系架构是一种大趋势。

二、构建基于 IP 物联网架构

在网络建构层，目前，面向传感网上的解决方案和协议包括 ZigBee、Wireless HART、WIA-PA、Z-Wava 等。这些协议很多与 IP 架构并不兼容。非 IP 协议的智能物件网络要连接到 IP 网络，需要采用多协议转换网关进行互联。因为多协议转换网关存在成本，固有的复杂性、灵活性和可扩展性等问题，不具有可扩展性和移植性，而且，外部网络的用户不能直接访问无线传感器网络中的节点。因此，不同私有协议的无线传感器网络与各种通信网络互连是物联网发展的必然要求。

越来越多的适用于智能物件的物联网协议已经采用 IP（IPv6）为基础，如 6LoWPAN 协议、CoAP 协议等，ZigBee 最新的规范也引入了 IP。IPv6 作为下一代网络协议，具有地址资源丰富、地址自动配置、移动性好等优点。通过 IPv6 技术，无线传感器网络能够与因特网无缝对接起来，从而实现人与人、人与物、物与物之间基于开发统一的 IP 协议的自由通信。

2013 年 9 月，根据 ISO／IEC JTC1／hWG7（传感器网络工作组）最新调整的标准化范围，由无锡物联网产业研究院等单位牵头，正式提出了关于物联网参考体系结构的提案，2014 年 5 月，中国标准化专家组织发起了第二轮投票，经 33 个成员国投票表决，ISO／IEC 正式通过了由中国技术专家牵头提交的物联网参考架构国际标准项目。这是我国国际标准化领域的又一个突破性进展，同时，也标志着我国开始主导物联网国际标准化工作。该标准的主要内容包括物联网概念模型、物联网应用系统参考体系结构、物联网网络通信参考体系结构和物联网信息流参考体系结构。

2015 年 1 月，ISO ／ IEC JTC1，WG10 物联网工作组决定成立网络层技术学习研究组，推进基于 IP 的物联网架构的标准化进程。

第三章　现代物联网的关键技术研究

第一节　感知层

物联网的感知层是实现物联网全面感知的基础，其要解决的重点问题是感知和识别物体（身份识别），采集和捕获信息（环境、位置感知）。相关技术包括条形码/二维码标签和识读器、RFID标签和读写器、摄像头、卫星信号接收设备、传感器和移动终端等。

一、环境感知

1. 传感器

人类通过听觉、味觉、嗅觉、触觉与视觉来感知周围的环境，物联网的相关信息来源则是各种各样的传感器。根据国家标准，传感器是能感受按照一定的规律转换成可用信号的器件或装置，通常由敏感元件和转换元件组成。在前面介绍无线传感器网络的时候曾提到，无线传感器网络节点一般被设计成结构简单且体积微小的嵌入式计算机系统，这是由于在无线工作的前提下，需要更多地考虑能耗对节点工作时间带来的影响。而在物联网中，存在着大量"体积巨大"的传感器，比如航天（卫星）遥感传感器，甚至太空探测器等。

2013年《传感器分类与代码》被列入国家标准委国家标准制订、修订计划。该标准征求意见稿采用混合分类法对传感器进行分类。首先，将传感器分为物理量、化学量、生物量三大类；在此基础上，再根据四十余种不同的工作原理，分为电阻式、电容式、电感式、压电式、压磁式、磁电式、光化学式、生物（微阵列）芯片、生物微系统等。

2. 遥感

遥感（Remote Sensing），广义是指用间接的手段来获取目标状态信息的方法。但一般指从人造卫星或飞机对地面观测，通过电磁波（包括光波）的传播与接收，感知目标的某些特性并加以进行分析的技术。

根据遥感平台分类，遥感可分为航空遥感和航天遥感。其中，航空遥感是以航空飞行器（飞机、飞艇、气球等）为平台，装载各种遥感仪器在大气层内获取地面遥感信息的技术；航天遥感是在地球大气层以外的宇宙空间，以人造卫星、宇宙飞船、航天飞机、火箭等航天飞行器为平台的遥感。

根据传感器感知电磁波波长的不同，遥感又可分为可见光 – 近红外（Visible–Near Infra-red）遥感，红外（Infrared）遥感及微波（Microwave）遥感等。

根据接收到的电磁波信号的来源，遥感可分为主动式（信号由感应器发出）和被动式（信号由目标物体发出或反射太阳光波）。

遥感的最大优点是能于短时间内取得大范围的数据，信息可以图像、非图像方式表现出来，可以代替人类前往难以抵达或危险的地方观测。遥感技术主要用于航海、农业、气象、资源、环境、行星科学等领域。

二、位置感知

定位服务（Location Service）是一项提供某个实体所处位置信息的服务。它被广泛应用在人们生活的方方面面，与日常工作和生活密不可分。计算度量某个实体所处位置的技术方法称为定位技术。每一种生物都具有不同程度的计算度量位置的定位能力，即拥有一定的定位技术，他们利用自身独特的定位技术为自身提供位置服务。例如，人本身就能提供最基本的位置服务，可以根据周边参照物，如太阳、星座、地势、建筑等因素，确定自身位置或者方向；再如，信鸽可以根据地球磁场确定方位。每一个智能生物所具有的定位技术在定位精度和应用范围等方面都是不同的。随着科技的发展和交通运输的需要，精度更高、适应范围更广的定位技术被发明并应用到人们的生产、生活中。提供定位服务的系统称为定位感知系统，它是普适计算环境中重要组成部分之一。在不考虑用户个人隐私的前提下，动态获取用户的位置信息，且得到的位置信息必须能够达到一定的精度，这些都是定位感知系统必须实现的功能。在此基础上，才能为用户积极主动地提供各种所需服务。

1. 卫星定位技术

卫星定位技术是使用一个或多个无线电辅助接收装置，通过接收卫星信号计算出用户当前的空间位置。对于在室外的定位，卫星定位技术已经能够满足大多数的需求。目前，全球范围内有四大卫星定位系统，分别是美国的全球定位系统（GPS），俄罗斯的格洛纳斯（GLONASS）、欧洲的伽利略（Galileo）以及我国的北斗（BeiDou）。

（1）GPS

全球定位系统（Global Positioning System，GPS）是一个由覆盖全球的24颗卫星组成的卫星系统。这个系统可以保证在任意时刻，地球上任意一点都可以同时观测到4颗或4颗以上的卫星采集到该观测点的经纬度和高度，从而实现导航、定位、授时等功能。这项技术可以用来引导飞机、船舶、车辆以及个人安全、准确地沿着选定的路线，准时到达目的地。GPS是20世纪70年代由美国陆、海、空三军联合研制的新一代空间卫星导航定位系统。其主要目的是为陆、海、空三大领域提供实时、全天候和全球性的导航服务，并用于情报收集、核爆监测和应急通信等一些军事目的，是全球性信息系统的重要组成部分。经过20余年的研究实验，耗资300亿美元，在1994年3月，将全球覆盖率高达98%的24颗GPS卫星星座系统布设完成。

GPS定位系统主要由以下3个部分组成：

① 空间部分。GPS的空间部分由24颗工作卫星组成，位于距地表20 200 km的上空，均匀分布在6个轨道面上（每个轨道面4颗），轨道倾角为55°。此外，还有4颗备份卫星在轨运行。卫星的分布使得在全球任何位置、任何时间都可观测到4颗以上的卫星，并能保持良好定位解算精度的几何图像，这些提供了在时间上连续的全球导航能力。GPS卫星产生两组电码，分别为C/A码（Coarse/Acquisition Code 11 023 MHz）和P码（Procise Code 10 123 MHz）。P码频率较高，不易受干扰，定位精度高；但是受美国军方管制，

并设有密码，一般民间无法解读，主要为美国军方服务。C/A 码则在人为采取措施刻意降低精度后，开放给民众使用。

② 地面控制部分。地面控制部分由 1 个主控站、5 个全球监测站和 3 个地面控制站（注入站）组成。监测站均装配精密的铯原子钟和能够连续测量所有可见卫星的接收机。监测站将取得的卫星观测数据（包括电离层和气象数据）经过初步处理后，传送到主控站。主控站从各监测站收集跟踪数据，计算出卫星的轨道和时钟参数，然后将结果送到 3 个地面控制站。地面控制站在每颗卫星运行至上空时，把这些导航数据及主控站指令注入卫星。这种注入对每颗 GPS 卫星每天 1 次，并在卫星离开注入站作用范围之前进行最后的注入。如果某地面站发生故障，那么，在卫星中预存的导航信息还可用一段时间，但导航精度会逐渐降低。

③ 用户设备部分。用户设备部分即 GPS 接收机。其主要功能是捕获按一定卫星截止角所选择的待测卫星，并跟踪这些卫星的运行。当接收机捕获到跟踪的卫星信号后，即可测量出接收天线至卫星的伪距离和距离的变化率，解调出卫星轨道参数等数据。根据这些数据，接收机中的微处理计算机就可按定位解算方法进行定位计算，得到用户所在地理位置的经纬度、高度、速度、时间等信息。接收机硬件、内部软件以及 GPS 数据的后处理软件包构成了完整的 GPS 用户设备。GPS 接收机的结构分为天线单元和接收单元两部分。目前，各种类型的 GPS 接收机体积越来越小，质量越来越轻，使得 GPS 真正走进了人们的日常工作与生活中。

在日常生活中，GPS 主要的应用方向有车辆跟踪、提供出行路线规划和导航服务、信息查询及紧急援助。

① 车辆跟踪。利用 GPS 和电子地图，实时显示出车辆的实际位置，并可任意放大、缩小、还原、换图；可以随目标移动，使目标始终保持在屏幕上；还可以实现多窗口、多车辆、多屏幕同时跟踪。利用该功能，可对重要车辆和货物进行跟踪运输。

② 提供出行路线规划和导航服务。提供出行路线规划是汽车定位系统的一项重要的辅助功能，它包括自动线路规划和人工线路设计。自动线路规划是由驾驶者确定起点和目的地，由计算机软件按要求自动设计最佳行驶路

线，包括最快的路线、最简单的路线、通过高速公路路段次数最少的路线的计算。人工线路设计是由驾驶员根据自己的目的地设计起点、终点和途经点等，自动建立路线库。

③信息查询。为用户提供如旅游景点、宾馆、医院等目标位置的数据库，用户能够在电子地图上进行查询。同时，监测中心可以利用监测控制台对区域内的任意目标所在位置进行查询，车辆信息将以数字形式在控制中心的电子地图上显示出来。

④紧急援助。通过 GPS 定位和监控管理系统，可以对有险情或发生事故的车辆进行紧急援助。监控台的电子地图显示求助信息和报警目标，规划最优援助方案，并以报警声光提醒值班人员进行应急处理。

（2）格洛纳斯

格洛纳斯系统最早开发于苏联时期，后由俄罗斯继续该计划。俄罗斯于1993 年开始独自建立本国的全球卫星导航系统。该系统于 2007 年开始运营，当时只开放俄罗斯境内卫星定位及导航服务。到 2009 年，其服务范围已经拓展到全球。该系统主要服务内容包括确定陆地、海上及空中目标的坐标及运动速度信息等。该系统的国家试验于 2015 年完成。

格洛纳斯系统标准配置为 24 颗卫星，而 18 颗卫星就能保证该系统为俄罗斯境内用户提供全部服务。该系统卫星分为"格洛纳斯"和"格洛纳斯 -M" 2种类型，后者使用寿命更长，可达 7 年。2011 年开始发射的"格洛纳斯 -K"卫星的在轨工作时间可长达 10 ～ 12 年。

目前，GLONASS 由 27 颗工作星和 3 颗备份星组成，27 颗星均匀地分布在 3 个近圆形的轨道平面上。这 3 个轨道平面两两相隔 120°，每个轨道面有 8 颗卫星，同平面内的卫星之间相隔 45°，轨道高度 2.36 万 km，运行周期为 11 h15 min，轨道倾角 64.8°。

地面支持系统由系统控制中心、中央同步器、遥测遥控站（含激光跟踪站）和外场导航控制设备组成。地面支持系统的功能曾由苏联境内的许多场地来完成。随着苏联的解体，GLO-NASS 系统由俄罗斯航天局管理，地面支持段已经减少到只有俄罗斯境内的场地了。系统控制中心和中央同步处理器位于莫斯科，遥测遥控站位于圣彼得堡、捷尔诺波尔、埃尼谢斯克和共青城。

GLONASS 用户设备（即接收机）能接收卫星发射的导航信号，并测量其伪距和伪距变化率，同时，从卫星信号中提取并处理导航电文。接收机处理器对上述数据进行处理并计算出用户所在的位置、速度和时间信息。GLONASS 系统提供军用和民用 2 种服务，系统绝对定位精度的水平方向为 16 m，垂直方向为 25 m。目前，GLONASS 系统的主要用途是导航定位，当然与 GPS 系统一样，也被广泛应用于各种等级和种类的定位、导航和时频领域等。

与美国的 GPS 系统不同的是，GLONASS 系统采用频分多址（FDMA）方式，根据载波频率来区分不同卫星，而 GPS 采用的是码分多址（CDMA），根据调制码来区分卫星。每颗 GLONASS 卫星发播的 2 种载波的频率分别为 L1=（1602+0.5625K）MHz 和 L2=（1246+0.4375K）MHz，其中 K（1～24）为每颗卫星的频率编号。所有 GPS 卫星的载波的频率是相同的，均为 L1=1575. 42 MHz 和 L2=1227.6MHz。

（3）伽利略卫星导航系统

伽利略卫星导航系统（Galileo Satellite Navigation System），是由欧盟研制和建立的全球卫星导航定位系统。该计划于 1999 年 2 月由欧洲委员会公布，欧洲委员会和欧洲航天局共同负责。系统由轨道高度为 23616 km 的 30 颗卫星组成，其中 27 颗工作星，3 颗备份星。卫星轨道高度约 2.4 万千米，位于 3 个倾角为 56° 的轨道平面内。2012 年 10 月，伽利略全球卫星导航系统第二批两颗卫星成功发射升空，与太空中已有的 4 颗正式的伽利略系统卫星组成网络，初步发挥地面精确定位的功能。

欧盟于 1999 年首次公布伽利略卫星导航系统计划，其目的是摆脱欧洲对美国全球定位系统的依赖，打破其垄断。该项目总投入达 34 亿欧元。因各成员国存在分歧，计划已几经推迟。

1999 年欧洲委员会的报告对伽利略系统提出了 2 种星座选择方案：一是 "21+6" 方案，采用 21 颗中高轨道卫星加 6 颗地球同步轨道卫星。这种方案能基本满足欧洲的需求，但还要与美国的 GPS 系统和本地的差分增强系统相结合。二是 "36+9" 方案，采用 36 颗中高轨道卫星和 9 颗地球同步轨道卫星或只采用 36 颗中高轨道卫星。这一方案可在不依赖 GPS 系统的条件下满足欧洲的全部需求。该系统的地面部分由正在实施的欧洲监控系统、轨道测控系统、时间同步系统和系统管理中心组成。为了降低全系统的投资，上述 2 个方案都没有被采用。其最终方案是，系统由轨道高度为 23 616 km 的 30 颗卫星组成，其中 27 颗工作星，3 颗备份星。每次发射将会把 5 或 6 颗卫星同时送入轨道。

"伽利略"计划对欧盟具有关键意义，它不仅能使人们的生活更加方便，还将为欧盟的工业和商业带来可观的经济效益。更重要的是，欧盟将从此拥有自己的全球卫星导航系统，打破美国 GPS 导航系统的垄断地位，从而在全球高科技竞争浪潮中获取有利位置，并为将来建设欧洲独立防务创造条件。

伽利略卫星导航系统是世界上第一个基于民用的全球卫星导航定位系统，在 2008 年投入运行后，全球的用户将使用多制式的接收机，获得更多的导航定位卫星的信号，无形中极大地提高了导航定位的精度。这是"伽利略"计划给用户带来的直接好处。另外，由于全球出现多套全球导航定位系统，从市场的发展来看，将会出现 GPS 系统与伽利略系统竞争的局面，竞争会使用户得到更稳定的信号和更优质的服务。世界上多套全球导航定位系统并存，相互之间的制约和互补将是各国大力发展全球导航定位产业的根本动力。

"伽利略"计划是欧洲自主、独立的全球多模式卫星定位导航系统，可提供高精度、高可靠性的定位服务，实现完全非军方控制、管理，可以进行覆盖全球的导航和定位功能。伽利略系统还能够和美国的 GPS、俄罗斯的 GLONASS 实现多系统内的相互合作，任何用户将来都可以用一个多系统接收机采集各个系统的数据，或者通过各系统数据的组合来实现定位导航的要求。

伽利略卫星导航系统可以发送实时的高精度定位信息。这是现有的卫星导航系统所没有的，同时，伽利略系统能够保证在许多特殊情况下提供服务，如果失败也能在几秒钟内通知客户。与美国的 GPS 相比，伽利略卫星导航系统更先进，也更可靠。美国 GPS 向别国提供的卫星信号，只能发现地面大约 10 m 长的物体，而伽利略的卫星则能发现 1 m 长的目标。

（4）北斗卫星导航系统

北斗卫星导航系统（BeiDou Navigation Satellite System，BDS）是中

国自行研制的全球卫星导航系统，是继美国 GPS、俄罗斯 GLONASS 之后第三个成熟的卫星导航系统。北斗卫星导航系统和美国的 GPS、俄罗斯的 GLONASS、欧盟的伽利略卫星导航系统，是联合国卫星导航委员会已认定的供应商。

北斗卫星导航系统由空间段、地面段和用户段三部分组成，可在全球范围内全天候、全天时为各类用户提供高精度、高可靠定位、导航、授时服务，并具有短报文通信能力。北斗卫星导航系统空间段包括 5 颗静止轨道卫星和 30 颗非静止轨道卫星，根据总体规划，2020 年前后覆盖全球。系统的主要功能包括：①短报文通信。用户终端具有双向报文通信功能，民用可以一次传送 40 ～ 60 个汉字的短报文信息，军用可以一次传送 120 个汉字的信息，在远洋航行中有重要的应用价值。②精密授时。北斗系统具有精密授时功能，可向用户提供 20 ～ 100 ns 时间同步精度。③定位精度。水平精度为 100 m，设立标校站之后为 20 m（类似差分状态），工作频率为 2 491.75 MHz。④系统容纳的最大用户数为 540000 户／时。

2000 年，首先建成的北斗导航试验系统，使我国成为继美、俄之后的世界上第 3 个拥有自主卫星导航系统的国家。该系统已成功应用于测绘、电信、水利、渔业、交通运输、森林防火、减灾救灾和公共安全等诸多领域，产生显著的经济效益和社会效益。特别是在 2008 年北京奥运会、汶川抗震救灾中发挥了重要作用。2012 年 12 月 27 日，北斗系统空间信号接口控制文件 1.0 版正式公布，北斗导航业务正式对亚太地区提供无源定位、导航、授时服务。2013 年 12 月 27 日，北斗卫星导航系统正式提供区域服务 1 周年新闻发布会在国务院新闻办公室新闻发布厅召开，正式发布了《北斗系统公开服务性能规范（1.0 版）》和《北斗系统空间信号接口控制文件（2.0 版）》2 个系统文件。

2014 年 11 月 23 日，国际海事组织海上安全委员会审议通过了对北斗卫星导航系统认可的航行安全通函。这标志着北斗卫星导航系统正式成为全球无线电导航系统的组成部分，取得面向海事应用的国际合法地位。

北斗卫星导航系统的建设与发展，以应用推广和产业发展为根本目标，不仅要建成系统，更要用好系统，强调质量、安全、应用、效益，遵循以下建设原则：

①开放性。北斗卫星导航系统的建设、发展和应用将对全世界开放，为全球用户提供高质量的免费服务，积极与世界各国开展广泛而深入的交流与合作，促进各卫星导航系统间的兼容与互操作，推动卫星导航技术与产业的发展。

②自主性。中国将自主建设和运行北斗卫星导航系统，可独立为全球用户提供服务。

③兼容性。在全球卫星导航系统国际委员会（ICG）和国际电联（ITU）框架下，使北斗卫星导航系统与世界各卫星导航系统实现兼容与互操作，使所有用户都能享受到卫星导航发展的成果。

④渐进性。中国将积极稳妥地推进北斗卫星导航系统的建设与发展，不断完善服务质量，并实现各阶段的无缝衔接。

2015 年 3 月 30 日，我国成功将首颗新一代北斗导航卫星发射升空，卫星顺利进入预定轨道。此次发射的新一代北斗导航卫星是我国发射的第 17 颗北斗导航卫星，它将开展新型导航信号体制、星间链路等试验验证工作，为北斗卫星导航系统全球组网建设提供依据。这也标志着北斗卫星导航系统由区域运行开始转向全球拓展。

2. 室内定位技术

（1）室内定位的特点

随着人们对定位服务需求的日益增长，定位场所也逐渐从室外延伸到了室内，引发了运用无线技术提供室内位置服务的研究热潮。世界上许多知名研究机构和一流大学（如剑桥大学的 AT8LT 实验室、微软研究院、麻省理工学院、华盛顿大学、东京大学、香港科技大学等）都开展了这方面的研究，并开发出了一些原型系统。

与户外环境相比，室内环境要复杂得多。建筑物的布局、内部结构、材料、装饰装修情况等都会对室内定位的效果产生影响。除去纯技术方面的考虑，许多人为的限制因素，如安全性、个人隐私的考虑等，也对室内定位技术体系有很大的影响。从不同的应用和需求出发，人们提出了多种可用于室内定位的方法，如利用红外、超声波、超宽带、无线局域网、RFID 等无线技术来实现定位。这些方法一般都有很强的应用背景，适用的定位服务对象也不尽相同。

①定位系统的坐标系配置和位置信息的表达方法。坐标系的建立是定位的前提。例如，GPS 通过全球经纬坐标系统定位，可以给出某一点精确的经纬度。一般来说，室内定位系统是针对某一建筑物建立独立的坐标体系，并以此为定位依据。当然，也完全可以通过若干控制点的测量，换算建筑物独立坐标和全球坐标系统，以实现室内、室外坐标系的整合。在计算目标坐标位置时，一些定位系统建立固定的坐标系统，有固定的参照点。而另一些系统则不依赖固定的参照点定位，或者虽然通过和参照点的相对位置表达信息，但参照点的位置却是动态变化的，每一个被定位对象的坐标都由它和其他物体的相对位置决定。也就是说，系统并不真正建立一个坐标系统，而只是在需要的时候才进行换算。在室内环境中，往往不需要或者不关心被定位对象的绝对坐标位置，而是更希望系统能够提供诸如"某人在一楼大厅，打印机在 309 房间"等这样的定位信息。这实际上是一种地址信息。地址信息是一种模糊的信息，并不能直接显示在地图上。地理信息系统中为了解决这个问题，提出了地址－编码（Geo - Coding）技术，用来匹配地址信息和地图位置。由于在室内定位系统中，人们普遍关注地址信息，因此，地址编码在室内定位系统中将发挥重要的作用。

②位置信息通信和室内位置信息计算的安全性。人或物体在室内的位置是敏感的信息，除非在特定的环境下，人们并不希望把自己的位置信息透露给不相干的人，这就出现了位置信息的安全性问题。这个问题包括两个方面：一是位置信息的计算方式；二是位置信息传输的安全性。目前存在两种位置的计算方式：一种是定位信息在被定位者一端计算（本地计算），被定位者获得自己的位置信息后，决定如何公布自己的位置信息；另一种则是由中心服务器集中处理所有被定位者的信息（集中计算），并按照一定的方式向相关人员广播。一般认为，本地计算是更安全的方式，系统应至少能够允许进行本地计算。而位置信息传输则是通信安全的范畴。

③定位精度。不同的应用对定位精度有着不同的要求。室内环境本身比较小，一般而言，要求定位精度比较高才能够满足应用需要。但是室内定

位往往需要回答这样的问题："某人在哪个房间？"而被定位者在房间中的精确位置大部分情况下并不重要。因此，实际上只要能够达到定位到房间就可以满足很多实际需要。定位精度可以通过改进设备来不断提高，但是，需要在精度和系统成本之间做出权衡。

④ 方位跟踪和方向判别。方向判别是定位系统中常见的问题。行进方向是很重要的信息，如 GPS 车辆导航中对车辆行进方向的判别。室内定位系统除了要求能够跟踪运动物体，判断行进方向外，还要求能够判断静止物体的朝向，例如人员的面向位置。静止时物体朝向是室内定位中所特有的一个问题，也是一个很重要的问题。

⑤ 识别能力。实际应用往往要求定位系统具备一定的自动识别能力。这种识别能力一般可以通过集成身份识别系统（如胸卡识别和条形码识别）和室内定位系统的方法实现，还可以把成像系统或语音系统和定位系统结合，这样就可以具备更高级别的识别能力。

⑥ 设备的依赖性。室内定位系统虽然出现得早，但是一直没有得到广泛使用。原因之一就是目前的室内定位系统往往需要安装特定的设备，而这些设备不是十分昂贵，就是只能在特定的建筑内安装，如监狱、保密室等。而且，设备只能用于定位，没有任何其他用途，这些大大限制了室内定位系统的应用。

⑦ 系统的稳定性。

无线室内定位技术走向实用的关键之一是必须达到一定的稳定性，维护维修要比较容易，有一定的冗余度，对于室内环境的变化有一定的自我调节或适应能力。由于室内环境的格局、物品的摆放、装饰装修都有可能发生变化，这就要求定位技术必须具备一定抵抗环境变化和干扰的能力。如房屋的格局发生了有限的变动，或用于定位的设备部分发生故障，但仍然希望系统能够继续正常工作，或能够通过人工或自适应的方式进行调节，保证定位系统的可用性。从目前的技术来看，室内定位系统的抗干扰能力、稳定性都存在一定的问题，这是无线室内定位技术需要着重研究解决的一个问题。

除无线传感器网络外，用于室内定位的主要的无线技术还包括如下内容：

红外线。红外线定位技术的系统一般通过移动设备在一个预定的时间间隔内发射红外波来实现。系统通过接收这些红外波并计算到达时间 ToA(Time of Arrival ）来测量对象的位置。它的缺点是容易受到太阳光直射的干扰，造成精确度不高，并且作用范围也相当有限。

超声波。超声波传感器一般工作频率为 40 ~ 130 kHz，利用到达时间 ToA 来进行精确的距离计算，系统利用这些距离信息进行三边测量运算。超声波接收器测量与发射器的距离时使用一个预定的频率。通过使用多个接收器（一般在二维定位测量中最好使用 4 个或更多），才可能得出一个比较精确的结果。但是超声波信号容易受到高频信号的干扰，容易因为反射而得到错误结果，且系统部署复杂，成本昂贵。

超宽带。超宽带（Ultra Wideband，UWB）技术是一种与传统通信技术有着极大差异的通信新技术。它不需要使用传统通信体制中的载波，而是通过发送和接收具有纳秒级以下的极窄脉冲来传输数据，从而具有 GHz 量级的带宽。UWB 信号的时域脉冲极窄，时间分辨率高，能分辨纳秒级以下的到达时间差，因此，UWB 系统与传统的窄带系统相比具有很好的抗多径干扰能力，非常适合用于室内定位。但是 UWB 技术本身还处于研究阶段，尚未成熟。

蓝牙。该技术是一种短距离低功耗的无线传输技术，支持点到点、点到多点的话音和数据业务，可以实现不同设备之间的短距离无线互联。在室内安装适当的蓝牙局域网接入点，把网络配置成基于多用户的基础网络连接模式，并保证蓝牙局域网接入点始终是这个微微网(Pi-conet)的主设备(Master)，就可以获得用户的位置信息，实现利用蓝牙技术定位的目的。采用该技术作室内短距离定位的优点是容易发现设备且信号传输不受视距的影响；缺点是蓝牙器件的作用距离相对较短。

A-GPS。当 GPS 接收机在室内工作时，由于卫星信号受到建筑物遮挡的影响，会衰减到十分微弱的程度，要想达到同室外一样直接从卫星广播中提取导航数据和时间信息是不可能的。为了得到较高的信号灵敏度，就需要延长在每个码延迟上的停留时间，A - GPS 技术为这个问题的解决提供了可能。室内 GPS 技术采用大量的相关器并行地搜索可能的延迟码。这种室内 GPS 定位技术由于需要被定位物体装载集成 A- GPS 接收器，因而注定了它的应用要受到一定限制。

WLAN。室内无线局域网环境下，接入点（Access Point，AP）的覆盖范围往往不超过 100 m，无线电波的传输时延可以忽略不计，无法采用 ToA 或 TDoA（Time Difference of Arrival）的方法定位。另外，墙壁、人体等影响信号传播的障碍物很多，无线信号存在反射和散射现象，到达接收机的信号是发射信号经过多个传播路径之后各分量的叠加。不同路径分量的幅度、相位、到达时间和入射角各不相同，使接收到的复合信号在幅度和相位上都产生了严重的失真，因此，AoA（Angles of Arrival）方法也不适用于WLAN。目前，基于 WLAN 的定位都是利用信号强度来实现的。其优点是可以利用建筑物内现有的无线局域网来进行定位，无须另外增加设备。缺点是被定位物体都需要搭载支持无线网络的网卡，功率消耗很大，且只能用于二维平面定位。

RFID。国内外许多研究机构对 RFID 技术应用于定位开展了相关研究。东京大学 Tomo-hiro 等开发了 PATIO 项目，用于盲人引路。该项目在大约 1700 m² 的 2D 空间内以 1.2 m 为间距使用 1349 个标签构建了一个定位环境，使用者依据 2 个可以穿戴的 RFID 读写器来定位，使用者在时间 t 的位置由 t — 1 时间所读到标签的位置通过递推公式计算得到。瑞士苏黎世联邦理工学院（ETH）的 Bohn 等提出的 SDRI 定位原型系统与 PATIO 类似，不过采用的是事先在地面空间部署 Philips I-Code 高频标签的方法。香港科技大学 Linoel M. Ni 等在 LANDMARC 项目中引入了参考标签，并采用标签之间的残差加权算法以获得较高的定位精度，但定位计算时间较慢。美国佛罗里达大学 Scooter Willis 等提出一个使用 RFID 标签网格的导航系统 RFID - PATH -ID，事先对每个标签设定好空间坐标和它周边环境的描述。这种自描述的定位系统每平方英尺的成本约 1 美元，且不依赖于中心数据库和后台通信网络，通过部署好的 RFID 网格，盲人学生可以在装有 RFID 读写器的拐杖的协助下自由活动。

与无线传感器网络类似，上述无线技术同样是使用基于角度、基于时间、基于场强（信号强度）3 种类型的方法实现定位。

（2）室内定位系统的一般体系结构

室内定位系统的组成部分大致可以分为两类，即固定单元和移动单元。固定单元是定位系统的基础设施，相当于移动通信中的基站，它的位置是不能轻易变动的；移动单元是被定位的人或物所携带的设备，通常是轻便的信号发射或接收装置。移动单元通过和固定单元通信来确定它相对于固定单元的位置，从而得到它在真实世界中的坐标。有一些定位系统不需要额外的移动单元设备，如使用计算机视觉技术就能够直接感知人或物所在位置而无须再携带移动设备，但是这种定位技术往往只能用于非常有限的环境中。在使用红外线、超声波、无线局域网、RFID 等技术的定位系统中，都存在着信号发射单位和接收单位。移动单元和固定单元都有可能接收或发射信号，这取决于定位系统的工作模式。一般情况下，定位系统有下列几种工作模式：

① 单一发射器，多个时间同步接收器。信号从一个移动单元发射，并由多个位置已知的、有物理网络连接且时间一致的信号接收器来接收。这种工作模式可以很容易获得信号到达各站点的时间差，从而根据数学模型求解出移动单元的坐标。

② 单一接收器，多个时间同步发射器。脉冲信号由多个已知位置的时间同步装置发射，移动单元接收脉冲信号，并根据信号计算自己的位置。这种工作模式比较容易实现本地化计算方式，也就是说由移动单元自主地进行定位计算和位置信息公布。

③ 多种同步信号发射器。两种或两种以上的信号从一个已知位置的发射单元同时发出，但是这几种信号在空间的传播规律差别很大，例如电磁波和超声波。移动单元具备同时接收这几种信号的能力，并根据接收到的几种信号的时间差和速度来确定位置。

（3）初步位置推算方法

位置坐标的推算方法通常可以分为两类，即数学物理模型方法和统计近似方法。数学物理模型法是从研究电磁波或声波在室内传播的规律入手，分析 ToA、TDoA、RSS 等参数，计算目标对象和参照点的距离和角度，从而推算出目标对象的坐标。具体来说，首先，需要确定信号强度在空间变化的数学或经验模型，用得到的信号参数推算移动单元及参照点的距离和角度；然后，通过求解三角形来确定移动单元位置。同一平面内进行定位时，需要得到移动单元和 3 个不在同一直线上的固定单元的距离。而在三维空间，则需要已知移动单元和 4 个不在同一平面上的固定单元的距离。

统计近似方法是一种基于统计经验的拟合方法。其方法是先确定一些对位置敏感的参数，如信号强度、信噪比等，然后，对室内环境进行电波强度普查，测得有限个点的电波参数。然后根据目标对象接收到的电波参数和已知点比较，推算出目标对象的坐标。例如，在使用 RSS 这个参数来推算移动单元的位置时，对于一个移动设备，假定有 n 个固定的信号接收 / 发射设备并用。表示 RSS 的值，就可以得到一个关于 RSS 的向量：$v=[v1, v2, \cdots, vn]$，设移动设备所在的位置为 $P=[x, y, z]$，于是有 $f(P)=v$。也就是说，对于移动单元所处的任意一个位置，都有一组信号强度与之对应。信号测量结果可以使用如下形式记录下来，这样就得到了一个信号强度分布的采样库。

实际定位计算是已知信号强度矢量求解位置坐标的过程，即 $P=f-1(v)$。利用信号强度分布的采样库，就可以使用统计方法来求出移动单元的坐标。

3. 其他辅助定位技术

随着微机电系统（Micro - Electro - Mechanical System，MEMS）技术的不断发展，越来越多的测量、传感技术被集成到芯片中，为移动定位技术的发展提供了坚实的基础。与 GPS 技术被动、相对时间独立的定位特性不同，主动定位技术往往由多个模块组成，利用不同模块测量获得系统不同状态信息，经过整合计算后得出位置变化，与之前时刻系统位置结合后就可以获得当前测量时刻的位置信息。下面对主动定位技术使用的传感器进行介绍与分析，主要包括角度传感器（光纤陀螺仪、电子罗盘等）和动力学传感器（电子加速度计等）。

（1）陀螺仪

利用陀螺的力学性质所制成的各种功能的陀螺装置称为陀螺仪（gyroscope），它在科学、技术、军事等各个领域有着广泛的应用。例如，回转罗盘、定向指示仪、炮弹的翻转、陀螺的转动、地球在太阳（月球）引力矩作用下的旋进（岁差）等。

陀螺仪的种类很多，按用途来分，它可以分为传感陀螺仪和指示陀螺仪。传感陀螺仪用于飞行体运动的自动控制系统中，作为水平、垂直、俯仰、航向和角速度传感器；指示陀螺仪主要用于飞行状态的指示，作为驾驶和领航仪表使用。

现在的陀螺仪分为压电陀螺仪、微机械陀螺仪、光纤陀螺仪、激光陀螺仪，都是电子式的，可以和加速度计、磁阻芯片、GPS 做成惯性导航控制系统。其中应用最广泛的是光纤陀螺仪。

现代光纤陀螺仪包括干涉式陀螺仪和谐振式陀螺仪。它们都是根据塞格尼克的理论发展起来的，即当光束在一个环形的通道中前进时，如果环形通道本身具有一个转动速度，那么光线沿着通道转动的方向前进所需要的时间要比沿着这个通道转动相反的方向前进所需要的时间多。也就是说，当光学环路转动时，在不同的前进方向上，光学环路的光程相对于环路在静止时的光程都会产生变化。利用这种光程的变化，如果使不同方向上前进的光之间产生干涉来测量环路的转动速度，就可以制造出干涉式光纤陀螺仪。如果利用这种环路光程的变化来实现在环路中不断循环的光之间的干涉，通过调整光纤环路的光的谐振频率进而测量环路的转动速度，就可以制造出谐振式的光纤陀螺仪。

陀螺仪的工作原理决定了其高精度的特点，同时，也使得设计与制造难度加大，价格昂贵。目前，陀螺仪主要还是用在航空航天、船舶、导弹制导等对成本不敏感的领域。复杂的技术、高昂的价格使得陀螺仪一直没有走进民用市场。

（2）电子罗盘

电子罗盘也叫数字罗盘，是利用地磁场来定北极的一种方法。现代先进工艺生产的磁阻传感器为罗盘的数字化提供了有力的帮助。现在一般用磁阻传感器和磁通门加工成电子罗盘。虽然卫星定位技术在导航、定位、测速、定向方面有着广泛的应用，但其信号常被地形、地物遮挡，导致精度大大降低，甚至无法定位。尤其在高楼林立的城区和植被茂密的林区，卫星定位信号的有效性仅为 60%，即使在静止的情况下，卫星定位也无法给出有效的方向信息。为弥补这一不足，可以采用组合导航定向的方法。电子罗盘可以对卫星定位信号进行有效补偿，保证定位模块在任何时候都不会失效，即使是在卫星定位信号脱锁后也能正常工作，做到"丢星不丢向"。

电子罗盘可以分为平面电子罗盘和三维电子罗盘。平面电子罗盘要求用户在使用时，必须保持罗盘的水平，否则，当罗盘发生倾斜时，会给出航向变化的指示，而实际上航向并没有变化。虽然平面电子罗盘在使用时要求很高，但如果能保证罗盘所附载体始终水平，平面罗盘是一种性价比很高的选择。三维电子罗盘克服了平面电子罗盘在使用中的严格限制，因为三维电子罗盘在其内部加入了倾角传感器——如果罗盘发生倾斜，则可以对罗盘进行倾斜补偿，这样即使罗盘发生倾斜，航向数据依然准确无误。有时为了克服温度漂移，罗盘也可内置温度补偿，最大限度减少倾斜角和指向角的温度漂移。

典型的数字罗盘具有以下特点：

① 三轴磁阻传感器测量平面地磁场，双轴倾角补偿。② 高速高精度 A/D 转换。③ 内置温度补偿，最大限度地减少倾斜角和指向角的温度漂移。④ 内置微处理器，用于计算传感器与磁北夹角。⑤ 具有简单有效的用户标校指令。⑥ 具有指向零点修正的功能。⑦ 外壳结构防水、无磁。

电子罗盘的原理是测量地球磁场，如果在使用的环境中存在除地球以外的软、硬磁体产生的磁场，并且这些磁场无法有效屏蔽，那么，需要使用软件手段辅助电子罗盘定向，减小罗盘误差。

（3）电子加速度计

加速度计是测量运载体线加速度的仪表。测量飞机过载的加速度计是最早获得应用的飞机仪表之一。飞机上还常用加速度计来监控发动机故障和飞机结构的疲劳损伤情况。在各类飞行器的飞行试验中，加速度计是研究飞行器颤振和疲劳寿命的重要工具。在飞行控制系统中，加速度计是重要的动态特性校正元件。在惯性导航系统中，高精度的加速度计是最基本的敏感元件之一。不同使用场合的加速度计在性能上差异很大，高精度的惯性导航系统要求加速度计的分辨率高达 0.001g，但量程不大；测量飞行器过载的加速度计则可能要求有 102g 的量程，但精度要求不高。

机械加速度计由检测质量（也称敏感质量）、支承、电位器、弹簧、阻尼器和壳体组成。检测质量受支承的约束只能沿一条轴线移动，这个轴常称为输入轴或敏感轴。当仪表壳体随着运载体沿敏感轴方向作加速运动时，根据牛顿定律，具有一定惯性的检测质量力图保持其原来的运动状态不变。它与壳体之间将产生相对运动，使弹簧变形，于是检测质量在弹簧力的作用下随之加速运动。若弹簧力与检测质量加速运动时产生的惯性力相平衡，则检测质量与壳体之间不再有相对运动，这时弹簧的变形反映被测加速度的大小。电位器作为位移传感元件把加速度信号转换为电信号表示加速度大小。加速度计本质上是一个具有自由度的振荡系统，须采用阻尼器来改善系统的动态品质。

电子加速度计的原理与机械加速度计类似，只是使用压敏电阻代替检测质量电位器，根据阻值变化判断受力情况，通过 A/D 转换计算出加速度的大小。

通过加速度计测量得到载体加速度值之后，通过积分运算并结合前一时刻速度值就可以获得载体移动距离；再结合电子罗盘测得的方向信息，就可以计算获得载体的位移，实现在卫星定位信号接收机脱锁情况下，对终端载体的定位。

第二节　网络层

物联网的网络层，包括各种通信网络与互联网形成的融合网络，被普遍认为是最成熟的部分。目前，在谈到物联网网络层数据传输方式时，往往对无线通信，特别是蜂窝移动通信方式比较关注。但在实际进行物联网部署和实施过程中，应兼顾有线和无线两种方式，使二者之间形成互补的关系。比如在日常生活中，智能楼宇可以说是最大面积的传感器应用项目之一，而其中主要的传感数据采集还是使用有线的现场总线方式实现的。无线通信未来会成为物联网发展的重要支撑，但是有线通信技术也是不可或缺的。

一、感知数据无线接入方式

1. IEEE 802.11

（1）定义与工作方式

IEEE 802.11 协议组是国际电工电子工程学会（IEEE）为无线局域网络制定的标准。最初的目标是解决办公室局域网和校园网中用户与用户终端的无线接入，业务主要限于数据存取，速率最高只能达到 2 Mbit/s。由于它在速率和传输距离上都不能满足人们的需要，因此，IEEE 小组又相继推出了 802.11b 和 802.11a 两个标准，分别采用 2.4 GHz 和 5 GHz 2 个 ISM 频段。

IEEE 802.11 协议主要规范了开放式系统互联参考模型（OSI/RM）的物理层和媒体接入控制（MAC）层。物理层确定了数据传输的信号特征和调制方法，定义了 3 种不同的物理媒介，即红外线、直接序列扩频（DSSS）和跳频扩频（FHSS），后两者是射频（RF）传输标准，工作于 2.4 GHz 开放频段。MAC 层利用载波检测多址接 / 冲突避免（CSMA/CA）协议，而不是用冲突检测的方式让用户共享无线媒体。

IEEE 802.11 将通信设备分为无线终端（Staion）和无线接入点（Access Point，AP）。无线终端是用户手中的通信设备，如笔记本电脑、手机等，是无线局域网（WLAN）的基本组成单元；AP 是 WLAN 和有线网络的连接点。IEEE 802.11 中为终端定义了两种工作模式：Infrastructure 模式和 Adhoc 模式。Infrastructure 模式又称为架构式模式，主要应用于 WLAN 中，网络中至少需包括一个无线接入点和一系列无线终端，无线终端直接与 AP 通信并通过 AP 接入有线网络，即使两终端在彼此的通信范围之内，也必须通过 AP 才能通信；Ad - hoc 模式又称为自组织模式，其并不需要 AP 等基础网络设施，无线终端间是对等的通信关系，彼此间可实现多跳互联，直接便可通信。该模式已被广泛应用于组建 MANET 等不依赖于基础设施的无线多跳网络。

（2）主流 IEEE 802.11

①IEEE 802.11a。IEEE 802.11a 标准于 1999 年正式提出，IEEE 802.11a 扩充了原标准的物理层，规定物理层工作在 UNII 波段的 5 GHz 频段，在射频采用多载波调制技术——正交频分复用（OFDM）技术来传输数据，支持

的速率有 6 Mbit/s、9 Mbit/s、12 Mbit/s、…、54 Mbit/s 8 级，根据不同速率，OFDM 子载波可采用 BPSK、DPSK、16QAM、64QAM 4 种基带调制方法。区别于 IEEE 802.11b，IEEE 802.11a 采用了向前纠错（FEC）技术，这虽然增加了基带处理的复杂度，但可以在较高速率下延长传输距离。

②IEEE 802.11b。IEEE 802.11b 是 1999 年 9 月通过的标准，为目前主导的标准之一。IEEE 802.11b 物理层支持 5.5 Mbit/s 和 11 Mbit/s 2 个新速率，并且使用动态速率漂移，可因环境变化，在 11 Mbit/s、5.5 Mbit/s、2 Mbit/s、1 Mbit/s 之间切换。在网络安全机制上，IEEE 802.11b 提供媒体接入控制（MAC）层的接入机制和加密机制，达到与有线局域网相同的安全级别。

③IEEE 802.11g。为了综合 IEEE 802.11a 和 IEEE 802.11b 的优势，IEEE 802.11g 应运而生。它在物理层融合了 IEEE 802.11b 的直接序列扩频（DSSS）传输技术，补充编码键控（CCK）调制技术和 IEEE 802.11a 正交频分复用（OFDM）调制技术；在 MAC 层采用了带冲突避免的载波侦听多路访问（CSMA/CA）协议。通过采用两种调制方式，IEEE 802.11g 既达到了 2.4 GHz 频段实现 IEEE 802.11a 水平的数据传输速率，也确保了与 IEEE 802.11b 产品的兼容。

④IEEE 802.11n。与以前的 IEEE 802.11 协议相比，使用多天线技术的 IEEE 802.11n 无线局域网有 2 个方面的优势。一是短期的优势，有较高的传输率，理论速度最高可达 600 Mbit/s，使无线局域网平滑地和有线网络结合，全面提升了网络吞吐量；二是长期的优势，今后无线局域网的产品可以使用双频方式，即在 2.4 GHz 和 5.8 GHz 2 个频段，基于 MIMO 和 OFDM 调制技术，提高数据传输速率。在覆盖性和兼容性方面也都有所提升。

IEEE 802.11n 标准的主要应用业务分为 2 个基本类型，即要求高速数据传输及高服务质量（QoS）和要求相当于有线网络性能，如大型企业或综合型公寓一类的高密集环境这两类应用业务。

⑤IEEE 802.11s。IEEE 802.11s 草案是 IEEE 802.11 工作组提出的针对无线网状网的 WLAN 网络路由协议。这个草案扩展了 IEEE 802.11 的 MAC 层协议，支持多跳计数、广播、组播和单播，也可以与现在已经颁布的各 IEEE 802.11 物理层路由协议（802.11a、802.11b、802.11g、802.11n）兼容工

作。IEEE 802.11s 丢掉了传统的网络层（3 层）路由，使用了 MAC 层（2 层）路由，提升了路由的工作效率，同时，能够降低节点的信号发射功耗。

⑥IEEE 802.11ac。IEEE 802.11ac 是一个针对更高吞吐能力的无线连接而设计的新标准，工作在 5 GHz 频段，理论上可以提供高达每秒 1G 位的数据传输能力。IEEE 802.11ac 使用更多的空间流来提高数据吞吐能力，理论传输速度将首次突破 1 Gbit/s 水平，即使是入门级产品，速度也有 450 Mbit/s，高端产品则在 1 Gbit/s 之上，理论上最高可达 3.6 Gbit/s，相当于 IEEE 802.11n 传输速度的 6 倍。

IEEE 802.11ac 无线通信通道整合了正交频分复用（OFDM）技术和载波聚合技术，支持 20 MHz、40 MHz、80 MHz 和 160 MHz 通道带宽方案，通过使用更多的子载波实现了更高的带宽。

2. IEEE 802.15.4 与 Zigbee

IEEE 802.15.4 标准是针对低速无线个人区域网，把低能量消耗、低速率传输、低成本作为重点目标，旨在为个人或者在家庭范围内不同设备之间低速互联提供统一的标准。

IEEE 802.15.4 标准定义的低速无线个人网 LR - WPAN（Low Rate Wireless Personal Area Network）具有如下特点：① 在不同的载波频率下实现 20 Kbit/s、40 Kbit/s 和 250 Kbit/s 3 种不同的传输速率。② 支持星形和点对点两种网络拓扑结构。③ 有 16 位和 64 位两种地址格式。64 位地址是全球唯一的扩展地址，而 16 位地址是网内通信短地址。④ 支持免冲突的载波多路侦听技术（CSMA - CA）。⑤ 支持确认（ACK）机制，保证传输的可靠性。

Zigbee 的中文名为紫蜂，由英国 Invensys 公司、日本三菱电器公司、美国摩托罗拉公司及荷兰飞利浦公司在 2002 年 10 月共同提出设计研究开发并成立技术联盟。该技术具有成本低、体积小、能量消耗小和传输速率低等特点。

Zigbee 技术是一种具有统一技术标准的短距离无线通信技术。其物理层和媒体接入层协议为 IEEE 802. 15.4 协议标准，网络层由 Zigbee 技术联盟制定，应用层的开发应用根据用户自己的需要。因此，该技术能够为用户提供机动、灵活的组网方式。

（1）IEEE 802. 15.4

IEEE 802. 15.4 网络是指在一个个人工作空间（POS）内使用相同无线信道并通过 IEEE802. 15.4 标准相互通信的一组设备的集合，又名 LR-WPAN 网络。在这个网络中，根据设备所具有的通信能力，可以分为全功能设备（Full - Function Device，FFD）和精简功能设备（Reduced - Function Device，RFD）。FFD 设备之间以及 FFD 设备与 RFD 设备之间都可以通信。RFD 设备之间不能直接通信，只能与 FFD 设备通信，或者通过一个 FFD 设备向外转发数据（称为该 RFD 的协调器）。RFD 设备主要用于简单的控制应用，如灯的开关、被动式红外线传感器灯等，传输的数据量较少，对传输资源和通信资源占用不多，这样 RFD 设备可以采用非常廉价的实现方案。

在 IEEE 802. 15.4 网络中，有一个称为 PAN 网络协调器（PAN Coordinator）的 FFD 设备，是 LR - WPAN 网络中的主控制器。PAN 网络协调器除了直接参与应用外，还要完成成员身份管理、链路状态信息管理以及分组转发等任务。无线通信信道的特性是动态变化的。节点位置或天线方向的微小改变、物体移动等周围环境的变化都有可能引起通信链路信号强度和质量的剧烈变化，因此无线通信的覆盖范围是不确定的。这就造成了 LR -WPAN 网络中设备的数量以及它们之间关系的动态变化。

（2）IEEE 802. 15.4

IEEE 802. 15.4 标准定义的物理层提供两种服务：数据服务和管理服务，分别通过物理层数据服务访问点（PHY Data Service Access Point，PD - SAP）和物理层管理实体服务访问点（Physical Layer Management Entity Service Access Point，PLME - SAP）接入。其中，物理层数据服务实现物理层协议数据单元（PHY Protocol Data Unit，PPDU）通过无线物理信道发送和接收数据。

IEEE 802.15.4 标准的物理层设计可实现低功耗的射频发送和接收，主要负责完成以下任务：①激活关闭射频收发单元。②信道能量检测（Energy Detect，ED）。③链路质量指示（Link Quality Indication，LQI）。④信道频率选择。⑤空闲信道评估（Clear Channel Assessment，CCA）。⑥发送、接收数据包。

其中，信道能量检测主要测量目标为信道中接收信号的功率强度，作为信道选择的依据；链路质量指示为上层提供一个反映接收信号质量的信噪比指标；空闲信道评估负责判断当前信道是否已被占用。

IEEE 802.15.4 标准定义的无线通信网络工作在 3 个无须使用申请的 ISM（Industrial Scientific Medical）频段，其中 868 ~ 868.6 MHz 是欧洲的 ISM 频段，902 ~ 928 MHz 是北美的 ISM 频段，2400 ~ 2483.5 MHz 是全球统一的 ISM 频段。

（3） IEEE 802.15.4

IEEE 802. 15.4 标准定义的 MAC 子层也提供两种服务，即通过 MAC 公共部分子层服务访问点（MAC Common Part Sublayer Service Access Point，MCPS - SAP）提供的 MAC 数据服务和通过 MAC 子层管理实体服务访问点（MAC Sublayer Management Entity Service Ac-cess Point，MLME - SAP）提供的 MAC 管理服务。其中，MAC 数据服务实现 MAC 协议数据单元（MAC Protocol Data Unit，MPDU）通过物理层数据服务的发送和接收。

IEEE 802. 15.4 标准的 MAC 子层实现对无线物理信道的访问控制，主要负责完成以下任务：① 协调器产生信标（Beacon）。② 网络内信标同步。③ 支持 PAN 的关联（Association）和取消关联（Disassociation）。④ 支持设备安全。⑤ 采用 CSMA/CA 信道访问机制。⑥ 支持保证时隙（Guaranteed Time Slot，GTS）机制。⑦ 为 2 个对等 MAC 实体间提供可靠连接。

其中，信标主要用于识别 PAN、同步网络设备及描述超帧结构；关联是指一个设备在加入 PAN 时，PAN 协调器对其进行身份验证并允许其加入网络的过程；而当设备离开 PAN 或切换至另一网络时，需要对其进行取消关联操作。

OSI 七层参考模型中 MAC 子层的主要功能是规范信道访问方式，通过一定的共享机制使网络中设备能够平等、有效地访问物理信道。IEEE 802. 15.4 标准定义的 MAC 子层提供两种信道访问方式：基于竞争的 CSMA/CA 信道访问机制和类似于时分复用的非竞争的保证时隙（Guarantee Time Slot，GTS）信道访问机制。这两种机制分别在超帧内的不同时段中实现。

（4） Zigbee 网络层

Zigbee 网络层的定义包括网络拓扑、网络建立、网络维护、路由及路由的维护。Zigbee 定义了 3 种拓扑结构：① 星形拓扑结构（Star），主要为一个节点与多个节点的简单通信设计。② 树状拓扑结构（Tree），使用分等级的树状路由机制。③ 网格状拓扑结构（Mesh），将 Z- AODV 和分等级的树状路由相结合的混合路由方法。

Zigbee 定义了 3 种设备类型：Zigbee 协调器（Zigbee Coordinator，ZC），用于初始化网络信息，每个网络只有 1 个 ZC；Zigbee 路由器（Zigbee Router，ZR），起监视或控制作用，但它也是用跳频方式传递信息的路由器或中继器；Zigbee 终端设备（Zigbee End Device，ZED），只有监视或控制功能，不能做路由或中继之用。在 IEEE 标准中，ZED 被称为精简功能设备（Re-duced - Function Device，RFD），ZC 和 ZR 被称作全功能设备（Full - Function Device，FFD）。

3．蓝牙

随着现代通信技术和家用电子电器的发展，无论办公室还是居室，到处都充满了各种各样的电缆。为解决有线电缆固有缺点（如使用不便、连线频出故障、各种电缆之间不通用）等诸多问题，蓝牙技术应运而生。所谓蓝牙技术，是一种低功率短距离的无线连接技术标准的代称，其实质是要建立通用的无线空中接口及其控制软件的公开标准，使不同厂家生产的便携式设备在没有电线或电缆相互连接的情况下，能在近距离范围内具有互用、互操作的性能。一般来说，它的链接范围为 10 cm ～ 10 m；如果增加传输功率，那么其链接范围可以扩展到 100 m。蓝牙技术具有以下主要特点：

①适用设备多。蓝牙技术最大的优点是使众多电信和电脑设备无须电缆就能联网。例如，把蓝牙技术引入到移动电话和膝上型电脑中，就可以去掉连接电缆而通过无线使其建立通信。打印机、掌上电脑（PDA）、台式电脑、传真机、键盘、游戏操纵杆以及所有其他的数字设备，都可以成为蓝牙系统的一部分。

②工作频段全球通用。蓝牙技术以无线局域网的 IEEE 802.11 标准技术为基础，工作在 2.4 GHz ISM（即工业、科学、医学）频段。该频段用户不必经过允许，在世界范围内都可以自由使用，这就消除了"国界"的障碍。

而在蜂窝式移动电话领域，这个障碍已经困扰用户多年。

③使用方便。蓝牙技术规范中采用了一种 Plonk&Play 的概念，它有点类似"即插即用"。这样，用户不必再学习如何安装和设置，凡是嵌入蓝牙技术的设备一旦搜寻到另一个蓝牙设备，马上就可以建立联系，利用相关的控制软件，无须用户干预即可传输数据。

④安全加密、抗干扰能力强。ISM 频带是对所有无线电系统都开放的频带，因此使用其中的某个频段都会遇到不可预测的干扰源，例如某些家电、无绳电话、汽车房开门器等。为了避免干扰，蓝牙技术特别设计了快速确认和跳频方案，每隔一段时间就从一个频率跳到另一个频率，不断搜寻干扰比较小的信道。在无线电环境非常嘈杂的情况下，蓝牙技术的优势尤为明显。

⑤尺寸小、功耗低。所有的技术和软件集成于 9 mm×9 mm 的微芯片，从而可以集成到各种设备中，如蜂窝电话、笔记本电脑、掌上电脑、台式电脑，甚至各种家用电器中；与集成的设备相比，可忽略功耗和成本。

⑥多路多方向链接。以前，相距很近的便携式器件之间的链接是用红外线进行的，使用起来有许多不便和限制。蓝牙无线收发器的链接距离可达 10 m，不限制在直线范围内，甚至设备不在同一间房内也能相互链接，并且可以链接多个设备，这就可以把用户身边的设备都链接起来，形成一个"个人领域的网络"。

一个完整的蓝牙协议规范从整体上可以分为 2 个大的部分。一部分为核心协议，包括无线射频部分的规范、基带协议、链路管理协议、逻辑链路控制和适配协议以及服务发现协议；另一部分为应用协议，是和具体的应用相关的上层协议，包括对象交换协议、电缆替代协议、电话控制协议等。一般使用蓝牙技术的设备都具有相同的核心协议栈，而根据不同的应用具有不同的上层应用协议结构。

（1）无线射频单元

射频电路部分，蓝牙系统使用全向的射频天线，其射频电路工作在 2.4 ~ 2.4835 GHz 之间的 ISM 频带上，使用 79 个 1 MHz 带宽的信道，采用频率为 1 600 跳 /s 的跳频方式工作；采用时分双工方式，数据包按时隙（Time Slot）传送，每时隙 0.625 ms；采用调制方式为 BT=0.5 的 GFSK，调制指数为 0.28 ～ 0.35。

蓝牙射频电路的发射功率分为 3 个等级：100 mW（20 dBm）、2.5 mW（4 dBm）和 1 mW（0 dBm），适合 10 cm ～ 10 m 范围内的通信，目前若是增加功率或者某些外设可达到 100 m 的距离（如专用的放大器）。蓝牙宽带协议结合电路开关和分组交换机制，适用于语音和数据传输。每个声道支持 64 Kbit/s 同步（语音）链接。而异步信道支持任一方向上高达 723.2 Kbit/s 和回程方向 56.7 Kbit/s 的非对称链接，或者 433.9 Kbit/s 的对称连接。

（2）基带控制协议

基带部分描述了硬件基带链路控制器的数字信号处理规范。基带链路控制器负责处理基带协议和其他一些低层常规协议，主要完成建立链路和网络、差错控制、加密和验证等功能。

1 个蓝牙系统，可以提供点到点的连接，同时，还可以扩展为点到多点的连接，从而组成一个 piconet。1 个 piconet 中最多可以有 8 个蓝牙设备。在蓝牙系统中，总会有 1 个主设备（Master）和 1 个或若干个从设备（Slave）。

由蓝牙设备组成的多个 piconet 中，各个 piconet 之间可能会有重叠，例如某一个 piconet 中的主设备可能同时是另外一个 piconet 中的从设备。这样相互重叠的若干个 piconet 就形成了 scatternet。

① 链路的建立。如前所述，蓝牙工作在 2.4 ～ 2.4835 GHz 的 ISM 开放频段上，并将此频段划分为 79 个频点，采用跳频扩频技术，按照 piconet 中的主设备确定的跳频序列以 1600 跳 / 秒快速跳频。

② 连接的分类。在各主从蓝牙设备之间建立起来的连接共有两种：一种是面向话音的同步连接链路，即 SCO；另一种是面向数据流的异步无连接链路，即 ACL。

SCO 连接是在主设备和从设备之间实现对称的点到点的连接。SCO 连接方式采用保留时隙来传输分组，此连接方式可以看作是主设备和从设备之间实现的电路交换的连接。SCO 主要用于支持类似于话音这类时限信息。从主设备方面看，它可以支持多达 3 路的指向相同从设备或是不同从设备的 SCO 连接；而从设备方面看，针对同一主设备可以支持 3 路连接，如果针对不同的主设备，此时只能支持 2 路连接。由于 SCO 特别针对具有时效性的数据传输，它不重复转发分组。

在非保留时隙，蓝牙主从设备之间可以建立其 ACL。ACL 实际上是在主设备和各从设备之间建立起了分组交换连接。在一对主从设备之间仅可存在一条 ACL。ACL 连接可以是异步的或者等时的，它主要是面向数据传输的连接，允许数据重传以确保数据的完整性。

③ 数据分组。在蓝牙的信道当中，数据以分组的形式传送。基带部分接收到上层传来的数据之后，生成分组。分组由 Access Code（访问码）、Head（分组头）和 Payload（有效载荷）3 个部分组成。其中，访问码和分组头都有固定的长度，通常情况下分别为 72 位和 54 位；有效载荷的长度为 0 ~ 2745 位。一般的分组可以由以上 3 个部分组成，也可以只包含访问码和分组头，或者仅包含访问码。

其中，访问码也由 3 个部分组成，即 Preamble（码头，4 位）、Sync Word（同步字，64 位）和 Trailer（码尾，4 位）。如果访问码后没有分组头时，访问码只有码头和同步字构成。访问码主要用于分组同步、直流偏移补偿和认证。

Access Code 共有 3 种不同的类型：首先，信道访问码（Channel Access Code，CAC），用于标识某个特定的 piconet，在同 -pico-net 中转发的分组都包含 CAC。其次，设备访问码（Device Access Code，DAC），用于某些特殊的呼叫和呼叫应答的过程中。最后，查询访问码（Inquiry Access Code，IAC），可分为通用查询访问码（General Inquiry Ac-cess Code，GIAC）和专用查询访问码（Dedicated Inquiry Access Code，DIAC）。GIAC 可以用于所覆盖的范围之内的所有蓝牙设备，而 DIAC 只能用于 piconet 中某些特定的设备。

分组头由 AM_ADDR、TYPE、FLOW、ARQN、SEQN 和 HEC 6 个部分组成。其中，AM_ADDR 是 3 位活动设备地址，用于表示一个 piconet 中处于活动状态的从设备；TYPE 用于指定分组类型；FLOW 用于传送 ACL 分组时的流量控制，当发送缓冲区满时，FLOW 位为 0，以通知发送方暂缓发送数据；ARQN 和 SEQN 用于指示分组是否发送成功；HEC 用于差错校验，整个头部信息通过 1/3 速率的 FEC 编码成为 54 位的分组头进行传送。

④ 分组类型。分组类型和其存在的物理链路有关系。在蓝牙协议中只

66

规定了两种物理链路连接，即 SCO 和 ACL 连接方式。对于每种连接方式，都有 12 种分组类型，同时，还有 4 种不依赖于连接方式的控制分组。而分组头中的 TYPE 域用来表示这 16 种分组类型。

⑤分组有效载荷。对于 SCO 连接，分组有效载荷只包括固定长度的同步话音数据域。对于 ACL 连接，分组有效载荷部分由 3 个域组成：头部信息、数据域和 CRC 校验。其中，头部信息由 1 两个字节组成。当分组类型属于 segment1 和 segment2 时，头部信息占一个字节长度；当分组类型属于其他两个 segments 时，头部信息占两个字节长度。其中，L_CH 表示上层逻辑链路协议的分组类型；FLOW 用于控制上层逻辑链路分组的流量。LENGTH 域给出了有效载荷数据域的长度。

⑥纠错。蓝牙的基带控制器采用 3 种纠错方式：1/3 速率前向纠错编码（FEC）、2/3 速率前向纠错编码（FEC）和对数据的自动请求重传（ARQ）。FEC 方式的目的是为了减少数据重发的次数，降低数据传输负载。但是，要实现数据的无差错传输，FEC 就必须要生成一些不必要的冗余位，在数据包头有占 1/3 比例的 FEC 码起保护作用，其中包含有用的链路信息。在自动请求重发方案中，在一个时隙中，传送的数据必须在下一个时隙得到确认。数据只有在接收端通过了包头错误监测和循环冗余校验无误后，接收端才向发送端回送确认信息；否则，返回一个错误消息。

⑦逻辑信道。蓝牙定义了 5 种逻辑信道，分别是 LC（链路控制器）控制信道、LM（链路管理器）控制信道、UA 用户信道、UI 用户信道、US 用户信道。LC 和 LM 控制信道分别用于链路控制层次和链路管理层次。UA、UI 和 US 用户信道分别用于传输异步、等时和同步用户信息。LC 信道位于分组头，而其他信道则位于分组有效载荷中。

⑧通信的安全性。蓝牙技术提供了短距离的对等通信，它在应用层和链路层都采用了报名的措施以确保通信的安全性，所有，蓝牙设备都采用了相同的认证和加密方式，包括蓝牙设备地址 BD_ADDR、认证私钥、加密私钥和伪随机码 RAND。

（3）链路管理协议

链路管理协议负责蓝牙设备间无线连接的建立与控制，链路管理协议数据单元和逻辑链路控制数据单元作为链路分组的有效载荷部分进行封装和传送。这两种协议数据单元通过有效载荷头中的 L_CH 域区别。在功能上链路管理协议侧重于对链路的控制，而逻辑链路控制协议侧重于对数据的分割、重组和封装。

（4）逻辑链路控制和适配协议

逻辑链路控制和适配协议是一个为高层传输和应用层协议屏蔽基带协议的适配协议，它位于基带协议之上。

L2CAP 只支持面向无连接的异步传输（ACL），不支持面向连接的同步传输（SCO）。

L2CAP 协议数据单元（PDU）位于链路层分组的有效载荷字段，通过字段头中的 L_CH 域与 LM PDU 区别。L2CAP 主要向上层提供以下功能：

① 协议复用（Protocol Multiplexing）。多个高层协议共享一个公共的物理连接，从逻辑上看，每个协议都有自己的信道，但由于基带协议不能识别高层协议，所以 L2CAP 为上层协议提供了复用的支持。它能区别诸如 SDP、RFCOMM、TCS 等高层协议，并正确收发响应的分组。

② 分段和重组（Segment and Reassembley）。与其他有线的物理连接相比，蓝牙技术中传送分组的大小有一定的限制。最大的基带传输分组只能传送 341 字节的信息，而这限制了高层协议有效利用带宽传输更大的分组。L2CAP 允许高层和应用层协议收发大于基带分组的信息，所以，在发送方，L2CAP 在向基带层传输数据时，必须对从上层接收的信息分段，以适应基带协议的要求；同样，在接收方，L2CAP 能将多个基带分组重组为一个 L2CAP 包传往高层。

③ 服务质量保证（Quality of Service）。在 L2CAP 建立连接的过程中允许改变两台设备间的服务指令，每个 L2CAP 实体确保服务质量的实现并管理所使用的资源。

④ 组管理（Group Manager）。很多协议支持组地址的概念，蓝牙的基带协议支持 piconet，一组设备使用主设备时钟同步跳频频率，L2CAP 的组提取功能可以有效地将协议的组映射为基带的 piconet 中的设备，这样可以避免高层协议与基带协议直接联系。

（5）应用协议

蓝牙的应用协议包括对象交换协议、电缆替代协议、电话控制协议等。应用协议为蓝牙技术的具体应用提供了支持。

① 对象交换协议是由红外数据协会制定的会话层协议，它采用简单的和自发的交换方式交换对象。

② 电缆替代协议是位于在 L2CAP 上层串口的仿真协议。此协议建立在 ETSI TS07.10 标准之上，最多可以在 2 个蓝牙设备之间同时支持 60 多个虚拟串口连接。

③ 电话控制协议也是建立在 L2CAP 上的应用协议。它定义了蓝牙设备间建立语音和数据呼叫的控制信令，定义了处理蓝牙 TCS 设备群的移动管理进程，基于 ITU-TQ.931 建议的 TCS BIN 被指定为蓝牙的电话控制协议规范。

4. 红外通信

（1）红外通信概述

红外通信技术是一种采用红外线作为通信载体，可以实现点对点和红外无线局域网通信的技术。传输介质红外线是一种波长在 75 ~ 1000 μm 频谱范围的电磁波。

任何物体，只要其温度高于绝对零度（- 273 ℃）时，就会向四周辐射红外线。物体温度越高，红外辐射的强度就越大。一般而言，红外数据通信采用红外波段内的近红外线，其波长范围介于 0.75 ~ 25 μm。将红外线作为通信载体有如下优点：

① 红外线有着巨大的通信带宽且不受电磁干扰和无线管制，适用于各种短距离的场合，能够提供较高的通信速率，可靠性高。

② 红外线数据传输基本上采用强度调制，红外接收器只需检测光信号的强度，这就使得红外通信设备比无线电波通信设备便宜且简单得多。只要红外线通信组件能够内置于便携式信息终端，那么，不需要随身携带解调器和综合数据网络终端连接器以及连接缆线，就能进行高速数据通信。

③ 红外探测器的尺寸比红外线的波长大很多，减弱了多径衰减的影响。

④ 红外线不会穿过非透明物体，消除了在不同房间之间进行通信时可

能带来的干扰，并且通信不会被侦听，提高了通信的安全性，使得红外无线局域网可以达到很高的聚集能力。

（2）红外硬件接口规范

物理层提供了红外设备的连接规范，包括调制、视角、光功率、数据率、抗噪声等内容。它保证距离为 0 ~ 1 m、偏轴角为 0° ~ 15° 的无错通信，能保证各种不同类型设备之间的物理互联，以及保证在环境光和别的 IR 光源影响下的成功通信。

发送器的光强和接收器的灵敏度规范保证在 0 ~ 1 m 内链路能正常工作。接收灵敏度保证最小强度的发射光也能在 1 m 处被感知，而最大强度发射光在 0 m 处并不会使接收机过饱和。

红外通信系统由调制 / 解调模块和红外收发模块组成。由串口发送的数据，经调制 / 解调模块编码后，由红外收发模块的红外发射器经红外光发出。接收设备的红外接收器接收到红外光后，经调制 / 解调模块转码后，由串口发送给应用设备。

（3）嵌入式系统上的红外数据通信

在嵌入式系统中红外通信基本上是点对点通信，属于串行半双工红外直接连接。其串行数据传输速率包括 125.2 Kbit/s、0.576 Mbit/s、1.152 Mbit/s、4 Mbit/s、16 Mbit/s。由于硬件接口限制，嵌入式系统上红外通信的速率基本在 9.6 ~ 115.2 Kbit/s。通过硬件电路板上的异步通信收发器（UART）进行红外数据编码和无线传输。在红外数据传输中，以帧为基本单位。在 1.152 Mbit/s 速率下采用 RZI 调制方案。3/16 的脉冲宽度，0 表示该位有脉冲，1 表示该位无脉冲。在 115.2 Kbit/s 速率以下，红外信号按帧的单位组织，每字节异步传输，1 个开始位，8 个数据位，1 个停止位。超过 115.2 Kbit/s 的速率为保证与低速的兼容，在连接空闲时每隔 500 ms 重发 1 个脉冲。在低端嵌入式系统上基本上是采用 115.2 Kbit/s 的速率，在这个速率下红外通信采用的是 RZI 编码调制方案，其位错误率（BER）基本控制在 10s 左右。

在 4 Mbit/s 速率下采用 4PPM 调制方案。1 个脉冲周期基本在 125 ns 左右。在 16 Mbit/s 速率下采用 HHH（1，13）方案，其基本特点是低芯片周期负荷，2/3 运行周期限制（Run Length Limit，RLL）速率调制代码。后者通常是在高端性能 PC 机上采用的调制方案。由于芯片速率和存储资源限制，在嵌入式系统上基本不会采用。

5. NFC

近场无线通信（Near Field Communication，NFC）是一种利用 13.56 MHz 频率的电波作 10 cm 以内无线短距离通信的技术，与现有非接触智能卡 / 标签技术兼容，目前，已经得到越来越多主要厂商支持，成为手机移动支付、接收服务的最佳解决方案。NFC 同时还是一种近距离连接协议，提供各种设备间轻松、安全、迅速而自动的通信。

NFC 技术自 2002 年诞生以来，一直备受关注，在 NFC Forum 的倡导和推动下，NFC 各项标准得到不断完善。目前，主流的 NFC 技术符合 ISO 14443A/B 和 Felica/15693 等通信标准，遵循国际标准协议 ISO/IEC 18092 和 ISO/IEC 21481。

NFC 技术主要基于 ISO/IEC 18092 标准，标准具体规范了 NFC 设备的调制方案、编码、传输速度与 RF 接口的帧格式等，以及主动与被动 NFC 模式中数据冲突控制所需的初始化条件、传输协议等。NFC 的设备一般以被动模式运作，以降低功耗，延长电池的使用时间。主动式 NFC 设备的工作方式与非接触式智能卡的情况类似，通过内部产生的射频场提供功率。

（1）NFC 技术发展历史

2002 年，索尼公司和飞利浦半导体公司联合对外发布了一种兼容 ISO 14443 非接触式卡协议的无线通信技术，取名为 NFC（Near Field Communication）。同年，该规范被 ISO 标准组织批准为 ISO 18092。

自 2004 年以来，飞利浦、索尼、诺基亚就开始大力推广 NFC 的商业应用程序。各公司共同发起 NFC 论坛，极大地促进了 NFC 技术的普及与发展。2006 年，诺基亚推出全球第一款 NFC 手机 6131。2006 年 8 月，NFC 技术正式进驻中国，诺基亚与中国银联在上海启动 NFC 测试。这是 NFC 空中下载试验在全球范围内首次成功进行。之后，NFC 技术在手机上的应用开发成为 NFC 技术发展的主要方向。

虽然 NFC 技术在手机上的布局起步较早，但是在很长一段时间内，NFC 技术应用的发展并不理想。直到 2010 年，谷歌宣布开发支持 NFC 的

Android 2.3 操作系统，明确地把 NFC 技术应用于移动支付战略，NFC 的发展才迎来了一个转折点。

近年来，NFC 技术在国外得到迅猛发展，但在国内，由于基础设施不足等因素影响，NFC 技术的发展状况不尽如人意。NFC 标签技术通常作为被动器件，需要 1 个读写设备，和 POS 机一样，要有 1 个移动的终端。该移动终端的普及是我国 NFC 技术发展的首要考虑因素。NFC 的价值，只有通过众多支持的终端和支付的多样性才能体现。2016 年 2 月 18 日，基于 NFC 技术的 Apple Pay 业务在我国正式上线。随着 NFC 技术的进一步成熟，以及 NFC 相关器件成本的不断下降，未来 NFC 手机会逐步代替身份卡、IC 卡等，融入日常生活的各个方面。

（2）NFC 的主要应用

与其他射频通信技术（如 WLAN、Zigbee 等）相比，NFC 具有双向连接和识别的特点，其工作于 13.56 MHz 频率范围，作用距离 10 cm 左右。NFC 芯片装在手机上，手机就可以实现小额电子支付和读取其他 NFC 设备或标签的信息，简化认证识别过程，使电子设备间互相访问更直接、更安全和更清楚。

①NFC 的 3 种应用模式。NFC 主要有 3 种应用模式，即卡模式、点对点通信模式和读卡器模式。

卡（被动）模式是指用于非接触移动支付，用户只需将手机靠近读卡器，输入密码确认交易或者直接接受交易即可。

点对点通信（双向）模式即实现无线数据交换，将 2 个具备 NFC 功能的设备连接，能实现数据点对点传输，如下载音乐、交换图片或者同步设置地址簿。因此通过 NFC，多个设备，如数字相机、掌上电脑、计算机、手机等之间，都可以进行无线互通，交换资料或服务。

读卡器（主动）模式作为非接触读卡器使用，比如海报或者展览信息上贴的特定芯片，这些芯片无须电源，NFC 手机即可快速读取信息。

②移动支付应用。目前，NFC 技术的一个最主要应用领域就是移动支付领域。移动支付是指交易双方通过移动设备进行的支付活动。移动支付目前支持的业务类型包括银行转账、外汇买卖、话费等各种费用的缴纳、彩票

投注，以及其他的商品和服务交易等。移动支付业务在 20 世纪 90 年代初期出现于美国。从 2004 年下半年开始，移动支付进入快速扩张阶段。

NFC 移动支付体系根据工作方式不同，采用不同的工作模式。在读写器（主动）模式下，NFC 移动终端主动发出射频识别其他 NFC 设备，其应用场景可分为网络应用和本地应用，区别在于是以移动终端本身为主体，还是以后端应用服务器为主体。在卡（被动）模式下，手机终端和 UIM 卡配合作为被识读设备实现非接触式 IC 卡应用，只在其他设备发出的射频场中被动响应。在点对点通信（双向）模式下，具备 NFC 功能的终端都主动发出射频场来建立点对点的通信，进行数据的交换，后端的关联应用可以是本地应用也可以是网络应用。双向模式下，NFC 可以满足任何两个无线设备间的数据交换。

二、感知数据有线接入方式

提到网络的有线接入方式，第一个会想到的恐怕就是使用 RJ45 插头的以太网接入方法。随着以太网接入成本越来越低，在物联网实际应用中，有越来越多的终端设备支持以太网，使用 TCP/IP 作为上层协议来实现数据传输。但是与音频、视频流的数据量相比，感知层获取的 RFID 数据和传感器环境数据等以"小文本"形式存在的数据，信息数量多，但传输的总量不一定很大，也不需要太大的带宽。因此，一些传输率相对低，但是可靠性有保障的有线接入方式还在被广泛采用，比如 RS232/422/485 串行通信和现场总线。

现场总线是指用于现场、仪表与控制系统和控制中心之间的一种全数字化、双向、多变量、多点的通信系统，以 CAN （Controller Area Network）和 LONwork（Local Operating Net-work）最具代表性。

CAN 是由德国 Bosch 公司于 1983 年推出的一个具有高可靠性、支持分布式实时控制的控制局域网。CAN 总线主要应用于交通运输、数控机床、机器人等领域。经过十多年的发展，逐步趋于完善，截至 20 世纪末，全世界共安装了约 1.5 亿个节点设备。CAN 总线引入了协议分层的概念，由于只定义了数据链路层和物理层，所以对于控制系统来说，它并不是一个完整的协议。许多厂商根据自己的需要并结合自己的优势，通过制定不同的上层协议，推出了各自基于 CAN 协议的总线产品，如 DeviceNet、SDS、CANOpen 等。在标准的 CAN 协议中，规定通过数据链路层的数据单元不能超过 8 字节，这大大限制了其在实际中的应用。由于 CAN 放弃了对于上层协议的标准化，所以整个协议的标准化出现困难，也限制了它的应用和推广。

LON work 是美国 Echelon 公司于 1992 年推出的针对控制对象研制的新型控制网络技术，采用了符合 ISO/OSI（International Organization for Standardization/Open System Interconnect Reference Model，国际标准化组织 / 开放系统互联参考模型）的全部 7 层协议。其通信速率从 300 b/s ～ 1.5 Mbit/s 不等，适于自动控制通信。LON work 支持多介质及大型网络，可以为各种控制系统提供全局性的解决方案。

LON work 的通信协议 LonTalk 是 OSI 参考模型面向现场应用的一个子集，固化在神经元芯片（Neuron Chip）中，其通信核心是网络变量。所谓网络变量就是由系统定义的、可以被网络中其他任意节点通过网络环境操作的专用变量。LON work 通过网络变量机制，可以直接在节点中相互传递信息和建立连锁关系，从而实现真正的全分布式无主控制系统。LONwork 技术核心是装有 3 个微处理器 CPU 的神经元芯片，每个 CPU 负责完成不同的任务。由于 LON work 整个系统造价低、可靠性高，且有较好的可编程性，20 世纪 90 年代中后期，在楼宇自控、能源管理、工厂自动化、办公系统等领域得到了广泛的应用。

三、远距离移动通信

蜂窝移动通信是采用蜂窝无线组网方式，在终端和网络设备之间通过无线通道连接起来，进而实现用户在活动中可相互通信。其主要特征是终端的移动性，并具有越区切换和跨本地网自动漫游功能。蜂窝移动通信业务是指经过由基站子系统和移动交换子系统等设备组成蜂窝移动通信网提供的语音、数据、视频图像等业务。

蜂窝移动通信的发展历史可以追溯到 19 世纪。1864 年麦克斯韦从理论上证明了电磁波的存在；1876 年赫兹用实验证实了电磁波的存在；1900 年马可尼等人利用电磁波进行远距离无线电通信并取得了成功，从此，世界进入了无线电通信的新时代。现代意义上的移动通信开始于 20 世纪 20 年代初期。1928 年，美国 Purdue 大学学生发明了工作于 2 MHz 的超外差式无线电接收机，并很快在底特律的警察局投入使用，这是世界上第 1 种可以有效工作的移动通信系统；20 世纪 30 年代初，第 1 部调幅制式的双向移动通信系统在美国新泽西的警察局投入使用；20 世纪 30 年代末，第 1 部调频制式的移动通信系统诞生，试验表明调频制式的移动通信系统比调幅制式的移动通信系统更加有效。在 20 世纪 40 年代，调频制式的移动通信系统逐渐占据主流地位，这个时期主要完成通信实验和电磁波传输的实验工作，在短波波段上实现了小容量专用移动通信系统。这种移动通信系统的工作频率较低、语音质量差、自动化程度低，难以与公众网络互通。在第二次世界大战期间，军事上的需求促使技术快速进步，同时推动移动通信的巨大发展。战后，军事移动通信技术逐渐被应用于民用领域，到 20 世纪 50 年代，美国和欧洲部分国家相继成功研制了公用移动电话系统，在技术上实现了移动电话系统与公众电话网络的互通，并得到了广泛的使用。遗憾的是，这种公用移动电话系统仍然采用人工接入方式，系统容量小。

从 20 世纪 60 年代中期至 70 年代中期，美国推出了改进型移动电话系统，它使用 150 MHz 和 450 MHz 频段，采用大区制、中小容量，实现了无线频道自动选择及自动接入公用电话网。20 世纪 70 年代中期，随着民用移动通信用户数量的增加，业务范围的扩大，有限的频谱供给与可用频道数要求递增之间的矛盾日益尖锐。为了更有效地利用有限的频谱资源，美国贝尔实验室提出了在移动通信发展史上具有里程碑意义的小区制、蜂窝组网的理论，它为移动通信系统在全球的广泛应用开辟了道路。

1. 第 1 代蜂窝移动通信系统

1978 年，美国贝尔实验室开发了先进移动电话业务（AMPS）系统，这是第 1 种真正意义上的具有随时随地通信能力的大容量的蜂窝移动通信系统。AMPS 采用频率复用技术，可以保证移动终端在整个服务覆盖区域内自动接入公用电话网，具有更大的容量和更好的语音质量，很好地解决了公用移动通信系统所面临的大容量要求与频谱资源限制的矛盾。20 世纪 70 年代末，美国开始大规模部署 AMPS 系统。AMPS 以优异的网络性能和服务质量获得了广大用户的一致好评。AMPS 在美国的迅速发展促进了全球范围内对蜂窝移动通信技术的研究。到 20 世纪 80 年代中期，欧洲和日本也纷纷建立了自己的蜂窝移动通信网络，主要包括英国的 ETACS 系统、北欧的 NMT - 450 系统、日本的 NTT/JTACS/NTACS 系统等。这些系统都是模拟制式的频分双工（Frequency Division Duplex，FDD）系统，亦被称为第 1 代蜂窝移动通信系统或 1G 系统。

模拟移动通信具有很多不足之处，如容量有限，制式太多，互不兼容，不能提供自动漫游，很难实现保密，通话质量一般，不能提供数据业务等。

2. 第 2 代蜂窝移动通信系统

全球移动通信系统（Global System for Mobile Communication，GSM）是由欧洲主要电信运营者和制造厂家组成的标准化委员会设计，在蜂窝系统的基础上发展而成的，包括 GSM900 MHz、GSM 1 800 MHz 及 GSM 1 900 MHz 等几个频段，无线接口采用 TDMA 技术。GSM 系统有几个重要特点，如防盗能力佳，网络容量大，号码资源丰富，通话清晰，稳定性强不易受干扰，信息灵敏，通话死角少，手机耗电量低等。

CDMA（码分多址）是英文 Code Division Multiple Access 的缩写，它是在数字技术的分支——扩频通信技术上发展起来的一种无线通信技术。它能够满足市场对移动通信容量和品质的高要求，具有频谱利用率高，语音质量好，保密性强，掉话率低，电磁辐射小，容量大，覆盖广等特点，可以大量减少投资和降低运营成本。

第 2 代数字移动通信克服了模拟移动通信系统的弱点，语音质量、保密性得到了很大提高。但由于第 2 代数字移动通信系统带宽有限，限制了数据业务的应用，也无法实现移动的多媒体业务。

3. 第 3 代蜂窝移动通信系统

第 3 代数字蜂窝移动通信（简称 3G 移动通信）业务是指利用第 3 代移动通信网络提供的语音、数据、视频图像等业务，其主要特征是可提供移动宽带多媒体业务。其中高速移动环境下支持 144 Kbit/s 速率，步行和慢速移动环境下支持 384 Kbit/s 速率，室内环境支持 2 Mbit/s 数据传输，并保证高可靠服务质量（QoS）。第 3 代数字蜂窝移动通信业务包括第 2 代蜂窝移动通信可提供的所有的业务类型和移动多媒体业务。

3G 的三大主流应用技术分别是 CDMA2000、WCDMA 和 TD-SCDMA，其中 TD-SCD-MA 是由我国提出的第 3 代移动通信标准，是以我国知识产权为主的、被国际上广泛接受和认可的无线通信国际标准，可以说是我国电信史上重要的里程碑。

4. 长期演进技术

长期演进技术 LTE（Long Term Evolution），是高速下行分组接入向 4G 发展的过渡版本，被俗称为 3.9G。长期演进技术是应用于手机及数据卡终端的高速无线通信标准。该标准基于旧有的 GSM/EDGE 和 UMTS/HSPA 网络技术，并使用调制技术提升网络容量及速度。该标准由 3GPP（第 3 代合作伙伴计划）在 2008 年第 4 季度于 Release 8 版本中首次提出，并在 Release 9 版本中进行少许改良。

CDMA 运营商本计划升级网络到 CDMA 的演进版本 UMB（Ultra Mobile Broadband），但由于高通公司放弃 UMB 系统的研发，使得全球主要的 CDMA 运营商如美国 VerizonWireless（于 2010 年铺设完成美国第 1 张大面积覆盖的 LTE 网络）、Sprint Nextel 和 MetroPCS，加拿大的 Bell 移动和 Telus 移动，日本的 KDDI，韩国的 SK 电讯，中国的中国电信和亚太电信（台湾），均宣布将升级至 LTE 网络。因此长期演进技术预计将成为第 1 个真正的全球通行的无线通信标准。考虑到不同国家和地区的不同网络所使用的频段不同，只有支持多个频段的手机才可以实现"全球通行"。

虽然长期演进技术被电信公司夸大宣传为 4G LTE，实际上它不是真正的 4G，因为它没有符合国际电信联盟无线电通信部门要求的 4G 标准。长期演进技术升级版（LTE - Advanced），简称 LTE 升级版，才是真正 4G 规格的国际高速无线通信标准。该标准由 3GPP 推动，于 2009 年末正式递交至 ITU -T，并先后通过国际电信联盟、IMT - Advanced 认可，于 2011 年 3 月最终定稿。

下面简单介绍各个阶段数据业务的主要特征和应用情况：

（1）通用分组无线业务（GPRS，2.5G）

通用分组无线业务（General Packet Radio Service，GPRS）是在 GSM 系统的基础上引入新的部件而构成的无线数据传输系统。它使用分组交换技术，能兼容 GSM 并在网络上更加有效地传输高速数据和信令。在移动用户和数据网络之间提供一种连接，为移动用户提供高速无线 IP 和 X.25 分组数据接入服务。GPRS 允许用户在端到端分组传输模式下发送和接收数据，而不需要利用电路交换模式的网络资源。从而提供了一种高效、低成本的无线分组数据业务，它可以让多个用户共享某些固定的信道资源。GPRS 特别适用于间断的、突发性的或频繁的、少量的数据传输，也适用于偶尔的大数据量传输，具有实时在线、按量计费、快速登录、高速传输、自如切换的优点。

GPRS 网络理论上最大可以提供 171.2 Kbit/s 的传输速率，采用 4 种不同的 QoS，对不同的服务有不同的优先级、可靠性、延迟标准和数据速率，可根据实际灵活选择服务质量参数为用户提供服务。GPRS 用户可随意分布和移动自己的网络点，能够实现无处不在的 IP 通信。由于 GPRS 网络能充分利用已有的 GSM 网络，所以，由它做技术支撑，可以用最简单、最低成本、最安全可靠的方式构建远程监控网络，大幅节省了人力、物力。

GPRS 技术的主要特点如下：

① 由于数据业务在绝大多数情况下都表现出一种突发性的业务特点，对信道带宽的需求变化较大，因此，采用分组方式进行数据传送将能够更好地利用信道资源。例如，用户在浏览信息时大部分时间处于阅读状态，而真正用于数据传送的时间只占很小比例。这种情况下，若采用固定占用信道的方式将会造成较大的资源浪费，所以，GPRS 采用分组交换技术，用户只有在发送或接收数据期间才占用网络资源和无线资源，提高了资源使用效率。

② 为了访问 GPRS 业务，移动台（Mobile Station，MS）会首先执行 GPRS 接入过程，以将它的存在告知网络。

③ 为了收发 GPRS 数据，MS 会激活它所想用的分组数据地址。这个操作使 MS 可被相应的网关支持节点（GGSN）所识别，从而开始与外部数据网络的互通。

④小区选择可由 MS 自动进行，或者基站系统指示移动台选择某一特定的小区。移动台在重新选择一个路由区时会通知网络。

⑤用户数据在 MS 和外部数据网络之间透明传输，使用封装和隧道技术，数据包用特定的 GPRS 协议信息打包并在 MS 和 GGSN 之间传输。这种透明的传输方法缩减了 GPRS 对外部数据协议解释的需求。

⑥定义了新的 GPRS 无线信道，每个用户可以使用 1～8 个时隙，时隙可以为多个用户共享，且向上链路和向下链路的分配是独立的。

⑦GPRS 支持 4 种不同的 QoS 级别，根据无线信道质量为每个用户提供 9.05～171.2 Kbit/s 的数据传输速率。GPRS 采用了与 GSM 不同的信道编码方案，定义了 CS -1、CS -2、CS -3 和 CS -4 4 种编码方案。当用户数据传输速率要达到理论上的最大值 171.2 Kbit/s 时，一个用户要占用所有的 8 个时隙，且在编码方案上对数据没有任何纠错保护，对无线信道质量要求很高。另外，一些 GPRS 终端可能仅支持 1 个、2 个或 3 个时隙，因此，用户带宽会受到严重的限制。171.2 Kbit/s 的最大传输速率将会受到网络和终端条件的制约。

⑧GPRS 的核心网络层采用 IP 技术，底层可使用多种传输技术，便于实现与高速发展的 IP 网无缝连接。

⑨GPRS 网络接入速度快，提供了与现有数据网的无缝连接。

⑩GPRS 支持基于标准数据通信协议的应用，可以和 IP 网、x.25 网互联互通。

GPRS 的设计使得它既能支持间歇的爆发式数据传输，又能支持偶尔的大量数据的传输。

GPRS 的安全功能同已有的 GSM 安全功能一样。身份认证和加密功能由服务支持节点（SGSN）来执行。其中的密码设置程序的算法、密钥和标准与 GSM 中的一样，不过 GPRS 使用的密码算法是专为分组数据传输所优化过的。

（2）增强型数据速率 GSM 演进（EDGE，2.75G）

增强型数据速率 GSM 演进（Enhanced Data Rate for GSM Evolution，EDGE），是一种基于 GSM/GPRS 网络的数据增强型移动通信技术，通常又被称为 2.75 代技术。其主要作用是使当前的蜂窝通信系统可以获得更高的数据通信速率。它除了采用已有的 GSM 频率外，还同时利用了大部分已有的 GSM 设备，只需对网络软件及硬件做一些较小的改动，就能够使运营商向移动用户提供诸如互联网浏览、视频电话会议和高速电子邮件传输等无线多媒体服务。此外，EDGE 还能够与 3G 中的 WCDMA 制式共存，这也正是其所具有的弹性优势。

从技术角度来说，EDGE 提供了一种新的无线调制模式，提供了三倍于普通 GSM 空中传输速率［GSM 网络主要采用高斯最小频移键控（GMSK）调制技术］。为了增加无线接口的总速率，在 EDGE 中引入了一个能够提供高数据率的调制方案，即八进制相移键控（8PSK）调制。由于 8PSK 将 GMSK 的信号空间从 2 扩展到 8，因此，每个符号可以包括的信息是原来的 4 倍。8PSK 的符号率保持在 271 Kbit/s，每个时隙可以得到 69.2 Kbit/s 的总速率，并且仍然能够完成 GSM 频谱屏蔽。另一方面，EDGE 继承了 GSM 制式标准，载频可以基于时隙动态地在 GSM 和 EDGE 之间进行转换（基于手机的类型），支持传统的 GSM 手机，从而保护了现有网络的投资。

EDGE 技术主要影响已有 GSM 网络的无线访问部分，即收发基站（BTS）和 GSM 中的基站控制器（BSC），而对基于电路交换和分组交换的应用和接口并没有太大的影响。因此，网络运营商可最大限度地利用已有的无线网络设备，只需少量的投资就可以部署 EDGE，并且通过移动交换中心（MSC）和服务 GPRS 支持节点（SGSN），还可以保留使用现有的网络接口。事实上，EDGE 技术有效地提高了 GPRS 信道编码效率，其最高速率可达 384 Kbit/s，可以满足大部分无线多媒体应用带宽需求。此外，EDGE 网络可灵活地逐步扩容，为运营商实现价值最大化提供了有力的支持。

EDGE 主要特点如下：

①EDGE 的空中信道分配方式、TDMA 的帧结构等空中接口特性与 GSM 相同。它不改变 GSM 或 GPRS 网的结构，也不引入新的网络单元，只是对收发基站进行了升级。

②核心网络采用 3 层模型，即业务应用层、通信控制层和通信连接层，各层之间的接口是标准化的。采用层次化结构可以使呼叫控制与通信连接相

对独立，充分发挥分组交换网络的优势，使业务量与带宽分配更紧密，尤其适合 VoIP 业务。

③引入了媒体网关（MGW）。MGW 具有生成树协议（STP）功能，可以在 IP 网中实现信令网的组建（需 VPN 支持）。此外，MGW 既是 GSM 的电路交换业务与公共交换电话网络的接口，也是无线接入网（RAN）与 3G 核心网的接口。

④EDGE 同时支持分组交换和电路交换两种数据传输方式，其分组数据服务可以实现每时隙高达 11.2 ~ 69.2 Kbit/s 的速率，可以用 28.8 Kbit/s 的速率支持电路交换服务。EDGE 支持对称和非对称两种数据传输，这对移动设备而言非常重要，用户可以在下行链路中采用比上行链路更高的速率。

（3）第 3 代数字蜂窝移动通信（3G）

第 3 代移动通信技术，简称 3G（3rd - Generation），规范名称为 IMT - 2000（International Mobile Telecommunications - 2000），是指支持高速数据传输的蜂窝移动通信技术。3G 系统致力于为用户提供更好的语音、文本和数据服务。与 GPRS 及之前的技术比较，3G 技术的主要优点是能极大地增加系统容量，提高通信质量和数据传输速率。此外，利用在不同网络间的无缝漫游技术，可将无线通信系统和 Internet 连接起来，从而可对移动终端用户提供更多、更高级的服务。

3G 与 2G 的主要区别在于传输声音和数据的速度上的提升，能够在全球范围内更好地实现无线漫游，并处理图像、音乐、视频流等多种媒体形式，提供包括网页浏览、电话会议、电子商务等多种信息服务，同时考虑了与已有第 2 代系统的良好兼容性。为了提供上述服务，无线网络必须能够支持不同的数据传输速度，也就是说，在室内、室外和行车的环境中，能够分别支持至少 2 Mbit/s、384 Kbit/s 以及 144 Kbit/s 的传输速度（此数值根据网络环境会发生变化）。3G 的三大主流应用技术分别是 CDMA2000、WCDMA 和 TD - SCDMA。

CDMA2000 是从 CDMAOne 演进而来的第 3 代移动通信技术。事实上，CDMA2000 标准是一个体系结构，称为 CDMA2000 family，它同样还包含一系列的子标准。CDMA2000 的发起者是以美国和韩国为主的，以 IS - 95

CDMA 为标准的制造商和运营公司。CDMA2000 继承了 IS - 95 窄带 CDMA 系统的技术特点,网络运营商同样可以在窄带 CDMA 网络中更换或增加部分网络设备过渡到 3G。

WCDMA 的发起者主要是欧洲和日本标准化组织和厂商。WCDMA 继承了第 2 代移动通信体制 GSM 标准化程度高和开放性好的特点,标准化进展顺利,网络运营商可以通过在 GSM 网络上引入 GPRS 网络设备和新业务,培育数据业务消费群体,逐步过渡到 3G。

虽然 CDMA2000、WCDMA 和 TD - SCDMA 同属 3G 的主流技术标准,但是仍然可以将其分为两类:CDMA2000 和 WCDMA 并为一类,TD - SCDMA 作为一类。之所以可以这样做,是因为在技术上,CDMA2000 和 WCDMA 是频分双工(Frequency Division Duplexing,FDD)的标准,而 TD - SCDMA 则是一个时分双工(Time Division Duplexing,TDD)标准。

只要是双向通信,就需要一定的双工工作模式。FDD 采用 2 个对称的频率信道来分别发射和接收信号,发射和接收信道之间存在着一定的频段保护间隔。TDD 的发射和接收信号是在同一频率信道的不同时隙中进行的,彼此之间采用一定的保证时间予以分离。它不需要分配对称频段的频率,并可在每个信道内灵活控制,改变发送和接收时段的长短比例,在进行不对称的数据传输时,可充分利用有限的无线电频谱资源。

WCDMA 与 CDMA2000。WCDMA 和 CDMA2000 都满足 IMT - 2000 提出的全部技术要求,包括支持高比特率多媒体业务、分组数据和 IP 接入等。这两种系统的无线传输技术均采用 DS - CDMA 作为多用户接入技术。单就技术来说,WCDMA 和 CDMA2000 在技术先进性和发展成熟度上各具优势,但总体来看,WCDMA 似乎更胜一筹。以下是 WCDMA 相对 CDMA2000 的一些优势所在:

①WCDMA 使用的带宽和码片速率(3.84 Mchip/s)是 CDMA20001x 演进家族的三倍以上,因而能提供更大的多路径分集、更高的中继增益和更小的信号开销。此外,更高的码片速率也改善了接收机解决多径效应的能力。

②WCDMA 在小区站点同步方面的设计是使用异步基站,而 CDMA2000 基站则通常通过 GPS 实现同步,这将造成室内和城市小区(采

用室内天线）部署的困难。

③ 由于支持 lxEV - DO 的 TDM 接入系统采用共享时分复用下行链路，具有固定时隙，因此 CDMA2000 物理层兼容性较差。

④WCDMA 较 CDMA2000 能够更加灵活地处理语音和数据混合业务。

⑤WCDMA 进行功率控制的频率几乎是 CDMA2000 的两倍，达到每秒 1500 次（即 1.5 kHz），因而能保证更好的信号质量，并支持更多的用户。

⑥CDMA2000 的导频信道大约需要下行链路总传输功率的 20%，相比之下，WCDMA 只需要约 10%，因而可以节省更多的公用信道的开销。

⑦ 为支持基于 GSM 的 GPRS 业务而部署的所有业务（如计费、安全、漫游等）也支持 WCDMA 业务，而为了完善新的数据 / 语音网络，CDMA20001x 必须添加额外的网元或进行功能升级。

⑧ 在混合语音和数据流量方面，WCDMA 的系统性能也表现得更加出色。

因此，从技术的角度来讲，WCDMA 具备一定优势，各家电信企业也更加倾向于采用该标准。

另外，在传统网络基础和市场推广上，WCDMA 占据着更大的优势。在 2G 时代，全球移动系统有 85% 都在用 GSM 系统，而 GSM 向 3G 过渡的最佳途径就是历经 GPRS 演变到 WCDMA。

TD - SCDMA。TD - SCDMA 与 WCDMA 和 CDMA2000 相比，具有如下特点和优势：

① 频谱利用率高。TD - SCDMA 采用 TDD 方式与"CDMA+TDMA"的多址技术，在传输中很容易针对不同类型的业务设置上、下行链路转换点，因而可以使总的频谱效率更高。

② 支持多种通信接口。TD - SCDMA 同时满足 Iub、A、Gb、Iu、IuR 多种接口要求，基站子系统既可作为 2G 和 2.5G 的 GSM 基站的扩容，又可作为 3G 网中的基站子系统，能同时兼顾现在的需求和未来长远的发展。

③ 频谱灵活性强。TD - SCDMA 频谱灵活性强，仅需单一 1.6 MHz 的频带就可提供速率达 2 MHz 的 3G 业务需求，而且非常适合非对称业务的传输。

④ 系统性能稳定。TD - SCDMA 收发在同一频段上，上行链路和下行链路的无线环境一致性很好，更适合使用新兴的智能天线技术；利用了 CDMA 与 TDMA 结合的多址方式，更利于联合检测技术的采用，这些技术都能减少干扰，提高系统的稳定性。

⑤ 与传统系统兼容性好。TD - SCDMA 支持现存的覆盖结构，信令协议可以后向兼容，网络不必引入新的呼叫模式，能够实现从现存的通信系统到下一代移动通信系统的平滑过渡。

⑥ 系统设备成本低。TD - SCDMA 上下行工作于同一频率，对称的电波传播特性使之便于利用智能天线等新技术，因此，可达到降低成本的目的；在无线基站方面，TD - SCDMA 的设备成本也比较低。

⑦ 支持与传统系统间的切换功能。TD - SCDMA 技术支持多载波直接扩频系统，可以再利用现有的框架设备、小区规划、操作系统、账单系统等，在所有环境下支持对称或不对称的数据速率。

当然，与前两种标准相比，尤其是与 WCDMA 相比，TD - SCDMA 也有"尚显稚嫩"的地方。比如，在对 CDMA 技术的利用方面，TD - SCDMA 因为要与 GSM 的小区兼容，小区复用系数为 3，降低了频谱利用率。又因为 TD - SCDMA 频带宽度窄，不能充分利用多径，降低了系统效率，实现软切换和软容量能力较困难。另外，TD - SCDMA 系统要精确定时，小区间保持同步，对定时系统要求高。而 WCDMA 则不需要小区间同步，可适应室内、室外，甚至地铁等不同环境的应用。另外，WCDMA 对移动性的支持更好，适合宏蜂窝、蜂窝、微蜂窝组网，而 TD - SCDMA 只适合微蜂窝，对高速移动的支持也较差。尤其是在从 GSM 网向 3G 的过渡过程中，WCDMA 的优势更加明显。

4. 长期演进技术（LTE）及升级版（LTE-A）

LTE 最早由 NTT DoCoMo 在 2004 年于日本提出，2005 年开始正式广泛讨论。2007 年 3 月，由全球性供应商和运营商组成的 LTE/ 系统架构演进测试联盟（the LTE/SAE Trial Ini-tiative，LSTI）成立。该联盟致力于检验及促进 LTE 在全球范围内的快速普及。LTE 标准于 2008 年 12 月定稿。全球第一个商用 LTE 网络于 2009 年 12 月 14 日，由 Tella Sonera 在挪威奥斯陆和瑞典斯德哥尔摩提供数据连接服务（该服务须使用上网卡）。2011 年 2 月 10 日，美国 MetroPCS 推出了全球首款商用 LTE 手机——三星 Galaxy Indulge。随后，Verizon 于 3 月 17 日推出全球第二款 LTE 手机 -HTC ThunderBolt。

LTE 的近期目标是借助新技术和调制方法提升无线网络的数据传输能力和数据传输速度；远期目标是简化和重新设计网络体系结构，使其成为 IP 化网络，这有助于减少 3G 转换中潜在的不良因素。由于 LTE 的接口与 2G 和 3G 网络互不兼容，所以 LTE 需要与原有网络分频段运营。

LTE 网络有能力提供 300 Mbit/s 的下载速率和 75 Mbit/s 的上传速率，在演进的通用移动通信系统（UMTS）陆地无线接入（Evolved Universal Terrestrial Radio Access，E- UTRA）环境下可借助 QoS 技术实现低于 5 ms 的延迟；可提供高速移动中的通信需求，支持多播和广播流；频段扩展度好，支持 1.4 ~ 20 MHz 的频分双工和时分双工频段；全 IP 基础网络结构，也被称作核心分组网演进，能够替代原先的 GPRS 核心分组网，可与 GSM、UMTS 和 CDMA2000 等网络实现语音数据的无缝切换。此外，其简化的基础网络结构可为运营商节约运营开支。

LTE 中的很多标准来源于 3G UMTS 的更新版，并最后成为 4G 移动通信技术。其中简化网络结构是工作的重点，需要将原有的"UMTS 下电路交换＋分组交换"结合网络简化为全 IP 扁平化基础网络架构。E- UTRA 是 LTE 的空中接口，其主要特性有：

①峰值下载速度可高达 299.6 Mbit/s，峰值上传速度可高达 75.4 Mbit/s。该速度需配合 E - UTRA 技术，4×4 天线和 20 MHz 频段实现。根据需求不同，终端设备被分为 5 类，从重点支持语音通信到支持网络峰值的高速数据连接，全部终端都拥有处理 20 MHz 带宽的能力。

②低网络延迟（在最优状况下，小 IP 数据包可拥有低于 5 ms 的延迟），相比原无线连接技术，拥有较短的交接和建立连接准备时间。

③加强移动状态连接的支持，如可接受终端在不同的频段下以高至 350 km/h 或 500 km/h 的移动速度使用网络服务。

④下行使用正交频分多址（OFDMA），上行使用单载波频分多址（SC - FDMA）以节省电力。下行资源包括频率资源、时间资源和空间资源，既

有频分复用，又有时分复用和空分复用。ETSI TS 136 211 规范中对下行链路中可以分配给一个用户的最小资源单位 –Resource Block 资源块，进行了如下定义：一个资源块包括 12 个子载波且持续一个时隙的时间；一个时隙持续 0.5 ms，包含 7 个 OFDM 符号（symbol），每个 OFDM 符号占据 12 个子载波的频率资源。

⑤ 支持频分双工（FDD）和时分双工（TDD）通信，并接受使用同样无线连接技术的时分半双工通信。

⑥ 支持国际电信联盟无线电通信组于 IMT - 2000 规范中列出的所有频段。

⑦ 增加频宽灵活性，1.4 MHz、3 MHz、5 MHz、10 MHz、15 MHz 和 20 MHz 频点带宽均可应用于网络。与 LTE 相比，W- CDMA 仅使用 5 MHz 的频段。由于已有的 2G GSM 和 CDMA One 等标准同样使用该频点，导致该技术在大面积铺开时会出现问题。

⑧ 支持从覆盖数十米的毫微微级基站（如家庭基站和 Picocell 微型基站）至覆盖 100 km 的宏蜂窝基站（Macrocell）。郊区网络使用较低的频段实现覆盖。在 5 km 的覆盖范围，基站信号可提供最佳服务；在 30 km 内可提供高质量的网络服务；100 km 内可保证基本网络服务（可接受的服务）。在城市地区，使用更高的频段（如欧洲的 2.6 GHz）提供高速移动宽带服务。在该频段下基站覆盖面积将可能小于或等于 1 km。

⑨支持至少 200 个活跃连接同时连入单一 5 MHz 频点带宽。

⑩简化的网络结构：E - UTRA 网络仅由 eNodeB 组成。

⑪ 可以兼容已有通信标准（如 GSM/EDGE、UMTS 和 CDMA2000），并与之共存。用户可以在拥有 LTE 信号的地区进行通话和数据传输，在 LTE 未覆盖的区域可直接切换至 GSM/EDGE 或基手 W - CDMA 的 UMTS，甚至是 3GPP2 下的 CDMA One 和 CDMA2000 网络。

⑫ 支持分组交换无线接口。

⑬ 支 持 群 播 / 广 播 单 频 网 络 MBSFN（Multicast/Broadcast Single - Frequency Network）。基于这一特性，LTE 网络能够提供诸如移动电视等服务，是 DVB -H 广播的竞争者。

长期演进技术升级版（LTE - Advanced，LTE - A），又称 4G LTE，是 LTE 的下一代网络。LTE -A 标准于 2011 年 3 月定稿，是能够满足国际电信联盟无线电通信部门要求的 4G 标准。2013 年 6 月 26 日，韩国电信运营商 SK 推出全球第一个消费级 LTE -A 网络。

与 LTE 相比，LTE -A 具有以下特点：

①载波和频谱聚合。由于缺乏相邻的频谱提供更宽的传输带宽（达到 100 MHz），因此，必须使用载波聚合以满足峰值数据速率和频谱灵活性的要求，允许相邻和非相邻分量载波的聚合。

②增强的上行链路多址接入。添加 N 倍的 DFT 扩频 OFDM（也称为聚合的 SC - FD-MA）将能满足增长的数据速率要求，同时，还可向后兼容 LTE。

③更高阶 MIMO 传输。使用下行链路中的 8×8 MIMO 和上行链路中的 4×4 MIMO，以达到峰值数据速率。一些企业也正在考虑使用波束赋形和空间复用，来提高数据速率、扩大覆盖范围与容量。

④协同多点（CoMP）发射和接收。这种 MIMO 旨在通过改善性能，获得更高的数据速率、信元边缘吞吐量和系统吞吐量。

⑤中继转发。信道内的中继转发功能可以接收、放大和重新发射下行链路和上行链路的信号，从而扩大覆盖范围，改善市区或室内的吞吐量。

第三节　应用层

人类通过各种信息感应、探测、识别、定位、跟踪及监控等手段和设备实现对物理世界的"感、知、控"，这一环节称为物联网的"前端"；而基于互联网计算的智能应用以及对物理世界的反馈和控制称为物联网的"后端"。"前端"实现了"物"的联网，而"后端"实现了联网后的"物"如何为我们所用。

物联网应用层的目标是将物联网技术与行业专业技术相结合，实现广泛智能化应用的解决方案集，提供物物互联的丰富应用。物联网通过应用层最终实现信息技术与行业的深度融合，对国民经济和社会发展具有广泛影响，其关键问题包括信息的社会化共享和开发利用，以及信息安全的保障。为了打破行业之间的数据隔阂，我们将应用层划分为"支撑服务"和"行业应用"两个子层，将物联网应用中的共性支撑部分提取出来，为各个行业应用统一技术支撑和数据共享服务。

一、云计算

云计算是互联网发展带来的一种新型计算和服务模式，它是通过分布式计算和虚拟化技术建设数据中心或超级计算机，以租赁或免费方式向技术开发者或企业客户提供数据存储、分析以及科学计算等服务。广义上讲，云计算是指厂商通过建立网络服务集群，向多种客户提供硬件租赁、数据存储、计算分析和在线服务等不同类型的服务。主要服务形式有以亚马逊公司为代表的基础设施即服务、以 Saleforce 为代表的平台即服务，以及以微软为代表的软件即服务等。

云计算为众多用户提供了一种新的高效率计算模式，兼有互联网服务的便利、廉价和大型机的能力。它的目的是将资源集中于互联网上的数据中心，由这种云中心提供应用层、平台层和基础设施层的集中服务，以解决传统 IT 系统零散性带来的低效率问题。云计算是信息化发展进程中的一个阶段，强调信息资源的聚集、优化、动态分配和回收，旨在节约信息化成本，降低能耗，减轻用户信息化的负担，提高数据中心的效率。云计算出现的初衷是解决特定大规模数据处理问题，因此，它被业界认为是支撑物联网"后端"的最佳选择，为物联网提供后端处理能力与应用平台。

云计算中的"云"就是存在于互联网的服务器集群上的服务器资源，包括硬件资源（如服务器、存储器和处理器等）和软件资源（如应用软件、集成开发环境等）。本地终端只需要通过互联网发送一条请求信息，"云端"就会有成千上万的计算机为你提供需要的资源，并把结果反馈给发送请求的终端。每个提供云计算服务的公司，其服务器资源分布在相对集中的世界上的少量几个地方，对资源基本采用集中式的存放管理，而资源的分配调度采用分布式和虚拟化技术。云计算强调终端功能的弱化，通过功能强大的"云端"给需要各种服务的终端提供支持。如同用电、用水一样，我们可以随时随地获取计算、存储等信息服务。

二、大数据

随着云时代的来临，大数据（Big Data）也受到越来越多的关注。Gartner 咨询公司给出了定义，即"大数据"是需要新处理模式才能具有更强的决策力、洞察发现力和流程优化能力来适应海量、高增长率和多样化的信息资产。从技术角度分析，大数据是指无法在一定时间内用传统数据库软件工具对其内容进行抓取、管理和处理的数据集合，包括大量非结构化和半结构化数据。与传统的海量数据相比，大数据的基本特征可以用 4 个 V（Volume、Variety、Value 和 Velocity）来总结，即体量大、多样性、价值密度低、速度快。

第一，数据体量巨大。非结构化数据的爆炸性增长，使其占有总数据的 80% 以上，比结构化数据增速快 10 倍以上，数据量级从 T 到 P、E、Z，分别对应 Tera（1012）、Peta（1015）、Exa（1018）、Zetta（1021）。

第二，数据类型繁多，具有"异构及多样性"特征，数据有不同格式，有结构化（如常见的传统数据）、半结构化数据（如网页），还有非结构化数据（如各类图像、声音、影视、超媒体等）。

第三，价值密度低。以视频为例，连续不间断监控过程中，可能有用的数据仅仅有一两秒。如何从海量、原始的数据中提炼出高价值信息，以进行趋势分析、模型判断、深入挖掘、数据共享，也是大数据处理的关键及难点。

第四，处理速度快。这一点也是和传统的数据挖掘技术有着本质的不同，即大数据具有"实时性"特征，数据处理及分析需要立竿见影而非事后见效。

大数据技术是指从各种类型的巨量数据中，快速获得有价值信息的技术，是解决大数据问题的核心。目前所说的"大数据"不仅指数据本身，也包括采集数据的工具、平台和数据分析系统。

信息物理系统时代的到来在许多方面都影响了数据分析。一个典型的数据集可能包含来自各种传感器（如 RFID 标签、移动手机、GPS 等）连续收集的大量数据。毫无疑问，如何使用复杂的分析方法分析这些具有空间属性的时间序列数据是非常关键的。例如，给定所需数据，在黄金 72 h 内定位所有受困的人仍然是十分困难的，越来越多的人发现处理数据所需的时间往往超过收集数据时间的十倍或者更多。总体而言，数据分析呈现出 3 个发展趋势：

第一，数据集的规模在不断地迅速增长，速度甚至超过摩尔定律，工业界和学术界的人员都已经或者即将管理 PB 级的数据集。

第二，数据中心往往采用大量的低端商品机集群，而不是少量的高端服务器集群，这种 scale out（水平扩容）的解决方案由于高性能价格比而受到欢迎，节点故障由于代价小也将变得正常。

第三，数据集分析的复杂度也在不断增加，多维聚合和模式发现等复杂分析问题也凸显出来，这样的查询负载可能导致性能低下的操作。

此外，查询负载也变得非常难以预测，因为高达 90% 的查询都是新查询。

大数据技术的战略意义不在于掌握庞大的数据信息，而在于对这些含有意义的数据进行专业化处理。换言之，如果把大数据比作一种产业，那么这种产业实现盈利的关键在于提高对数据的"加工能力"，通过"加工"实现数据的"增值"。因此，大数据时代带来的挑战不仅体现在如何处理巨量数据，从中获取有价值的信息，也体现在如何加强大数据技术研发，即如何发展大数据技术并将其应用到相关领域，通过解决大数据处理问题促进其突破性发展。

从技术上看，大数据必然无法用单台的计算机进行处理，必须采用分布式架构。依托云计算的分布式处理、分布式数据库和云存储、虚拟化技术，才能够实现大数据的分布式数据挖掘。

三、地理信息服务

地理信息系统（Geographic Information System 或 Geo-Information System，GIS）是将地理环境的各种要素，包括空间位置形状及分布特征，和与之有关的社会、经济等专题信息以及这些信息之间的联系等进行获取、组织、存储、检索、分析，并使用视觉效果进行显示的计算机系统，已广泛应用于管理、规划与决策中。

在人类活动的区域中（即地球表面）有大量的地理信息，这些信息与人类的活动密切相关。地理信息分为自然信息和人文及商业信息。自然信息包括位置、土壤类型、地貌类型、水文特点等；人文及商业信息包括人口、工业类型、经济特点等。

地理信息系统将上述信息以图层的形式分别进行存储，通过地理关系建立图层间的联系，并根据具体需求将不同的图层叠加在一起供上层应用使用。

地理信息系统是一门交叉学科技术，它综合了计算机、地理、地球物理、区域科学等多门学科，被誉为地理学科的第二次革命和地理学的第三种语言。它用信息数字形式来描述空间地理，使得地理学能够信息化、大众化。其中的行政区域划分、道路、建筑等在地图上所表示的内容称为图形数据，与图形数据相关联的名称、所有者及其他数值、文本标签等属性称为空间数据。

地理信息系统在 20 世纪 60 年代出现，70 年代得到了巩固，90 年代由于相应的产业需要而迅速发展。地理信息系统可以有多种分类方式，按研究的范围大小可分为全球性、区域性和局部性；按研究内容的不同可分为综合性与专题性。同级的各种专业应用系统集中起来，可以构成相应地域同级的区域综合系统。

地理信息系统可以为行业应用提供以下 4 个方面的支持：

（1）地图的利用和维护管理

在指定地址或所有者等条件下，可以快速检索出相应位置的电子地图并以图形化的方式显示，同时给出相应的属性数据；亦可使用属性数据查询相应的图形，并方便地进行距离和面积的计算。

（2）信息可视化

现实世界客观的对象可被划分为 2 个抽象概念：离散对象（如房屋）和连续的对象（如降雨量或海拔）。GIS 正是实现现实世界客观对象的可视化的重要工具之一。

（3）空间解析

能够掌握各种事物的空间特性和相互关系，利用相应的空间数据，完成多种多样的空间解析（如最短路径规划），并灵活运用地理的特性进行多方面分析。

（4）决策支持

能够利用实际的空间数据，进行组合，确保决策和计划的客观、合理。

第四章　供应链管理与 EPC 物联网

第一节　物流、供应链管理与 RFID

前面章节中提到，供应链管理是 RFID 重要的应用领域，最早的物联网——EPC 物联网，也是面向供应链管理领域的具体需求提出的。那什么是供应链？什么是供应链管理？供应链和物流之间又有什么差别？

一、供应链管理、物流与配送

供应链管理（Supply Chain Management，SCM）是基于最终客户需求，对围绕提供某种共同产品或服务的相关企业的信息资源，以基于 Internet 技术的软件产品为工具进行管理，从而实现整个渠道商业流程优化的平台。从这个定义可以看出：

① 供应链管理就其本质而言是一个平台，是供应链上各相关企业共同使用的一个 IT 基础设施。

② 供应链管理以渠道商业流程优化为核心内容，进而实现整个供应链的增值。

③ 供应链管理的直接处理内容，是以最终客户需求为核心的供应链上相关企业的信息资源。

供应链管理包括了涉及采购、外包、转化等过程的全部计划、管理活动和全部物流管理活动。更重要的是，它也包括了与渠道伙伴之间的协调和协作，涉及供应商、中间商、第三方服务供应商和客户。因此，从本质上说，供应链管理是企业内部和企业之间的供给和需求管理的集成，是物流、信息流、资金流的统一。

物流管理是供应链管理体系的重要组成部分，这一点从物流管理、供应链管理的发展过程中也可以看出来。成立于 1963 年的美国物流管理协会是世界上比较有影响的物流协会，它在 1985 年将名称从全美实物分配管理协会（National Council of Physical Distribition Management，NCPDM）变更为美国物流管理协会（Council of Logistics Management，CLM），Logistics 自此取代 Physical Distribution 成为物流的标准用语。2005 年，该协会再次更名为美国供应链管理专业协会（Council of Supply Chain Management Professionals，CSCMP）。一般而言，供应链管理涉及制造问题和物流问题两个方面，物流问题涉及的是企业的非制造领域，两者的主要区别表现在：

① 物流涉及原材料、零部件在企业之间的流动，而不涉及制造过程的活动。

② 供应链管理包括物流活动和制造活动。

③ 供应链管理涉及从原材料到产品交付给最终用户的整个物流增值过程，物流涉及企业间的价值流过程，是企业之间的衔接管理活动。

根据《中华人民共和国国家标准物流术语》，配送的定义为在经济合理区域范围内，根据用户要求，对物品进行拣选、加工、包装、分割、组配等作业，并按时送达指定地点的物流活动。可以说，配送贯穿于物流活动的每个环节。

二、RFID 在供应链管理中的应用

RFID 是一种自动数据采集技术，其优于条码识别技术之处在于可以动态同时识别多个数据，识别距离较大。由于 RFID 标签可以唯一地标识商品，所以，在整个供应链上可以跟踪货物，实时掌握商品处于供应链的哪个节点上。下面讲述一个简化后的例子——配送中心管理系统来介绍 RFID 在供应链管理中的应用。

①供货商。为生产的每箱货物加上一个 RFID 标签，其中存储有全球唯一代码。货物出厂时，安装于出货口的 RFID 读写器自动读取标签中存储的

数据信息，并进行记录。

②配送中心。入库时，利用卸货区的 RFID 读写器无须开箱即可检查包装里的货物，并直接进行验收入库。通过相应的采购单进行核对，确定无误后即可上货架存放。出库时，无须开箱，直接验收出库。

③零售商。货物一送到，零售系统马上自动更新，记录每一箱货物信息，并自动确认该种货物的库存量。零售货架上装有集成阅读器，顾客若拿走一定量的该商品，可向补货系统发出信息。

④顾客。无须长时间排队等候付款，安装在门上的读写器可通过货物信息自动计算金额。

商品在整个供应链上的流动，操作中最为频繁的就是出入库（出厂、零售商收货、出售都与之类似）。

引入 RFID 技术后，能够在以下方面带来显著的变化：

①缩短作业流程。对于配送中心，出入库在平时作业中占很大比例，利用 RFID 技术可以实现出入口不停叉车的远距离动态一次性多个标签的识别，并自动记录获取的数据信息，从而大大节省了出入库的作业时间，提高了作业效率。

②改善盘点作业质量。盘点时，只需利用手持式 RFID 阅读器一次经过所有的货架，即可自动获取所有标签上的信息，并利用控制终端或者后台系统进行记录盘点，可大大减少传统盘点作业所出现的遗漏等差错，增加了信息的准确性和可靠性。

③增大配送中心的吞吐量。出入库效率提高后，配送中心对货物的处理能力将大大提高。

④在流程中捕获数据，降低运转费用。在出入库作业中，验收与出入库几乎同时完成，大大减少了货物在配送中心内的搬运次数，降低了搬运所带来的设备费用和人工费用。

⑤供应链上的物流跟踪。利用 RFID 标签可以实现货物在整个供应链上的可视化全程跟踪。

⑥信息的传送更加迅速、准确。能够大大减少信息录入的错误和遗漏，并提高录入效率。

配送中心内部的信息流动是交错复杂的，各部门之间也存在协同工作和多种类型的事件驱动。

物流的起点是供应商，货物从供应商运送到配送中心，经过验收合格后，入库存放。当客户（零售商）以订单方式产生需求，配送中心按照客户订单要求进行拣货，然后利用 RFID 进行出库验收，合格即可进行配送，最后抵达客户（零售商）。从另一个角度看，也可以是客户的订单带动了整个物流过程的产生，整个配送中心内的作业都是围绕订单展开的，是为订单服务的。订单产生、订单处理（配送中心接收到订单，审核通过后，则订单进入等待发货计划状态，配送中心根据送货日期提前一天做发货计划）、出库（将库存信息传递给仓库管理系统，更改库存信息）、采购（库存量降低到订货点、发送采购信息给供应商）、入库（将库存信息传递给仓库管理系统，更改库存信息）。RFID 则会为整个作业层的每个需要进行物品识别的环节提供技术支撑，从系统总体看，能够极大地提高工作效率。

第二节　EPC 物联网

一、EPC 系统与标准定义

EPC 系统是一个全球性、综合性的复杂系统，其最终目标是为每一单独产品建立全球的、开放的标识标准，供应链的各个环节、各个节点、各个方面都可受益。EPC 系统由 EPC 编码体系、射频识别系统及信息网络系统三部分组成。主要包括 EPC 编码、EPC 标签、EPC 读写器、EPC 中间件、EPC 信息服务（EPC Information Service，EPCIS）和对象名解析服务（Object Name Service，ONS）6 个方面。其中，EPCIS 系统是由供应链中各厂商自己来维护的，不同厂商都拥有本地的 EPCIS 系统，负责相关产品信息的存储和查询服务。

EPC 系统每种接口都需要制定相关的标准。具体包括：

①RFID 标签和 RFID 读写器之间，定义了 EPC 标签数据规范和标签协议。

②RFID 读写器和 RFID 中间件之间，定义了读写器访问协议和管理接口。

③RFID 中间件和 EPCIS 捕获应用之间，定义了 RFID 事件过滤和采集接口（ALE）。

④EPCIS 捕获应用和 EPCIS 存储系统之间，定义了 EPCIS 信息捕获接口。

⑤EPCIS 存储系统和 EPCIS 信息访问系统之间，定义了 EPCIS 信息查询接口。

⑥其他关于跨企业信息交互的规范和接口，如 ONS 接口等。

EPC 标准体系框架的定位是促进贸易伙伴之间的数据和实物的交换、鼓励改革和创新，其主要特点如下：

① 全球化的标准：使得该框架可以适用在任何地方。

② 开放的系统：所有的接口均按开放的标准来实现。

③ 平台独立性：该框架可以在不同软硬件平台上实现。

④ 可量测性（通用性）和可扩展性：可以对用户的需求进行相应的配制；支持整个供应链；提供了一个数据类型和操作的核心，同时也提供了为了某种目的而扩展核心的方法；标准是可以扩展的。

⑤ 安全性：该框架被设计为可以全方位地提升企业的操作安全性。

⑥ 私密性：该框架被设计为可以为个人和企业提供数据的保密性。

⑦ 工业结构和标准：该框架被设计为符合工业结构和标准，并对其进行补充。

⑧ 开放、交互的推进：让最终用户能够参与到标准的制定过程中。

二、EPC 编码

EPC 系统是通过 RFID 标签来识别物理对象的产品管理方案的，而其核心——EPC 编码方案，是与现在广为使用的 EAN.UCC 系统编码兼容的编码标准，是对 EAN.UCC 系统的拓展。EPC 编码的目标是要为物理世界的每个实体对象提供唯一的标识，能实现单品级的标识，是 EPC 系统对于条码系统的一个巨大的飞跃。EPC 并不是要取代现行的条码标准，而是要由现行的条码标准逐渐过渡到未来的供应链管理中 EPC 和条码技术的共存。

EAN.UCC 是国际物品编码协会（Global Standard One，GSl）的曾用名。1973 年，美国统一代码协会（Uniform Code Council，UCC）选定了 IBM 公司的条码作为产品代码的自动识别符号，建立了北美的产品代码（Universal Product Code，UPC）并应用于食品零售的自动扫描结算过程中。1977 年 2 月，欧洲物品编码协会（European Article Numbering Association，EAN）正式成立。4 年之后，兼容 UPC 码的欧洲物品编码系统（European Article Numbering System），即 EAN 码开发成功。之后，随着以条码识别为基础的自动销售在欧美兴起，并且向全世界迅速展开，欧洲物品编码协会的成员国（地区）也扩展到了除北美以外的世界各大洲。1981 年，国际物品编码协会（Article Numbering Association International）成立，简称仍为 EAN。经过近 20 年的合作，2002 年 11 月，UCC 正式加入 EAN，EAN.UCC 正式成立。2005 年 2 月，EAN.UCC 正式更名为 GS1。

编码体系是整个国际物品编码协会（GSl）系统的核心，是对流通领域中所有的产品与服务（包括贸易项目、物流单元、资产、位置和服务关系等）的标识代码及附加属性代码。附加属性代码不能脱离标识代码独立存在。

其中，全球贸易项目代码（Global Trade Item Number，GTIN）是 GS1 编码系统中应用最广泛的标识代码。贸易项目是指一项产品或服务。对贸易项目进行编码和符号表示，能够实现商品零售（POS）、进货、存补货、销售分析及其他业务运作的自动化。GTIN 是为全球贸易项目提供唯一标识的一种编码（又称代码结构），有 4 种不同的代码结构，即 GTIN-14、GTIN-13、GTIN-12 和 GTIN-8。这 4 种结构可以对不同包装形态的商品进行唯一编码。标识代码无论应用在哪个领域的贸易项目上，每一个标识代码都必须以整体方式使用。完整的标识代码可以保证在相关的应用领域内全球唯一。

从技术角度分析，EPC 编码结构与 GTIN 是相互兼容的，二者之间既有区别也有联系，整体上维护了 GS1 系统的一致性和连续性。电子产品代码（EPC 编码）是由标头、厂商识别代码、对象分类代码、序列号等数据字段组成的一组数字，具体内容如下：

① 标头保证 EPC 命名空间的唯一性，使编码系统能与条码系统或其他编码系统兼容。

②通用管理者代码标识是一个组织实体（本质上是一个公司或其他管理者），负责维持后续字段的编号——对象分类代码和序列号代码。EPCglobal 负责分配通用管理者代码给实体，以确保每个通用管理者代码的唯一性。

③对象分类代码被 EPC 管理实体用来识别一个物品的种类或类型，因此需要一个通用管理者来对这些对象分类代码进行管理。

④序列号代码在每个对象分类代码内是唯一的，管理实体要为一种类别内每个对象分配一个唯一的序列号代码，实现单品级的编码。

EPC 编码体系具有以下特性：

①科学性。结构明确，易于使用、维护。

②兼容性。EPC 编码标准与目前广泛应用的 EAN.UCC 编码标准是兼容的，GTIN 是 EPC 编码结构中的重要组成部分，目前广泛使用的 SSCC、GLN 等都可以顺利转换到 EPC 中去。

③全面性。可在生产、流通、存储、结算、跟踪、召回等供应链的各环节全面应用。

④合理性。由 GS1、各国管理机构（我国的管理机构为 GSl China，中国物品管理中心）、被标识物品的管理者分段管理、共同维护、统一应用，具有合理性。

⑤国际性。不以具体国家、企业为核心，编码标准全球协商一致，具有国际性。

⑥无歧视性。编码采用全数字形式，不受地方色彩、语言、经济水平、政治观点的限制，是无歧视性的编码。

三、EPC 射频识别系统

EPC 射频识别系统是实现 EPC 代码自动采集的功能模块，主要由 EPC 标签和射频读写器组成。EPC 标签是产品电子代码（EPC）的物理载体，附着于可跟踪的物品上，可全球流通并对其进行识别和读写。射频读写器与信息系统相连，负责激活标签，与标签建立通信，并且在应用软件和标签之间传送数据。

EPC 标签是 GS1 系统中携带 EPC 编码的电子标签，按照 GS1 系统的 EPC 规则进行编码，并遵循 EPCglobal 制定的 EPC 标签与读写器的空中接口协议设计的标签。EPC 标签根据其功能级别的不同划分为 Class 0 ~ Class 4。这个分类随着时间的推移还在不断地变化和完善。Class 0 为被动式只读（Read - Only）标签；Class 1 为被动式可读写（Read - Write）标签；Class 2 标签可以加其他传感器，例如温度感知等；Class 3 可以是半主动式 RFID 标签；Class 4 包括支持点对点通信的主动标签。目前，Class 1 第 2 代被动式标签具有巨大的潜力来提供低成本且无所不在的"标识"能力，因而使用最为广泛。

EPC UHF Class 1 Generation 2（简写为 Cl Gen2）标签主要由保留存储区 Bank00（存储 Kill 密码和 Access 密码）、EPC 存储区 Bankoi（存储 16 位 CRC、协议控制码、EPC 编码）、TID 存储区 Bank10（包含 8 位 ISO/IEC 15963 分配类标识和标签标识符，可由厂商编写并锁定）及用户存储区 Bank11（大小根据标签的成本而不同）4 个部分存储空间组成。

EPC Cl Gen2 标准是 2004 年 EPCglobal 中的 Hardware Action 小组发布的接口标准。它的提出进一步促进了超高频 RFID 技术在移动环境下的应用。EPC Cl Gen2 在数据调制、数据包结构、命令集和冲突仲裁四个方面做了规范。Gen2 前向信道（Reader - to - Tag）使用 ASK 调制方式，脉冲间隔（Pulse Interval Encoding，PIE）数据编码；后向信道（Tag - to -Reader）采用 ASK 或者 PSK 调制方式（由标签选择），FMO（双相间隔码编码，Bi Phase Space）或者米勒调制副载波数据编码。

EPC Cl Gen2 空中接口协议已于 2006 年 3 月获准成为 ISO 18000 - 6c 标准。ISO 18000 -6 系列标准定义了 860 ~ 930 MHz 频率的物品管理用 RFID 的物理层、抗冲突系统、通信协议和命令参数等。这个频段是后勤、物流管理的最佳选择，因此，成为国际 RFID 供应链应用技术的重要标准。

与其他标准比较而言，Gen2 的优势主要集中在以下方面：

①标签管理。Gen2 通过 3 种基本类型的基于命令驱动的过程 Select、Inventory 和 Access 定义了读写器与标签之间鲁棒的空中接口，链路更加可靠，对读写器密集环境下的适应性更强。

②更快而且可变的数据通信率。读写器与标签集合之间有很多数据交换，Gen2 提供了最高达 640 Kbit/s 的数据率和每秒 1600 个标签的吞吐量；能够满足高速自动识别，适应大批量标签阅读应用场合。此外，由于读写器与标签之间的数据率受多种因素的影响，如噪声环境、运行区域、读写器数量和物体移动速度等，Gen2 允许数据率的可变调节来优化不同条件下的性能。

③兼容性。Gen2 标准兼容 RFID 超高频全球分布的各频段，包括美国（902 ~ 938 MHz）、欧洲（868 MHz）和日本（950 ~ 956 MHz），从而更有利于 Gen2 标准（860 ~ 960 MHz）的普及。

④良好的安全性和隐私保护。Gen2 标签拥有 2 个不同的密码，即 32 位 Access 密码与 32 位 Kill 密码。协议中使用 Kill 命令，永久地让标签无法响应读写器；使用 Query 解决了克隆读写器（Ghost Reads）的问题。

四、EPC 信息网络系统

信息网络系统由本地网络和全球互联网组成，是实现信息管理、信息流通的功能模块。EPC 系统的信息网络系统是在全球互联网的基础上，通过应用层事件规范（ALE，包含 EPC 中间件）、对象名解析服务（ONS）和 EPC 信息服务（EPCIS）来实现全球"实物互联"。

1. 应用层事件（ALE）

ALE（Application Level Events）是运行在读写器和 EPCIS 之间的接口协议。它包含 EPC 中间件的核心功能，负责加工和处理来自读写器的所有信息和事件流，是连接读写器和企业应用的纽带，其主要作用是对标签数据进行过滤、分组和计数，以减少发往信息网络系统的数据量，并防止错误识读、漏读和多读信息，实现对数据的捕获、监控和传送。

中间件是指处于操作系统软件与用户的应用软件之间的一类可复用基础软件。它在操作系统、网络和数据库之上，应用程序之下，总的作用是为处于自己上层的应用软件提供运行与开发的环境，帮助用户灵活、高效地开发和集成复杂的应用软件。EPC 中间件具有一系列特定属性的"程序模块"或"服务"，并被用户集成，以满足他们的特定需求。

　　EPC 中间件在早期版本里称为 Savant，采用树状结构设计，叶节点称为边缘 EPC 中间件 ES（Edge Savant），分支节点称为内部 EPC 中间件 IS（Internal Savant）。

　　ES 负责采集实时 EPC 数据，它处在 Savant 分布式网络结构的最底层，与 RFID 读写器直接相连，能实现对 RFID 读写器的监控、配置和管理，高效地捕获数据和过滤数据，创建 ALE 事件并将其分派至 IS。IS 除了从它的下级采集生成数据外，还负责整合 EPC 数据。Savant 存储一定时间内的标签数据，并能够部署特定的任务对数据进行运算处理。Savant 处理标签数据，生成事件序列后，通过应用层事件 ALE 接口以 PML（物理标记语言）文档的形式传送给企业 EPC 信息服务。

　　ALE 定义的处理内容包括从一个或者多个数据源（如读写器）接收 EPC 码流，按照一定的时间间隔打包数据，过滤消除重复的和不需要的 EPC 码，对 EPC 码流进行计数和组合从而减少数据量，以不同的格式发出报告等。ALE 接口被定义为一个独立的平台，使得系统中对组件的修改不会影响其他组件。ALE 协议规定的数据内容和组织方式不涉及具体实施，数据报告格式也与 EPC 数据的来源和处理方式无关。EPC 数据源被抽象为一个逻辑读写器节点，使得用户不必关心数据采集的具体方式和采集设备的物理特性，从而提供了最大限度的灵活性，以满足用户的需求。ALE 细化后包含 ALE Interface、Reader Protocol、Reader Manage-ment Interface 3 个主要部分。

　　ALE 包括一个标准的处理模型、一个以 UML 抽象描述的应用程序接口（API）以及这个 API 与简单对象访问协议（SOAP）之间的绑定。ALE 可以嵌入在 EPC 读写器或者其他软件中，也可以作为独立的接口。ALE 主要针对 EPC 数据的实时处理，不要求 EPC 数据的长期存储，并且 ALE 处理的事件只包含时间、地点、操作，不包含对事件的高级语义的解释。客户端通过向 ALE 提供一个事件周期说明（ECSpec）来发送请求，一个 ECSpec 描述了一个事件周期（Event Cycle），并为所需要产生的报告（ECReport）提供说明。ECSpec 说明了判断事件周期开始与停止的规则以及产生报告的规则，它包含逻辑读写器配置的列表，使得事件周期能够从一个或多个读写器的读写周期（Reader Cycle）取得数据。

ALE 工作机制有同步和异步 2 种:

①在同步机制下,客户端有"立即"和"查询"两种模式获得事件数据。立即模式中,客户端创建一个 ECSpec 后直接调用 immediate 方法,如需要触发器触发,其状态切换到请求状态;如无须触发器触发,其状态直接切换到工作状态。在需要触发器触发的情况下,基于 ECSpec 定义的采集方式(或触发器启动,或周期轮询),聚合单一事件周期(Event Cycle)内所有读写周期(Reader Cycle)获取的 EPC 信息,生成 ECReport 发送给客户端,其状态切换到工作状态。查询模式中,第一步是定义 ECSpec,告诉 ALE Server 如何生成 ECRep-ort;第二步是通过调用 poll 方法告诉 ALE,其采集 EPC 操作开始工作,一旦一个事件周期完成,发送 ECReport 给客户端并切换到工作状态。

②在异步机制下,异步 ALE 服务交互模型使用订阅 / 发布机制。在定义了事件描述之后,客户端可以预定自动定期更新。预定之后,客户端会定期得到来自 ALE 服务器经过过滤和分组的 EPC 数据,当客户端不再希望接受更新,可以取消订阅。在异步机制中,ALE 允许 3 种途径来发布报告,即经过 HTTP、经过 TCP 和直接导入文件。

用户可以通过 ALE 接口获取过滤后整理过的 EPC 数据。ALE 基于面向服务的架构(SOA),它对服务接口进行了抽象处理,客户端调用 ALE 服务接口时不必关心网络协议或者设备的具体情况。

2. EPC 信息服务(EPCIS)

EPCIS(EPC Information Service)负责 EPC 编码对应物体信息的存储和查询。EPCIS 使不同的应用系统能够在本地和远程之间通过 EPC 编码实现 EPC 相关数据的共享。EPCIS 不仅提供数据捕获接口(Capture Interface),从 EPC 中间件(ALE)采集数据,而且提供查询接口(Qurey Interface)供应用程序访问所存储的数据。其中,EPCIS 捕获应用(Capture Application)从一个实现 ALE 规范的中间件那里得到信息,EPCIS 接口提供了在捕获应用、查询应用(Query Application)以及 EPCIS 数据仓库之间交换 EPC 数据的说明。EPCIS 位于整个 EPC 网络架构的顶层,包含用户操作界面,并为应用程序访问各种存储产品信息的网络数据提供标准的接口。EPCIS 的主要任务包括标签授权、打包与解包操作、标签观测、标签反观测。

①标签授权。是指在标签安装到商品上后，将必需的信息写入标签，这些数据可能包括公司名称、商品的其他信息等。

②打包与解包操作。EPCIS还负责EPC数据在EPC信息网络中传输过程的数据包装和解析操作。

③标签观测。EPCIS在对标签数据的存取过程中，不仅仅是读取相关的信息，更重要的是观测标签对象的整个运动过程。

④标签反观测。EPCIS可能还要记录那些已经被删除或者不再有效的数据。

EPCIS的内部结构包括3个层次，即信息模型层、服务层和绑定层。信息模型层指定了EPCIS中包含的数据类型、数据的抽象结构和数据的含义；服务层指定了EPC网络组件与EPCIS数据进行交互实际的接口；绑定层定义了信息的传输协议，比如SOAP或者HTTP。

为了避免数据的重复与不匹配，EPCIS规范还针对不同工业和不同数据类型提供了通用的规范，并具有良好的可扩展性，以兼容今后可能出现的新的数据种类。EPCIS还可以包括"EP-CIS查询服务"，这是一项基于Web服务的技术，可提供包括"灵活查询"在内的各种功能，也可根据用户需求查询产品在指定位置的状态信息。

EPCIS提供了一个模块化、可扩展的数据和服务的接口，使EPC的相关数据可以在企业内部或者企业之间共享。它处理与EPC相关的各种信息，举例如下：

①EPC的观测值。What / When / Where / Why，通俗地说，就是观测对象、时间、地点以及原因。这里的原因是一个比较宽泛的说法，它应该是EPCIS步骤与商业流程步骤之间的一个关联，例如订单号、制造商编号等商业交易信息。

②包装状态。例如，物品是在托盘上的包装箱内。

③信息源。例如，位于Z仓库的Y通道的X识读器。

EPCIS有2种运行模式：一种是EPCIS信息被已经激活的EPCIS应用程序直接应用；另一种是将EPCIS信息存储在资料档案库中，以备今后查询时检索。独立的 EPCIS 事件通常代表独立步骤，比如 EPC 标记对象 A 装入标记对象 B，并与一个交易码结合。对于 EPCIS 资料档案库的 EPCIS 查询，不仅可以返回独立事件，而且还有连续事件的累积效应，比如对象 C 包含对象 B，对象 B 本身包含对象 A。

3. 对象名解析服务（ONS）

对象名解析服务（ONS）是类似于域名解析服务（DNS）的一种全球查询自动服务，可以将 EPC 编码转换成一个或多个 internet 地址，从而找到此编码对应的商品的详细信息，访问相应的 EPCIS 和与此商品相关其他 Web 站点资源。ONS 的基本作用就是将一个 EPC 编码序列映射到一个或者多个统一资源标识符（Uniform Resource Identifier，URI），在这些 URI 中可以查找到关于这个物体的更多的详细信息，通常就是对应着一个 EPCIS。当用户需要查询一个 EPC 码所对应的商品信息或企业需要查询其他企业的产品信息时，就需要通过互联网向 ONS 服务器发出查询请求，ONS 服务器根据输入的 EPC 码等信息，直接反馈存储 EPC 码指示的原始信息的服务器的服务地址。

ONS 服务是联系 EPC 中间件和 EPC 信息服务的网络枢纽，并且 ONS 设计与架构都以因特网域名解析服务 DNS 为基础，因此，可以使整个 EPC 网络以因特网为依托，迅速架构并顺利延伸到世界各地。与 DNS 类似，ONS 也有本地高速缓冲存储功能，用户维护一个本地 ONS 服务器，需要访问 ONS 时，首先请求本地的 ONS 服务器，如果服务器没有这条信息，则查询全球 ONS 服务器，然后将 ONS 信息存储在本地 ONS 服务器中。这样对于经常性的查询值能有效减少对全球 ONS 的请求量。

ONS 提供静态 ONS 和动态 ONS 2 种服务。

静态 ONS 服务接受一个 EPC 编码的查询请求，然后给出一条该产品制造商的信息服务访问地址作为响应，用户再通过访问这个地址指向的信息服务取得具体的产品信息。而动态 ONS 服务不仅能给出一个产品制造商的信息服务访问地址，还能给出一件产品在供应链中流动时所经过的不同管理实体的服务地址信息，这样用户能够一次获得产品从生产、仓储、运输到销售的整个过程的信息。

利用 ONS 的一个典型的查询流程如下：

① 从标签上读取出序列，将这个序列发送到本地服务器，例如，EPC 序列为 <00000001 0000000000000000000000001100 00000000000000000001010111 0000000000000000000000000010110100>

② 本地服务器根据标签数据标准，把这些比特流转换成 URI 形式，再将此 URI 发送给本地 ONS 解析器。ONS 采用 URI 形式表示 EPC，例如，将①中的序列表示为 urn:epc：1.12.87.180。

③ 本地服务器将此 URI 转换为域名形式（转换过程：先去掉头部、序列号，再调换字段位置加上后缀），然后发出对这个域名的 NAPTR（Naming Authority Pointer，名称权威指针）查询。URI 转换后的域名形式为 87.12.1. onsroot. org。

④ 服务器返回一系列 NAPTR 记录的应答，其中包含一个或者多个指向相关服务的 URI。NAPTR 是一个新的 DNS 资源记录类型，它实际是一个基于重写规则的正规表达式，它完成一个特定字符串到域名标识或者 URI 的解析翻译。

例如，

<0 0 u EPC+epcis! ^ .*$!http://www. pmlexample. cn ／ epcis. php!.>

<0 0 u EPC+ws! ^ .*$!http://www. pmlexample. cn/pml. wsdl!.>

⑤ 本地 ONS 解析器从返回的的 NAPTR 记录中提取出需要的服务器的 URI，返回给本地服务器。例如提取出的 URI 为

<http://www. pmlexample. cnlepcis. php>

⑥ 依据提取出的 URI，本地服务器最终连接上目的 EPCIS 服务器。

4. 物理标记语言（PML）

在 EPC 系统中，对应于 EPC 编码对应的产品信息，如名称、组成成分、形状、温度、湿度等，是通过标准化的 PML（Physical Markup Language）语言来描述的。PML 提供一个通用的命名和设计规则来规范 EPC 网络中各种信息的描述，以有利于信息的交换与传输。

PML 是 XML 的一个子集，具有通用、灵活、简单的特点。PML 不是试图取代现有的商务交易词汇或任何其他的 XML 应用库，而是通过定义一

个新的关于 EPC 系统中相关数据的定义库来弥补原有系统的不足。

PML 包括 PML Core 和 PML Extension 2 个部分。

① PML Core 提供数据交换的标准格式，直接描述自动识别基础设置所生成的数据，例如，读写器的 EPC 编码、信息捕获时间和标签编码等。

② PML Extension 用于整合非 EPC 系统所产生的信息以及来自其他来源的信息，例如各种传感器获得的附加信息。

下面是一个 PML Core 的实例：

<pmlcore:Sensor>

<pmluid:ID> urn: epc:1.4. 16. 36</pmluid:ID>

<pmlcore:Observation>

<pmluid:ID> 00000001</pmluid:ID>

<pmlcore:DateTime> 2006 - 11 - 06T13: 04:34</pmlcore:DateTime>

<pmlcore:Command> READ_PALLET_TAGS_ONLY</pmlcore:Command>

<pmlcore:Tag>

<pmluid: ID> urn: epc:1.2. 24. 400</pmluid:ID>

</pmlcore:Tag>

<pmlcore:Tag>

<pmluid:ID> urn: epc :1. 2. 24. 401</pmluid:ID>

</pmlcore:Tag>

</pmlcore:Observation>

</pmlcore:Sensor>

PML 数据库将由制造商或者第三方服务商来维护，存储以 PML 格式记录的所有产品信息，并记录产品的最新状态。存储 PML 的数据库可以是 XML 数据库，也可以是其他商业数据库，如关系数据库。PML 数据可以分为与时间有关的动态数据和与时间无关的属性数据 2 个类型。PML 数据库的入口很多，而对应于每一个入口的数据量少，以适应单品识别的需要。

第五章　现代物联网信息安全技术

随着物联网建设的加快，物联网的安全问题已经成为制约物联网全面发展的重要因素。在物联网发展的高级阶段，物联网场景中的实体均具有一定的感知、计算和执行能力，广泛存在的这些感知设备将会对国家基础、社会和个人信息安全构成新的威胁。一方面，由于物联网具有在网络技术种类上兼容和业务范围内无限扩展的特点，所以当公众个人情况被连接到看似无边界的物联网时，将可能导致这些信息随时随地被非法获取；另一方面，随着国家重要的基础行业和社会关键服务领域（如电力、医疗等）都依赖于物联网和感知业务，国家基础领域的动态信息将可能被窃取。所有的这些都使得物联网的安全问题被上升到国家层面，成为影响国家发展和社会稳定的重要因素。

第一节　信息安全的定义与分类

一、信息安全的基本概念

信息安全是一门交叉学科，涉及计算机科学、网络技术、通信技术、密码技术、信息安全技术、应用数学、数论及信息论等多种学科。信息安全涉及多方面的理论和应用知识。除了数学、通信、计算机等自然科学外，还涉及法律、心理学等社会科学。总体上，可以从理论和工程的 2 个角度来考虑。一些从事计算机和网络安全的研究人员从理论的观点来研究安全问题，他们感兴趣的是通过建造被证明是正确的安全模型，用数学方法描述其安全属性。另一部分专家则经常对安全问题的起因感兴趣，这些专家以注重实际的、工程的角度来研究安全问题。

1. 信息安全的定义

信息安全是指为数据处理系统建立和采取的技术和管理手段，用以保护计算机硬件、软件和数据不因偶然和恶意的原因而遭到破坏、更改和泄漏，使系统连续正常运行。国际标准化组织（ISO）对信息安全的定义是，在技术上和管理上为数据处理系统建立的安全保护，保护计算机硬件、软件和数据不因偶然和恶意的原因而遭到破坏、更改和泄露。信息安全包括以下几方面的内容：① 保密性。防止系统内信息的非法泄漏。② 完整性。防止系统内软件（程序）与数据被非法删改和破坏。③ 有效性。要求信息和系统资源可以持续有效，而且授权用户可以随时随地以喜爱的格式存取资源。

2. 信息安全的基本属性

信息安全包含了保密性、完整性、可用性、可控性及不可否认性等基本属性。

① 保密性。保证信息不泄露给未经授权的人。

② 完整性。防止信息被未经授权的人（实体）篡改，保证真实的信息从真实的信源（信号的产生物）无失真地到达真实的信宿（信号的接受物）。

③ 可用性。保证信息及信息系统确实为授权使用者所用，防止由于计算机病毒或其他人为因素造成的系统拒绝服务或为敌手所用。

④ 可控性。对信息及信息系统实施安全监控管理。

⑤ 不可否认性。保证信息行为人不能否认自己的行为。

二、信息安全的分类

1. 物理安全

网络面临的安全威胁大体可分为 2 种：一是对网络数据的威胁；二是对网络设备的威胁。这些威胁可能来源于各种各样的因素：可能是有意的，也可能是无意的；可能是来源于企业外部的，也可能是内部人员造成的；可能是人为的，也可能是自然力造成的。总结起来，大致有下面几种主要威胁：① 非人为或自然力造成的数据丢失、设备失效、线路阻断。② 人为但属于操作人员无意的失误造成的数据丢失。③ 来自外部和内部人员的恶意攻击和入侵。

物理安全主要是指通过物理隔离实现网络安全。所谓"物理隔离"是指内部网不直接或间接地连接公共网。物理安全的目的是保护路由器、工作站、网络服务器等硬件实体和通信链路免受自然灾害、人为破坏和搭线窃听攻击。只有使内部网和公共网物理隔离，才能真正保证党政机关的内部网络信息不受来自互联网黑客（Hacker）的攻击。此外，物理隔离也为政府内部网划定了明确的安全边界，使得网络的可控性增强，便于内部管理。

在实行物理隔离之前，我们对网络的信息安全有许多措施，如在网络中增加防火墙、防病毒系统，对网络进行入侵检测及漏洞扫描等。由于这些技术的极端复杂性与有限性，这些在线分析技术无法满足某些机构（如军事、政府、金融等）高度的数据安全性要求。而且此类基于软件的保护是一种逻辑机制，对于逻辑实体（指黑客、内部用户等）而言极易被操纵。

2. 网络安全

网络安全主要是网络自身的安全性和网络信息的安全性。保证网络安全的主要典型技术有密码技术、网络防火墙技术、入侵检测技术、安全扫描技术、认证技术、虚拟网技术及访问控制技术等。

（1）密码技术

密码技术是保障信息安全的核心技术。主要包括密码算法、密码协议的设计与分析、密钥管理和密钥托管等技术。密码算法主要包括序列密码、分组密码、公钥密码及散列密码等。按照加密密钥和解密密钥的对称性，密码算法可分为对称型加密和不对称型加密。具体区别如下：① 对称型加密是指加密密钥和解密密钥相同，或两密钥虽然不相同，但可由其中任意一个推导出另一个，即密钥是双方共享的。在大多数对称算法中，加密和解密密钥是相同的，它要求发送者和接收者在安全通信之前，商定一个密钥。只要通信需要保密，就必须保密密钥。② 不对称型加密的特点是加密解密双方拥有两个不相同的密钥，一个是公开密钥，为发送者对数据加密时使用，是公开的。另一个是私有密钥，用于解密，是保密的，由接收者妥善保存，只有两者搭配使用，才能完成加密和解密过程。

（2）网络防火墙

网络防火墙技术是一种用来加强网络之间访问控制，防止外部网络用户以非法手段通过外部网络进入内部网络，从而保护内部网络操作环境的特殊网络互联设备。它对 2 个或多个网络之间传输的数据包（如链接方式），按照一定的安全策略来实施检查，以决定网络之间的通信是否被允许，并监视网络运行状态。防火墙产品主要有堡垒主机，包括过滤路由器、应用层网关（代理服务器）和电路层网关、屏蔽主机防火墙以及双宿主机等类型。虽然防火墙是保护网络免遭黑客袭击的有效手段，但也有明显不足：无法防范通过防火墙以外的其他途径的攻击，不能防止来自内部变节者和不经心的用户们带来的威胁，也不能完全防止传送已感染病毒的软件或文件，以及无法防范数据驱动型的攻击。

（3）入侵检测系统

入侵检测技术是近年出现的新型网络安全技术，其目的是提供实时的入侵检测及采取相应的防护手段，如记录证据用于跟踪和恢复、断开网络连接等。实时入侵检测能力之所以重要，是因为首先，它能够对付来自内部网络的攻击，其次，它能够缩短 Hacker 入侵的时间。入侵检测系统可分为两类，即基于主机和基于网络。基于主机的入侵检测系统用于保护关键应用的服务器，实时监视可疑的连接、系统日志检查，非法访问的闯入等，并且提供对典型应用的监视（如 Web 服务器应用）。基于网络的入侵检测系统用于实时监控网络关键路径的信息。

（4）安全扫描技术

安全扫描技术与防火墙、安全监控系统互相配合能够提供具有很高安全性的网络保护。安全扫描工具源于 Hacker 在入侵网络系统时采用的工具。商品化的安全扫描工具为网络安全漏洞的发现提供了强大的支持。安全扫描工具通常分为基于服务器的扫描器和基于网络的扫描器。基于服务器的扫描器主要扫描与服务器相关的安全漏洞，如密码文件、目录和文件权限、共享文件系统、敏感服务、软件及系统漏洞等，并给出相应的解决办法。通常与相应的服务器操作系统紧密相关。基于网络的安全扫描主要扫描设定网络内的服务器、路由器、网桥、变换机、访问服务器及防火墙等设备的安全漏洞，并可设定模拟攻击，以测试系统的防御能力。

（5）认证技术

认证技术主要解决网络通信过程中通信双方的身份认可。数字签名作为身份认证技术中的一种具体技术，它还可用于通信过程中的不可抵赖要求的实现。认证技术将应用到企业网络中的以下方面：① 路由器认证，路由器和交换机之间的认证。② 操作系统认证，操作系统对用户的认证。③ 网管系统对网管设备之间的认证。④VPN 网关设备之间的认证。⑤ 拨号访问服务器与用户间的认证。⑥ 应用服务器（如 Web Server）与用户的认证。⑦ 电子邮件通信双方的认证。

数字签名技术主要用于：① 基于公钥基础设施（PKI）认证体系的认证过程。② 基于PKI的电子邮件及交易（通过Web进行的交易）的不可抵赖记录。

（6）虚拟网技术

虚拟网技术主要基于近年发展的局域网交换技术（ATM 和以太网交换）。交换技术将传统的基于广播的局域网技术发展为面向联接的技术。因此，网管系统有能力限制局域网通信的范围而无须通过开销很大的路由器。由以上运行机制带来的网络安全的好处是显而易见的——信息只到达应该到达的地点。因此，防止了大部分基于网络监听的入侵手段。通过虚拟网设置的访问控制，使在虚拟网外的网络节点不能直接访问虚拟网内的节点。但是，虚拟网技术也带来了新的安全问题，即执行虚拟网交换的设备越来越复杂，从而成为被攻击的对象。基于网络广播原理的入侵监控技术在高速交换网络内需要特殊的设置。基于苹果计算机（MAC）的虚拟局域网（VLAN）不能防止MAC 欺骗攻击。以太网从本质上基于广播机制，但应用了交换器和 VLAN技术后，实际上转变为点到点通信，除非设置了监听口，信息交换也不会存在监听和插入（改变）问题。但是，采用基于 MAC 的 VLAN 划分将面临假冒 MAC 地址的攻击。因此，VLAN 的划分最好基于交换机端口。但这要求整个网络桌面使用交换端口或每个交换端口所在的网段机器均属于相同的VLAN。网络层通信可以跨越路由器，因此，攻击可以从远方发起。IP 协议族各厂家实现的不完善，因此，在网络层发现的安全漏洞相对更多，如 IPSweep、Teardrop、SYN flood、IP Spoofng 攻击等。

（7）访问控制

访问控制技术是按用户身份及其所归属的某预定义组来限制用户对某些信息的访问的。访问控制技术的功能主要有防止非法的主体访问受保护的网络系统资源，允许合法用户访问受保护的网络资源，防止合法的用户对受保护的网络资源进行非授权的访问。访问控制技术分为自助访问控制技术、强制访问控制技术以及基于角色的访问控制技术 3 种。

3．应用系统安全

系统安全主要包括操作系统安全、数据库安全、主机安全审计及漏洞扫描、计算机病毒检测和防范等方面，是信息安全研究的重要发展方向。

（1）Internet 域名服务

Internet 域名服务为 Internet/Intranet 应用提供了极大的灵活性。几乎所有的网络应用均利用域名服务。但是，域名服务通常为 Hacker 提供了入侵网络的有用信息，如服务器的 IP、操作系统信息、推导出可能的网络结构等。同时，针对 BIND NDS 实现的安全漏洞也开始发现，绝大多数的域名系统均存在类似的问题。如由于 DNS（域名系统）查询使用无连接的 UDP（用户数据包）协议，利用可预测的查询 ID 可欺骗域名服务器给出错误的主机名 IP 对应关系。因此，在利用域名服务时，应该注意到以上的安全问题。主要的措施有：① 内部网和外部网使用不同的域名服务器，隐藏内部网络信息。② 域名服务器及域名查找应用安装相应的安全补丁。③ 对付 Denial-of-Service 攻击，应设计备份域名服务器。

（2）Web Server

Web Server 是企业对外宣传、开展业务的重要基地。由于其重要性，所以成为 Hacker 攻击的首选目标之一。Web Server 经常成为 Internet 用户访问公司内部资源的通道之一，如 Web Server 通过中间件访问主机系统；通过数据库连接部件访问数据库；利用 CGI 访问本地文件系统或网络系统中其他资源。但 Web 服务器越来越复杂，被发现的安全漏洞越来越多。为了防止 Web 服务器成为攻击的牺牲品或成为进入内部网络的跳板，我们需要给予更多的关心：① 将 Web 服务器置于防火墙保护之下。② 在 Web 服务器上安装实时安全监控软件。③ 在通往 Web 服务器的网络路径上安装基于网络的实时入侵监控系统。④ 经常审查 Web 服务器配置情况及运行日志。⑤ 在运行新的应用前，先进行安全测试，如新的 CGI（通用网关接口）应用。⑥ 认证过程采用加密通信或使用 X.509 证书模式。⑦ 小心设置 Web 服务器的访问控制表。

（3）电子邮件系统

电子邮件系统也是网络与外部必须开放的服务系统。由于电子邮件系统的复杂性，被发现的安全漏洞非常多，并且危害很大。加强电子邮件系统的安全性，通常有如下办法：① 设置一台位于停火区的电子邮件服务器作为内外电子邮件通信的中转站（或利用防火墙的电子邮件中转功能）。所有出入的电子邮件均通过该中转站中转。② 同样为该服务器安装实时监控系统。③ 邮件服务器作为专门的应用服务器，不运行任何其他业务（切断与内部网的通信）。④ 升级到最新的安全版本。

（4）操作系统

市场上几乎所有的操作系统均已发现有安全漏洞，并且越流行的操作系统发现的问题越多。对操作系统的安全，除了不断地增加安全补丁外，还需要以下措施：① 检查系统设置（如敏感数据的存放方式、访问控制、口令选择／更新）。② 建立基于系统的安全监控系统。

第二节 无线传感器网络安全

一、传感器网络的安全机制

无线传感器网络作为计算、通信和传感器三项技术相结合的产物，是一种全新的信息获取和处理技术。无线传感器网络具有许多鲜明特点，如通信能力有限、电源能量有限、计算能力和存储空间有限、传感器节点配置密集和网络拓扑结构灵活多变等，这些特点对于安全方案的设计提出了一系列挑战。安全是系统可用的前提，需要在保证通信安全的前提下，降低系统开销，研究可行的安全算法。一种比较完善的无线传感器网络解决方案应当具备如下基本特征：机密性、真实性、完整性、新鲜性、扩展性、可用性、自组织性及鲁棒性。目前研究的安全问题分为 3 层，按从上到下的顺序可分为：①安全的路由。从维护路由安全的角度出发，寻找尽可能安全的路由以保证网络的安全。② 密钥管理。考虑两个节点间的通信安全，从怎样产生一个安全的密钥、怎样分配密钥、怎样交换密钥、怎样鉴权角度入手。③ 密钥算法。从算法角度入手。

无线传感器网络中的 2 种专用安全协议为安全网络加密协议（Sensor Network Encryption Protocol，SNEP）和基于时间的高效的容忍丢包的流认证协议 μTESLA（无线传感网络安全协议中的方案）。SNEP 的功能是提供节点到接收机之间数据的鉴权、加密、刷新，μTESLA 的功能是对广播数据的鉴权。因为无线传感器网络可能是布置在敌对环境中，为了防止供给者向网络注入伪造的信息，需要在无线传感器网络中实现基于源端认证的安全组播。但由于在无线传感器网络中不能使用公钥密码体制，因此源端认证的组播并不容易实现。传感器网络安全协议 SP INK 中提出了基于源端认证的组播机制 μTESLA，该方案是对 TESLA 协议的改进，使之适用于传感器网络环境。其基本思想是采用 Hash（哈希）链的方法在基站生成密钥链，每个节点预先保存密钥链最后一个密钥作为认证信息，整个网络需要保持松散同步，基站按时段依次使用密钥链上的密钥加密消息认证码，并在下一时段公布该密钥。

二、传感器网络的安全分析

由于传感器网络自身的一些特性，使其在各个协议层都容易遭受各种形式的攻击。下面着重分析对网络传输底层的攻击形式。

1. 物理层的攻击和防御

物理层安全的主要问题就是如何建立有效的数据加密机制，受传感器节点的限制，其有限计算能力和存储空间使基于公钥的密码体制难以应用于无线传感器网络中。为了节省传感器网络的能量开销和提供整体性能，也尽量要采用轻量级的对称加密算法。对称加密算法在无线传感器网络中的负载，在多种嵌入式平台架构上分别测试了 RC4、RC5 和 IDEA 等几种常用的对称加密算法的计算开销。测试表明，在无线传感器平台上性能最优的对称加密算法是 RC4，而不是目前传感器网络中所使用的 RC5。由于对称加密算法的局限性，不能方便地进行数字签名和身份认证，给无线传感器网络安全机制的设计带来了极大的困难，因此，高效的公钥算法是无线传感器网络安全亟待解决的问题。

2. 链路层的攻击和防御

数据链路层或介质访问控制层为邻居节点提供了可靠的通信通道，在 MAC 协议中，节点通过监测邻居节点是否发送数据来确定自身是否能访问通信信道。这种载波监听方式特别容易遭到拒绝服务攻击，也就是 Dos（磁盘操作系统）。在某些 MAC 层协议中使用载波监听的方法来与相邻节点协调使用信道。当发生信道冲突时，节点使用二进制指数倒退算法来确定重新发送数据的时机，攻击者只需要产生一个字节的冲突就可以破坏整个数据包的发送。因为只要部分数据的冲突，就会导致接收者对数据包的校验不匹配，导致接收者会发送数据冲突的应答控制信息 ACK（确认字符），使发送节点根据二进制指数倒退算法重新选择发送时机。这样经过反复冲突，使节点不断倒退，从而导致信道阻塞。恶意节点有计划地重复占用信道比长期阻塞信道要花更少的能量，而且相对于节点载波监听的开销，攻击者所消耗的能量非常的小，对于能量有限的节点，这种攻击能很快耗尽节点有限的能量。所以，载波冲突是一种有效的 Dos 攻击方法。

虽然纠错码提供了消息容错的机制，但是纠错码只能处理信道偶然错误，而一个恶意节点可以破坏的信息比纠错码所能恢复的错误更多。纠错码本身也导致了额外的处理和通信开销。目前来看，这种利用载波冲突对 Dos 的攻击还没有有效的防范方法。

解决的方法就是对 MAC 的准入控制进行限速，网络自动忽略过多的请求，从而不必对于每个请求都应答，节省了通信的开销。但是采用时分多路算法的 MAC 协议通常系统开销比较大，不利于传感器节点节省能量。

3. 网络层的攻击和防御

通常在无线传感器网络中，大量的传感器节点密集地分布在一个区域里，消息可能需要经过若干节点才能到达目的地，而且由于传感器网络的动态性，没有固定的基础结构，所以每个节点都需要具有路由的功能。由于每个节点都是潜在的路由节点，因此更易于受到攻击。无线传感器网络的主要攻击种类较多，简单介绍如下：

（1）虚假路由信息

通过欺骗、更改和重发路由信息，攻击者可以创建路由环，吸引或者拒绝网络信息流通量，延长或者缩短路由路径，形成虚假的错误消息，分割网络，增加端到端的时延。

（2）选择性的转发

节点收到数据包后，有选择地转发或者根本不转发收到的数据包，导致数据包不能到达目的地。

（3）污水池攻击

攻击者通过声称自己电源充足、性能可靠而且高效，使泄密节点在路由算法上对周围节点具有特别的吸引力，来吸引周围的节点选择它作为路由路径中的点，并引诱该区域的几乎所有的数据流通过该泄密节点。

（4）Sybil 攻击（对网络层的一种攻击方法）

在这种攻击中，单个节点以多个身份出现在网络中的其他节点面前，使之被其他节点选作路由路径中的节点具有更高概率，然后与其他攻击方法结合使用，达到攻击的目的。它降低具有容错功能的路由方案的容错效果，并对地理路由协议产生重大威胁。

（5）蠕虫洞攻击

攻击者通过低延时链路将某个网络分区中的消息发往网络的另一分区重放。常见的形式是两个恶意节点相互串通，合谋进行攻击。

（6）Hello 洪泛攻击

很多路由协议需要传感器节点定时地发送 Hello 包，以声明自己是其他节点的邻居节点。而收到该 Hello 报文的节点，则会假定自身处于发送者正常无线传输范围内。而事实上，该节点离恶意节点距离较远，以普通的发射功率传输的数据包根本到不了目的地。网络层路由协议为整个无线传感器网络提供了关键的路由服务。若受到攻击，则后果非常严重。

第三节 RFID安全

随着 RFID 能力的提高和标签应用的日益普及，安全（特别是用户隐私）问题变得越来越重要。用户如果使用带有不安全标签的产品，在没有感知的情况下，就会被附近的阅读器读取并泄露个人的敏感信息，例如金钱、药物（与特殊的疾病相关联）、书（可能包含个人的特殊喜好）等，特别是可能暴露用户的位置隐私，使得用户被跟踪。因此，在 RFID 应用时，必须仔细分析所存在的安全威胁，研究和采取适当的安全措施（既需要技术方面的措施，也需要政策、法规方面的制约）。

一、RFID 的安全和隐私问题

1. RFID 的隐私威胁

RFID 面临的隐私威胁包括标签信息泄漏和利用标签的唯一标识符进行的恶意跟踪。

信息泄露是指暴露标签发送的信息，该信息包括标签用户或者是识别对象的相关信息。例如，当 RFID 标签应用于图书馆管理时，图书馆信息是公开的，任何其他人都可以获得读者的读书信息。当 RFID 标签应用于医院处方药物管理时，很可能暴露药物使用者的病理情况，隐私侵犯者可以通过扫描服用的药物推断出某人的健康状况。当个人信息（如电子档案、生物特征）添加到 RFID 标签里时，标签信息泄露问题便会极大地危害个人隐私，如美国原计划于 2005 年 8 月在入境护照上装备电子标签的计划，因考虑到信息泄露的安全问题而被推迟。

RFID 系统后台服务器提供数据库，标签一般不需包含和传输大量的信息。通常情况下，标签只需要传输简单的标识符，然后，通过这个标识符访问数据库而获得目标对象的相关数据和信息。因此，可通过标签固定的标识符实施跟踪，即使标签进行加密后不知道标签的内容，也仍然可以通过固定的加密信息跟踪标签。也就是说，人们可以在不同的时间和不同的地点识别标签，以获取标签的位置信息。这样，攻击者可以通过标签的位置信息获取标签携带者的行踪，比如得出被攻击者的工作地点以及到达和离开工作地点的时间。

虽然利用其他的一些技术（如视频监视、全球移动通信系统、蓝牙等）也可进行跟踪，但是 RFID 标签识别装备相对低廉，特别是在 RFID 进入人们日常生活以后，拥有阅读器的人都可以扫描并跟踪他人。而且，被动标签信号不能切断，尺寸很小，极易隐藏，使用寿命长，可自动识别和采集数据，从而使恶意跟踪更容易。

2. 跟踪问题的层次划分

RFID 系统根据分层模型可划分为 3 层，即应用层、通信层和物理层。恶意跟踪可分别在此 3 个层次内进行。

（1）应用层

应用层处理用户定义的信息（如标识符）。为了保护标识符，可在传输前变换该数据，或仅在满足一定条件时传送该信息。在该层定义标签识别、认证等协议。

通过标签标识符进行跟踪是目前的主要手段。因此，解决方案要求每次识别时改变由标签发送到阅读器的信息，此信息或者是标签标识符，或者是它的加密值。

（2）通信层

通信层定义阅读器和标签之间的通信方式。在通信层定义防碰撞协议和特定标签标识符的选择机制。通信层的跟踪问题来源于 2 个方面：一个方面是基于未完成的单一化会话攻击；另一个方面是基于缺乏随机性的攻击。

防碰撞协议分为确定性协议和概率性协议。确定性防碰撞协议基于标签唯一的静态标识符，对手可以轻易地追踪标签。为了避免跟踪，标识符需要是动态的。然而，如果标识符在单一化过程中被修改，就会破坏标签单一化。因此，标识符在单一化会话期间不能改变。为了阻止被跟踪，每次会话时应使用不同的标识符。但是，恶意的阅读器可让标签的一次会话处于开放状态，使标签标识符不改变，从而进行跟踪。概率性防碰撞协议也存在这样的跟踪问题。另外，概率性防碰撞协议（如 Aloha 协议），不仅要求每次改变标签标识符，而且要求是完美的随机化，以防止恶意阅读器的跟踪。

（3）物理层

物理层定义物理空中接口，包括频率、传输调制、数据编码和定时等。在阅读器和标签之间，交换的物理信号使对手在不理解所交换的信息的情况下，也能区别标签或标签集。

无线传输参数遵循已知标准，使用同一标准的标签发送非常类似的信号，使用不同标准的标签发送的信号很容易区分。可以想象，几年后，我们可能携带嵌有标签的许多物品在大街上行走，如果使用几个标准，每个人就可能带有特定标准组合的标签，这类标准组合使对人的跟踪成为可能。该方法特别有利于跟踪某些类型的人，如军人或安全保卫人员。

类似地，不同无线指纹的标签组合也会使跟踪成为可能。

3. RFID 的安全威胁

RFID 应用广泛，可能引发各种各样的安全问题。在一些应用中，非法用户可利用合法阅读器或者自构一个阅读器对标签实施非法接入，造成标签信息的泄露。在一些金融和证件等重要应用中，攻击者可篡改标签内容，或复制合法标签，以获取个人利益或进行非法活动。在药物和食品等应用中，伪造标签，进行伪劣商品的生产和销售。实际应用中，应针对特定的 RFID 应用和安全问题，分别采取相应的安全措施。

下面根据 EPCglobal 标准组织定义的 EPCglobal 系统架构和一条完整的供应链，分别从纵向和横向来描述 RFID 面临的安全威胁和隐私威胁。

4. EPCglobal 系统的纵向安全和隐私威胁分析

EPCglobal 系统架构及安全和隐私威胁包括标签、阅读器、电子物品编码（EPC）中间件、电子物品编码信息系统（EPCIS）、物品域名服务（ONS）以及企业的其他内部系统。其中 EPC 中间件主要负责从一个或多个阅读器接收原始标签数据，过滤重复、冗余数据；EPCIS 主要保存有一个或多个 EPCIS 级别的事件数据；ONS 主要负责提供一种机制，允许内部、外部应用查找与 EPC 相关的 EPCIS 数据。

从下到上，可将 EPCglobal 整体系统划分为 3 个安全域，即由标签和阅读器组成的无线数据采集区域构成的安全域、企业内部系统构成的安全域、企业之间和企业与公共用户之间供数据交换和查询网络构成的安全区域。个人隐私威胁主要可能出现在第一个安全域，即在标签、空间无线传输和阅读器之间，有可能导致个人信息泄露和被跟踪等。另外，个人隐私威胁还可能出现在第 3 个安全域，如果 ONS 的管理不善，也可能导致个人隐私的非法访问或滥用。安全与隐私威胁存在于如下各安全域：

① 由标签和阅读器组成的无线数据采集区域构成的安全域。可能存在的安全威胁包括标签的伪造、对标签的非法接入和篡改、通过空中无线接口的窃听、获取标签的有关信息以及对标签进行跟踪和监控。

② 企业内部系统构成的安全域。企业内部系统构成的安全域存在的安全威胁与现有企业网一样，在加强管理的同时，要防止企业内部人员的非法或越权访问与使用，还要防止非法阅读器接入企业内部网络。

③ 在企业之间和企业与公共用户之间供数据交换和查询网络构成的安全区域。ONS 通过一种认证和授权机制以及根据有关的隐私法规，保证采集的数据不被用于其他非正常目的的商业应用和泄露，并保证合法用户对有关信息的查询和监控。

5. 供应链的横向安全和隐私威胁分析

一个较完整的供应链及其面对的安全和隐私威胁包括供应链内、商品流通和供应链外等 3 个区域，具体包括商品生产、运输、分发中心、零售商店、商店货架、付款柜台、外部世界和用户家庭等环节。安全威胁有 4 个，隐私威胁有 7 个。

（1）安全威胁

① 工业间谍威胁。从商品生产出来到售出之前的各环节中，竞争对手均可容易地收集供应链数据，其中某些数据涉及产业的最机密信息。例如，一个代理商可从几个地方购买竞争对手的产品，然后监控这些产品的位置补充情况。在某些场合，竞争对手可在商店内或卸货时读取拥有唯一编号的产品标签，非常隐蔽地收集大量的数据。

② 竞争市场威胁。从商品到达零售商店，再到用户使用等环节，携带着标签的物品可使竞争者容易地获取用户的喜好，并在市场竞争中使用这些数据。

③ 基础设施威胁。基础设施威胁包括从商品生产到付款柜台售出等整个环节，这不是 RFID 本身特定的威胁，而是 RFID 成为一个企业基础设施的关键部分时，通过阻塞无线信号，使企业遭到新的拒绝服务攻击。

④ 信任域威胁。信任域威胁包括从商品生产到付款柜台售出等整个环节，这也不是 RFID 特定的威胁，而是因为在各环节之间共享大量的电子数据，所以某个不适当的共享机制将提供新的攻击机会。

（2）个人隐私威胁

① 行为威胁。由于标签标识的唯一性，可以很容易地与一个人的身份相联系，所以可通过监控一组标签的行踪而获取一个人的行为。

② 关联威胁。在用户购买一个携带 EPC 标签的物品时，可将用户的身份与该物品的电子序列号相关联，这类关联可能是秘密的，甚至是无意的。

③ 位置威胁。在特定的位置放置秘密的阅读器，可产生两类隐私威胁。一类是如果监控代理知道那些与个人关联的标签，那么，携带唯一标签的个人就可被监控，他的位置将被暴露；另一类是一个携带标签的物品的位置（无论谁或什么东西携带它）易于未经授权地被暴露。

④ 喜好威胁。利用 EPC 网络，通过物品上的标签可唯一地识别生产者、产品类型、物品的唯一身份。这使竞争（或好奇）者以非常低的成本就可获得宝贵的用户喜好信息。如果对手能够容易地确定物品的金钱价值，那么这实际上也是一种价值威胁。

⑤ 星座（Constellation）威胁。无论个人身份是否与一个标签关联，多个标签均可在一个人的周围形成一个唯一的星座，对手可使用该特殊的星座实施跟踪，而不必知道他们的身份，即前面描述的利用多个标准进行的跟踪。

⑥ 事务威胁。当携带标签的对象从一个星座移到另一个星座时，从与这些星座关联的个人之间，可容易地推导出发生的事务。

⑦ 面包屑（Breadcrumb）威胁。属于关联结果的一种威胁。在收集了个人物品携带的标签信息后，在公司信息系统中就会建立一个与个人的身份关联的物品数据库。当个人丢弃这些"电子面包屑"时，在他们和物品之间的关联不会中断。使用这些丢弃的"面包屑"可实施犯罪或某些恶意行为。

标签复制也是 RFID 面临的一种严重的安全威胁。

二、RFID 安全解决方案

RFID 安全和隐私保护与成本之间是相互制约的。根据自动识别（Auto ID）中心的试验数据，在设计 5 美分标签时，集成电路芯片的成本不应该超过 2 美分，这使集成电路包含门电路数量限制在了 7.5 ~ 15 kb。一个 96 b 的 EPC 芯片需要 5 ~ 10 kb 的门电路，因此，用于安全和隐私保护的门电路数量不能超过 2.5 ~ 5 kb，使得现有密码技术难以应用。优秀的 RFID 安全技术解决方案应该是平衡安全、隐私保护与成本的最佳方案。

现有的 RFID 安全和隐私技术可以分为两大类：一类是通过物理方法阻止标签与阅读器之间的通信，另一类是通过逻辑方法增加标签的安全机制。

1. 物理方法

（1）杀死（Kill）标签

原理是使标签丧失功能，从而阻止对标签及其携带物的跟踪，如在超市买单时的处理。但是，Kill 命令使标签失去了它本身应有的优点。如商品在卖出后，标签上的信息将不再可用，不便于日后的售后服务，以及用户对产品信息的进一步了解。另外，若 Kill 识别序列号（PIN）一旦被泄露，则可能导致恶意者对超市商品的偷盗行为。

（2）法拉第网罩

根据电磁场理论，由传导材料构成的容器（如法拉第网罩）可以屏蔽无线电波，使得外部的无线电信号不能进入法拉第网罩，反之亦然。把标签放进由传导材料构成的容器中，可以阻止标签被扫描，即被动标签接收不到信号，不能获得能量，主动标签发射的信号不能发出。因此，利用法拉第网罩可以阻止隐私侵犯者扫描标签，以获取信息。比如，在货币嵌入 RFID 标签后，可利用法拉第网罩原理阻止隐私侵犯者扫描，避免他人知道你包里有多少钱。

（3）主动干扰

主动干扰无线电信号是另一种屏蔽标签的方法。标签用户可以通过一个设备主动广播无线电信号，用于阻止或破坏附近的 RFID 阅读器的操作。但这种方法可能导致非法干扰，使附近其他合法的 RFID 系统受到干扰，严重的是，它可能阻断附近的其他无线系统。

（4）阻止标签

阻止标签的原理是通过采用一个特殊的阻止标签干扰防碰撞算法来实现的，阅读器读取命令每次总是获得相同的应答数据，从而保护标签。

2. 逻辑方法

（1）Hash 锁方案

Hash 锁是一种更完善的抵制标签未授权访问的安全与隐私技术。整个方案只需要采用 Hash 函数，因此成本很低。

方案原理是阅读器存储每个标签的访问密钥 K，对应标签存储的元身份（MetaID），其中 MetaID=Hash（K）。标签接收到阅读器访问请求后发送 MetaID 作为响应，阅读器查询获得与标签 MetaID 对应的密钥 K 并发送给标签，标签通过 Hash 函数计算阅读器发送的密钥 K，检查 Hash（K）是否与 MetaID 相同，相同则解锁，并发送标签的真实 ID 给阅读器。

（2）随机 Hash 锁方案

作为 Hash 锁的扩展，随机 Hash 锁解决了标签位置隐私问题。采用随机 Hash 锁方案，阅读器每次访问标签的输出信息都不同。

随机 Hash 锁原理是标签包含 Hash 函数和随机数发生器，后台服务器数据库存储所有标签 ID。阅读器请求访问标签，在标签接收到访问请求后，由 Hash 函数计算标签 ID 与随机数 r（由随机数发生器生成）的 Hash 值。标签发送数据给请求的阅读器，同时，阅读器发送给后台服务器数据库，后台服务器数据库穷举搜索所有标签 ID 和 r 的 Hash 值，判断是否为对应标签 ID。标签接收到阅读器发送的 ID 后解锁。

尽管 Hash 函数可以在低成本的情况下完成，但要集成随机数发生器到计算能力有限的低成本被动标签，却是很困难的。其次，随机 Hash 锁仅解决了标签位置的隐私问题，一旦标签的秘密信息被截获，隐私侵犯者就可以获得访问控制权，通过信息回溯得到标签历史记录，推断出标签的持有者隐私。后台服务器数据库的解码操作是通过穷举搜索进行的，需要对所有的标签进行穷举搜索和 Hash 函数计算，因此存在拒绝服务攻击。

（3）Hash 链方案

作为 Hash 方法的一个发展，为了解决可跟踪性的问题，标签使用了一个 Hash 函数，在每次阅读器访问后自动更新标识符，实现前向安全性。

方案原理是标签最初在存储器设置一个随机的初始化标识符 sl，同时，这个标识符也储存在后台数据库中。标签包含两个 Hash 函数 G 和 Ho，当阅读器请求访问标签时，标签返回当前标签标识符 rk=G（sk）给阅读器，同时，当标签从阅读器电磁场获得能量时自动更新标识符 sk+l=H（sk）。

Hash 链与之前的 Hash 方案相比，主要优点是提供了前向安全性。然而，它并不能阻止重放攻击，并且该方案每次识别时，需要进行穷举搜索，比较后台数据库的每个标签，一旦标签规模扩大，后端服务器的计算负担就将急剧增大。因此，Hash 链方案存在着所有标签自更新标识符方案的通用缺点，难以大规模扩展，同时，因为需要穷举搜索，所以存在拒绝服务攻击。

（4）匿名 ID 方案

采用匿名 ID 方案，隐私侵犯者即使在消息传递过程中截获标签信息，也不能获得标签的真实 ID。该方案通过第三方数据加密装置，采用公钥加密、私钥加密或者添加随机数生成匿名标签 ID。虽然标签信息只需要采用随机读取存储器（RAM）存储，成本较低，但数据加密装置与高级加密算法都将导致系统的成本增加。因为在标签 ID 加密以后仍具有固定输出，所以使得标签的跟踪成为可能，存在标签位置的隐私问题。并且该方案的实施前提是阅读器与后台服务器的通信建立在可信通道上。

（5）重加密方案

该方案采用公钥加密。标签可以在用户请求下通过第三方数据加密装置定期对标签数据进行重写。因采用公钥加密，故大量的计算负载超出了标签的能力，通常这个过程由阅读器来处理。该方案存在的最大缺陷是标签的数据必须经常重写，否则即使加密标签 ID 固定输出，也将导致标签定位的隐私泄露。与匿名 ID 方案相似，标签数据加密装置与公钥加密将导致系统成本的增加，使得大规模的应用受到限制。此外，经常地重复加密操作也给实际操作带来困难。

3．法规、政策解决方案

除了技术解决方案以外，还应充分利用和制订完善的法规、政策，加强 RFID 安全和隐私的保护。2002 年，Garfmkel 先生提出了一个 RFID 权利法案，提出了 RFID 系统创建和部署的 5 个指导原则，即 RFID 标签产品的用户具有如下权利：① 用户有权知道产品是否包含 RFID 标签。② 用户有权在购买产品时移除、失效或摧毁嵌入的 RFID 标签。③ 用户有权对 RFID 做最好的选择，如果消费者决定不选择 RFID 或启用 RFID 的 Kill 功能，那么消费者就不应丧失其他权利。④ 用户有权知道他们的 RFID 标签内存储着什么信息，若信息不正确，则有方法进行纠正或修改。⑤ 用户有权知道何时、何地、为什么 RFID 标签被阅读。

第四节　物联网安全体系

物联网相较于传统网络，其感知节点大都部署在无人监控的环境中，具有能力脆弱、资源受限等特点。由于物联网是在现有的网络基础上扩展了感知网络和应用平台，传统网络安全措施不足以提供可靠的安全保障，从而使物联网的安全问题具有特殊性，所以在解决物联网安全问题的时候，必须根据物联网本身的特点设计相关的安全机制。

一、物联网的安全层次模型及体系结构

物联网安全的需求就是物理安全、信息采集安全、信息传输安全和信息处理安全的总和，安全的最终目标是确保信息的机密性、完整性、真实性和网络的容错性，因此，结合物联网分布式联接和管理（DCM）模式，给出相应的安全层次结构，并结合每层安全特点对涉及的关键技术进行系统阐述。

二、感知层安全

物联网感知层的任务是实现智能感知外界信息的功能，包括信息采集、捕获和物体识别。该层的典型设备包括 RFID 装置、各类传感器（如红外传感器、超声传感器、温度传感器、湿度传感器、速度传感器等）、图像捕捉装置（摄像头）、全球定位系统（GPS）、激光扫描仪等。感知层涉及的关

键技术包括传感器、RFID、自组织网络、短距离无线通信、低功耗路由等。

1. 传感技术及其联网安全

作为物联网的基础单元，传感器在物联网信息采集层面能否如愿以偿完成它的使命，成为物联网感知任务成败的关键。传感器技术是物联网技术、应用和未来泛在网的支撑。传感器感知了物体的信息，RFID赋予它电子编码。传感网到物联网的演变是信息技术发展的阶段表征。传感技术利用传感器和多跳自组织网，协作地感知、采集网络覆盖区域中感知对象的信息，并发布给上层。由于传感网络本身具有无线链路比较脆弱、网络拓扑动态变化、节点计算能力、存储能力和能源有限、在无线通信过程中易受到干扰等特点，使得传统的安全机制无法应用到传感网络中。

目前传感器网络安全技术主要包括基本安全框架、密钥分配、安全路由、入侵检测和加密技术等。

① 安全框架主要有 SPIN（包含 SNEP 和 uTESLA 2 个安全协议）、Tiny Sec、参数化跳频、Lisp、LEAP 协议等。

② 加强对传感网机密性的安全控制。在传感网内部，需要有效的密钥管理机制，用于保障传感网内部通信的安全，机密性需要在通信时建立一个临时会话密钥，确保数据安全。例如，在物联网构建中选择射频识别系统，应该根据实际需求考虑是否选择有密码和认证功能的系统。传感器网络的密钥分配主要倾向于采用随机预分配模型的密钥分配方案。

③ 加强对传感网的安全路由控制。几乎所有传感网内部都需要不同的安全路由技术。安全路由技术常采用的方法包括加入容侵策略。传感网的安全需求所涉及的密码技术包括轻量级密码算法、轻量级密码协议、可设定安全等级的密码技术等。

④ 加强入侵监测。一些重要传感网需要对可能被敌手控制的节点行为进行评估，以降低敌手入侵后的危害。敏感场合，节点要设置封锁或自毁程序，发现节点离开特定应用和场所，则启动封锁或自毁程序，使攻击者无法完成对节点的分析。入侵检测技术常常作为信息安全的第二道防线，其主要包括被动监听检测和主动检测两大类。

⑤ 加强节点认证。个别传感网（特别当传感数据共享时）需要节点认证，

确保非法节点不能接入。认证性可以通过对称密码或非对称密码方案解决。使用对称密码的认证方案需要预置节点间的共享密钥，在效率上也比较高，消耗网络节点的资源较少，许多传感网都选用此方案；而使用非对称密码技术的传感网一般具有较好的计算和通信能力，并且对安全性要求更高。在认证的基础上完成密钥协商是建立会话密钥的必要步骤。

⑥应构建和完善我国信息安全的监管体系。目前，监管体系存在着执法主体不集中，多重多头管理，对重要程度不同的信息网络的管理要求没有差异、没有标准，缺乏针对性等问题，对应该重点保护的单位和信息系统无人手实施管控。由于传感网的安全一般不涉及其他网络的安全，因此是相对较独立的问题，有些已有的安全解决方案在物联网环境中也同样适用。但由于物联网环境中传感网遭受外部攻击的机会增大，因此，用于独立传感网的传统安全解决方案需要提升安全等级后才能使用，也就是说对安全的要求更高。

2. RFID 相关安全问题

对 RFID 系统的攻击主要集中于标签信息的截获和对这些信息的破解。在获得了标签中的信息之后，攻击者可以通过伪造等方式对 RFID 系统进行非授权使用。特别是对于没有可靠安全机制的电子标签，将会被邻近的读写器泄漏敏感信息，存在被干扰、窃听、中间人攻击、欺骗、重放、克隆、物理破解、篡改、拒绝服务攻击及 RFID 病毒等安全隐患。通常采用 RFID 技术的网络所涉及的主要安全问题有：①标签本身的访问缺陷。任何用户（授权以及未授权的）都可以通过合法的阅读器读取 RFID 标签。而且标签的可重写性使得标签中数据的安全性、有效性和完整性都得不到保证。②通信链路的安全。③移动 RFID 的安全。

主要存在假冒和非授权服务访问问题。目前，实现 RFID 安全性机制所采用的方法主要有物理方法、密码机制以及二者结合的方法。

三、网络层安全

物联网网络层主要实现信息的转发和传送，它将感知层获取的信息传送到远端，为数据在远端进行智能处理和分析决策提供强有力的支持。考虑到物联网本身具有专业性的特征，其基础网络可以是互联网，也可以是具体的某个行业网络。物联网的网络层按功能可以大致分为接入层和核心层，因此，物联网的网络层安全主要体现在 2 个方面：

1. 来自物联网本身的架构、接入方式和各种设备的安全问题

物联网的接入层将采用如移动互联网、有线网、Wi-Fi 及 WiMAX 等各种无线接入技术。接入层的异构性使得如何为终端提供移动性管理、以保证异构网络间节点漫游和服务的无缝移动成为研究的重点，其中安全问题的解决将得益于切换技术和位置管理技术的进一步研究。另外，物联网接入方式将主要依靠移动通信网络。在移动网络中移动站与固定网络端之间的所有通信都是通过无线接口来传输的。然而无线接口是开放的，任何使用无线设备的个体均可以通过窃听无线信道而获得其中传输的信息，甚至可以修改、插入、删除或重传无线接口中传输的消息，达到假冒移动用户身份，欺骗网络端的目的。因此，移动通信网络存在无线窃听、身份假冒和数据篡改等不安全因素。

2. 进行数据传输网络的相关安全问题

物联网的网络核心层主要依赖于传统网络技术，其面临的最大问题是现有的网络地址空间短缺。主要的解决方法是寄希望于正在推进的互联网协议第 6 版（IPv6）技术。IPv6 采纳 IPsec 协议，在 IP 层上对数据包进行了高强度的安全处理，提供数据源地址验证、无连接数据完整性、数据机密性、抗重播和有限业务流加密等安全服务。但任何技术都不是完美的，互联网协议第 4 版（IPv4）网络环境中的大部分安全风险在 IPv6 网络环境中仍将存在，而且某些安全风险随着 IPv6 新特性的引入将会变得更加严重。首先，分布式拒绝服务攻击（DDoS）等异常流量攻击仍然猖獗，甚至更为严重，主要包括 TCP-flood、UDP-flood 等现有 DDoS 攻击，以及 IPv6 协议本身机制缺陷所引起的攻击。其次，针对域名服务器（DNS）的攻击仍继续存在，而且在 IPv6 网络中提供域名服务的 DNS 更容易成为黑客攻击的目标。再次，IPv6 协议作为网络层的协议，仅对网络层安全有影响，其他（包括物理层、数据链路层、传输层、应用层等）各层的安全风险在 IPv6 网络中仍将保持不变。

此外，采用 IPv6 替换 IPv4 协议需要一段时间，向 IPv6 过渡只能采用逐步演进的办法，为解决两者间互通所采取的各种措施将带来新的安全风险。

四、应用层安全

物联网应用是信息技术与行业专业技术紧密结合的产物。物联网应用层充分体现物联网智能处理的特点，其涉及业务管理、中间件、数据挖掘等技术。考虑到物联网涉及多领域和多行业，因此，广域范围的海量数据信息处理和业务控制策略将在安全性和可靠性方面面临巨大挑战，特别是业务控制、管理和认证机制、中间件以及隐私保护等安全问题上显得尤为突出。

1. 业务控制和管理

① 远程配置、更新终端节点上的软件应用问题。由于物联网中的终端节点数量巨大，部署位置广泛，人工更新终端节点上的软件应用则变得更加困难，远程配置、更新终端节点上的应用则更加重要，因此，需要提高对远程配置和更新时的安全保护能力。此外，病毒、蠕虫等恶意攻击软件可以通过远程通信方式置入终端节点，从而导致终端节点被破坏，甚至对通信网络造成破坏。

② 配置管理终端节点特征时的安全问题。攻击者可以伪装成合法用户，向网络控制管理设备发出虚假的更新请求，使得网络为终端配置错误的参数和应用，从而导致终端不可用，破坏物联网的正常使用。

③ 安全管理问题。在传统网络中，由于需要管理的设备较少，对于各种业务的日志审计等安全信息由各业务平台负责。而在物联网环境中，由于物联网终端无人值守，并且规模庞大，因此，如何对这些终端的日志等安全信息进行管理成为新的问题。

2. 隐私保护

在物联网发展过程中，大量的数据涉及个体隐私问题（如个人出行路线、消费习惯、个体位置信息、健康状况、企业产品信息等），因此，隐私保护是必须考虑的一个问题。

① 隐私威胁。大量使用无线通信、电子标签和无人值守设备，使得物

联网应用层隐私信息威胁问题非常突出。隐私信息可能被攻击者获取，给用户带来安全隐患，物联网的隐私威胁主要包括隐私泄漏和恶意跟踪。

②身份冒充。物联网中存在无人值守设备，这些设备可能被劫持，然后用于伪装成客户端或者应用服务器发送数据信息、执行操作。例如，针对智能家居的自动门禁远程控制系统，通过伪装成基于网络的后端服务器，可以解除告警、打开门禁进入房间。

③抵赖和否认。通信的所有参与者可能否认或抵赖曾经完成的操作和承诺。

当前隐私保护方法主要有 2 个发展方向：一是对等计算（P2P），通过直接交换共享计算机资源和服务；二是语义 Web，通过规范定义和组织信息内容，使之具有语义信息，能被计算机理解，从而实现与人的相互沟通。

3. 应用层信息窃听 / 篡改

由于物联网通信需要通过异构、多域网络，这些网络情况多样，安全机制相互独立，因此应用层数据很可能被窃听、注入和篡改。此外，由于 RFID 网络的特征，在读写通道的中间，信息也很容易被中途截取。

4. 业务滥用

物联网中可能存在业务滥用攻击，例如，非法用户使用未授权的业务或者合法用户使用未定制的业务等。

5. 重放威胁

攻击者发送一个目的节点已接收过的消息，来达到欺骗系统的目的。

6. 信令拥塞

目前的认证方式是应用终端与应用服务器之间的一对一认证。而在物联网中，终端设备数量巨大，当短期内这些数量巨大的终端使用业务时，会与应用服务器之间产生大规模的认证请求消息。这些消息将会导致应用服务器过载，使得网络中信令通道拥塞，引起拒绝服务攻击。

五、物联网安全的非技术因素

目前物联网的发展在我国表现为行业性太强，公众性和公用性不足，重数据收集，轻数据挖掘与智能处理，产业链长，但每一环节规模效益不够，商业模式不清晰的状态。物联网是一种全新的应用，要想得以快速发展，一定要建立一个社会各方共同参与和协作的组织模式，集中优势资源，这样物联网应用才会朝着规模化、智能化和协同化的方向发展。物联网的普及，需要各方的协调配合及各种力量的整合，这就需要国家的政策以及相关立法走在前面，以便引导物联网朝着健康、稳定、快速的方向发展。人们的安全意识教育也将是影响物联网安全的另一个重要因素。

第六章　现代物联网技术应用实践

第一节　智能电网

一、智能电网概述

传统能源日渐短缺和环境污染问题日益严重是人类社会持续发展所面临的重大挑战。为解决能源危机和环境问题，能效技术、可再生能源技术、新型交通技术等各种低碳技术快速发展，并将得到大规模应用。其中低碳技术的大规模应用主要集中在可再生能源发电和终端用户方面，使传统电网的发电侧和用户侧特性发生了重大改变，并给输、配电网的发展和安全运行带来了新的挑战。在这样的发展背景下，智能电网的概念应运而生，并在全球范围内得到广泛认同，成为世界电力工业的共同发展趋势。

1. 智能电网背景

传统能源日益短缺和环境污染日趋严重等问题使得世界各国纷纷大力发展环境友好型新能源，以减少对传统能源的依赖，减少因能源需求对环境的污染，确保社会和经济的可持续发展。风能及太阳能是公认的可规模化开发和利用的新能源。然而，以风能和太阳能为代表的新能源具有随机性和间歇性特征，大量新能源电力集中或分布接入电网，必然会对传统电力系统的安全性和可靠性产生各种不利影响。传统电力系统结构仅适用于接入具有可控且集中发电特征的电源，并经过输电及配电环节将电力从电源端输送到终端负荷用户。大量新能源电力集中或分布接入电网后，其具有的随机性和间歇性特征导致新能源电力的不可控性及波动性，从而使得传统电力系统无法适应大量新能源接入的需求。电网只有智能化后，才能满足大量新能源集中或分布式接入的需要，并确保系统的安全性及可靠性。由此提出了从传统电网转变为智能电网的要求。

2．智能电网的定义

目前，国际范围尚未形成统一的智能电网的定义。国际组织和一些国家性组织从智能电网采用的主要技术和具有的主要特性角度对其进行了描述。欧盟智能电网特别工作组描述的智能电网是可以智能化地集成所有接于其中的用户——电力生产者（Producer）、消费者（Consumer）和产消合一者（Prosumer）的行为和行动，保证电力供应的可持续性、经济性和安全性。

美国能源部在其研究报告中将智能电网描述为利用数字化技术改进电力系统的可靠性、安全性和运行效率。此处的电力系统涵盖大规模发电到输配电网再到电力消费者，包括正在快速发展的分布式发电和分布式储能。

中国国家电网公司将其提出的坚强智能电网描述为以特高压电网为骨干网架、各级电网协调发展的坚强网架为基础，以通信信息平台为支撑，具有信息化、自动化、互动化特征，包含电力系统的发电、输电、变电、配电、用电和调度六大环节，涵盖所有电压等级，实现"电力流、信息流、业务流"的高度一体化融合，具有坚强可靠、经济高效、清洁环保、透明开放和友好互动内涵的现代电网。

从三方对智能电网的描述可以看出，美国强调了数字化技术在智能电网中的重要作用，认为现代数字化技术和新能源技术的结合是智能电网发展的动力，也是带动新型产业发展、增加就业的机遇，而这正是美国发展智能电网的驱动力之一。欧洲主要强调了对 Prosumer 的服务和管理，原因在于欧洲分布式能源和电动汽车发展迅速，配电网面临巨大的压力和挑战，这是欧洲发展智能电网的最主要驱动力之一。中国由于电力工业仍处在快速发展时期，国家电网公司强调在增强电网智能化水平的同时，需要建设坚强的输电网，并强调各级电网协调发展。关于智能电网性能的描述，三方基观点相近，建设经济、环保、安全、高效的新型电网，是中、美、欧盟发展智能电网的共同追求。

3．常用术语

以下将介绍关于智能电网的常用术语：

① 核心电网。它包含由发电到配电的网络，包括初级和次级变电站。

② 邻居区域网络（NAN）。它是指变电站到家庭之间的网络，包括集中器和智能电表。

③ 家庭网络（HAN）。家庭网络包括智能家电、家庭能源控制器（HEC）等。

二、智能电网体系架构

智能电网要求电网资源优化配置、可靠运行、使用灵活，实现电力流、信息流和业务流的高度融合。而电网智能化的基础是信息交互，借用美国标准技术委员会（NIST）智能电网工作组发布的智能电网信息的描述。它共分为 7 个领域，即用户、市场、服务机构、运营、发电、输电和配电。

总的来说，智能电网的主要技术要求如下：

① 具有坚强的电网基础体系和技术支撑体系，能够抵御各类外部干扰和攻击，能够适应大规模清洁能源和可再生能源的接入，电网的坚强性得到巩固和提升。

② 信息技术、传感器技术、自动控制技术与电网基础设施有机融合，可获取电网的全景信息，及时发现、预见可能发生的故障。故障发生时，电网可以快速隔离故障，实现自我恢复，从而避免大面积停电的发生。

③ 柔性交 / 直流输电、网厂协调、智能调度、电力储能、配电自动化等技术的广泛应用，使电网运行控制更加灵活、经济，并能适应大量分布式电源、微电网及电动汽车充放电设施的接入。

④ 通信、信息和现代管理技术的综合运用，将大大提高电力设备使用效率，降低电能损耗，使电网运行更加经济和高效。

⑤ 实现实时和非实时信息的高度集成、共享与利用，为运行管理展示全面、完整和精细的电网运营状态图，同时，能够提供相应的辅助决策支持、控制实施方案和应对预案。

⑥ 建立双向互动的服务模式，用户可以实时了解供电能力、电能质量、

电价状况和停电信息，合理安排电器使用；电力企业可以获取用户的详细用电信息，为其提供更多的增值服务。

为了支撑电力流、信息流和业务流的高度融合，构建以信息化、自动化、数字化、互动化为特征的统一坚强智能化电网，美国电气与电子工程师协会（IEEE）和美国国家标准技术研究院（NIST）联合制定了智能互动电网的标准和互通原则（简称IEEEP2030），在发、输、变、配、用、调度等环节全面实现信息化、自动化、数字化、互动化。

三、智能电网之核心网络

1. 基于智能电网的配电自动化

配电自动化系统根据配电系统具有多大容量可以将其分成3种，分别为大型、中型和小型配电自动化系统。一般情况下，配电自动化系统在选取其类型的过程中必须同实际的要求和目标相比较，也要与未来的发展规模进行结合，必须遵循经济性、可扩展性以及安全稳定性等几项基本原则。配电自动化系统最突出的一个优点是具有非常好的灵活性。变电站在初期建设的过程中可以使用中型配电自动化系统，而且可以装设与之相应的主站、子站和终端等。当需要扩展配电系统的时候，可以在目前主站系统的基础上增加数量，再将其中一个主站作为该系统的中心站。通过不同的层次结构，系统主要分成3个层次。根据实际需要可以将第二层以下结构进行适当的扩展。

自动化系统在配电网中占据着举足轻重的地位，也有着非常高的要求，不但必须安装满足相关标准的开关设备，也要适合目前管理系统的运行要求。

（1）主站自动化系统

主站系统主要包含了3个子系统。第1个子系统为配电主站系统。这个系统中的RTU服务器中包括了主前置服务器。当主前置服务器发生故障的时候，系统能够自动配置一台代替服务器，在一定程度上可以有效保证系统的稳定运行。而以上功能全部通过网络接口保护实现。而子站服务器中，通过与之相关联的交换机，能够给主前置机服务器发送数据信号，而这类数据信号由接收子站接收后再存入本地，从而让数据得到实时共享。第2个子系统为配电应用软件子系统。一般情况下，在已经完成了配电网自动化改造工作后，为使系统满足技术发展要求，必须通过联机调试来测试系统故障恢复的能力，叫配电系统自动化功能。调试前，相应的条件必须已经完成，即已完成主站配置库、系统主站与子站间有正常的通信、FTU 中的功能正常。第3 个子系统为配电管理系统。配电网的功能主要是 AM/FM/GIS，它通过计算机技术与空间数据处理以及电力系统技术相结合，主要通过分析与显示电力设备空间的定位数据，同时也能够分析相应的属性资料。其中，AM 为自动绘图系统，FM 为设备管理系统，GIS 为地理信息系统，而这三者结合在一起就成为 DMS 基本平台，并通过建立的 DMS 信息数据库为子系统提供一些共享资料。其优点主要包括：提供的资料的冗余度较小且具备统一性，还有非常人性化的标准操作界面。除此之外，通过 GIS 系统的应用，电力系统具有了一种新颖的表示方法，具备了非常直观的特征，而且加强了管理空间的能力。

（2）子站自动化系统

配电系统中需要监控很多电气设备，其中与配电主站直接关联的设备监控难度比较大。所以，必须通过中间级进行监控，而中间级就是配电子站系统。配电子站的主要功能是采集数据以及监控系统。除此之外，还可以实时监控传输到配电主站的通信处理器内的实时数据，这样做不但可以节约主干通道，也可以让配电自动化的主站顺利承载自动化的结果。

（3）终端系统自动化

对于城市配电系统来说，其终端系统自动化的功能主要是实时监控系统中的各类设备，例如，柱上开关或者配电变压器等设备，它不但需要完成遥测、遥控以及遥调的功能，还必须识别和控制系统出现的故障，通过配合主站和子站，检测和优化电力系统的实时运行状态，而后重新构造网络隔离故障。根据相关的要求，改造终端系统的方案主要有以下 3 个方面：① 改造数据集中器。② 改造开闭所自动化终端。③ 改造柱上自动化终端。

2. 基于物联网的输电线路在线监测系统

符合智能电网要求的输电线路状态信息至少应当包括基础信息、运行信息、灾害预警信息和环境监视信息 4 个方面。

（1）检测系统的基本结构

输电线路状态监测系统的结构可以分为应用系统、数据中心和数据应用3个层次。

应用系统层由多个单独的应用系统组成，每个单独的应用系统反映线路运行状况的一个方面，如线路增容系统、视频监测系统、雷电定位系统等。这些应用系统有的已用于生产管理，但彼此独立，不利于发挥综合优势，输电线路监测中心建设时将根据标准化改造方案进行统一改造。

数据中心层将上层各独立应用系统的数据集成起来，进行统一管理、集中处理、综合分析，实现多系统的数据融合。

数据应用层能够基于实时监测数据建立输电线路的虚拟现实模型，并利用三维平台构建线路关键点的虚拟现实对象，实现监测系统的可视化。数据应用层将采用 B/S 架构，用户机可采用浏览器查询各类数据信息，并进行自主分析，实现对生产管理的辅助决策支持。

（2）系统的通信方式

建立输电线路状态监测系统需要了解输电线路沿线的情况，包括数据和图像等内容，这些信息的传输需要大容量信道的支持，为了保证通信通道的可靠性和鲁棒性，考虑采用光纤复合架空地线（Optical Fiber Composite Overhead Ground Wire，OPGW）冗余的纤芯中的 4 根组成通信系统，并结合两变电站间的同步数字体系（Synchronous Digital Hierarchy，SDH）设备构建光纤自愈环网拓扑结构。

OPGW 通信系统依托 OPGW 内部的冗余光纤传输通道，使用光纤交换机作为现场 OPGW 接入装置，通过多个光纤交换机级联组成 OPGW 通信系统环网，在杆塔上提供以太网方式的 100M 的数据接入服务，对于没有 OPGW 接续盒的杆塔则采用无线 Wi-Fi 的方式进行数据中继，这样可以使分布在各个杆塔上的在线监测装置能够使用以太网进行数据传输，保证整个通信系统 24 h 不间断工作。

3. 基于云计算的智能电网信息平台

（1）基于云计算的智能电网信息平台的体系结构

参照云计算技术体系结构，并结合智能电网信息平台的实际需要，可将云计算技术引入智能电网信息平台。

基于云计算的智能电网信息平台技术架构应该包括 4 个层次，即基础设施层、平台层、业务应用层与服务访问层。

① 基础设施层。它是经虚拟化后的硬件资源和相关管理功能的集合，通过虚拟化技术对计算机、存储设备与网络设备等硬件资源进行抽象，实现内部流程自动化与资源管理优化，包括数据管理、负载管理、资源部署、资源监控与安全管理等，从而向外部提供动态、灵活的基础设施层服务，包括系统管理、用户管理、系统监控、镜像管理与账户计费等。

② 平台层。它是具有通用性和可重用性的软件资源的集合，为云应用提供软件开发套件（SDK）与应用编程接口（API）等开发测试环境，Web服务器集群、应用服务器集群与数据库服务器集群等构成的运行环境，以及管理监控的环境。通过优化的"云中间件"，能够更好地满足电力业务应用在可伸缩性、可用性和安全性等方面要求。

③ 业务应用层。它是云上应用软件的集合，对于智能电网信息平台而言，这些软件包括电力安全生产与控制、电力企业经营管理和电力营销与市场交易等领域的业务软件，以及经营决策智能分析、管理控制智能处理与业务操作智能作业等智能分析软件。

④ 服务访问层。它作为一种全新的商业模式，云计算以 IT 为服务的方式提供给用户使用，包括基础设施即服务 IaaS、平台即服务（PaaS）和软件即服务（SaaS），能够在不同应用级别上满足电力企业用户的需求。IaaS 为用户提供基础设施，满足企业对硬件资源的需求；PaaS 为用户提供应用的基本运行环境，支持企业在平台中开发应用，使平台的适应性更强；SaaS 提供支持企业运行的一般软件，使企业能够获得较快的软件交付，以较少的 IT 投入，获得专业的软件服务。

考虑到智能电网信息平台规模庞大、业务种类众多，在实现过程中，可以结合业务的特点与实际需要，进行必要的简化设计。下面以上述基于云计算的智能电网信息平台的体系结构为基础，以智能电网信息平台中的电力设备状态监测作为切入点，研究智能电网状态监测云计算平台的实现。

4. 智能电网状态监测云计算平台的设计

针对智能电网状态监测的特点，结合 Hadoop 开源云计算技术，提出智能电网状态监测的云计算平台，采用廉价的服务器集群，借助虚拟机实现资源的虚拟化，采用分布式的冗余存储系统以及基于列存储的数据管理模式来存储和管理数据，保证智能电网海量状态数据的可靠性和高效管理。另外，设计基于 MapReduce 的状态数据并行处理系统可以为状态评估、诊断与预测提供高性能的并行计算能力以及通用的并行算法开发环境。

为了充分利用目前各省或地区供电公司闲置的大量服务器资源，采用廉价的服务器集群，由于不要求服务器类型相同，可以大幅降低建设成本，并借助虚拟机实现资源的虚拟化，提高设备的利用率。虽然，廉价服务器集群性价比高，但是机器故障率大，因此，采用分布式的冗余存储系统来存储数据以保证数据的可靠性，用高可靠的软件来弥补硬件故障率大的缺陷。

智能电网使状态监测数据向高采样率、连续稳态记录和海量存储的趋势发展，远远超出传统电网状态监测的范畴。不仅涵盖一次系统设备，还囊括了二次系统设备；不仅包括实时在线状态数据，还应包括设备基本信息、试验数据、运行数据、缺陷数据、巡检记录、带电测试数据等离线信息。数据量极大，可靠性和实时性要求高。以绝缘子泄漏电流监测为例，假设 10 ms 采集 1 次数据，1 个杆塔在 1 个月内就达到了 2.5 亿条数据记录，对于关系数据库来说，在一张有 2.5 亿条记录的表内进行结构化查询语言（SQL）的查询，效率极其低下乃至不可忍受。因此，不采用传统的关系数据库，而采用基于列存储的数据管理模式，来支持大数据集的高效管理。

智能电网需要在状态数据基础上进行各种电力系统计算与应用，如状态诊断、预测评估、状态评价、风险评估、检修策略、检修维护等。基于 MapReduce 的状态数据并行处理系统，可以为状态评估、诊断与预测提供高性能的并行计算能力以及通用的并行算法开发环境，主要由算法调用和任务管理两部分组成。算法调度采用插件的形式调用第三方开发者实现的各种算法，例如模糊诊断、灰色系统诊断、小波分析、神经网络以及阈值诊断等。任务管理实现基于 MapReduce 并行模型的任务管理、调度和监控系统。MapReduce 并行算法可以跨越大量数据节点将任务进行分割，使得某项任务可被同时分拆在多台机器上执行，能够在很多种计算中达到相当高的效率，而且可扩展。

四、智能电网之智能电表

电表通过增加新的特性使得其功能大大增强，新的电表不需要像以前的电表一样，计量管理需通过定期对每个电表进行人工读数。

智能电表第一个增强的特性为自动抄表，包括对电表增加通信功能，使得电表能够自动采集并监控电量消耗、负荷曲线、报警，并实现自动计费等功能。此外，实时功耗能够为用户提供准确的实时计费而不是使用历史数据和预测。

智能电表进一步为电表增加更多的高级功能，例如，电能质量监测和故障报告的感知，从而有了先进计量基础设施（AMI）的概念。

通过无数的新兴应用，例如动态定价、需求响应（DR），以及通过先进的传感能力实现的网格监控，使得智能电表和中控系统之间实现真正的双向通信。动态定价和需求响应允许程序执行分级卸载，从而优化他们的基础设施。虽然动态定价可由智能电表提供给最终用户（例如，部署有 HEC 的家庭），动态需求响应信号也支持通过互联网等其他方式获得。双向通信是 AMI 网络先进服务支持的基础。下面将列出智能电表与中央 SCADA 应用之间信息交互内容，如动态定价、负荷曲线、断路器驱动、对计量故障关闭和延迟、报警重设以及在断路重新开启之前的通信延时等。

SCADA 应用从智能电能表接收到的数据有每小时功耗的价格（每千瓦的价格）、启动报警、历史报警日志、电源电池剩余寿命、电量数据、断路器状态、智能电表参数（如编号、制造商、电表类型等）。此外，智能电表还可以用于提供如下一些额外的公共事业类的服务：① 地理信息系统，跟踪电表的位置，仪表连接阶段，自动检测在低压网络上的变化，自动将数据上传至新加入的电表中。② 网格监控，智能电表是网格的一部分，因此可以用于电网监控。例如，它可以发出警报从而帮助排查本地故障，或检测断路器所不能反馈的电压的相位缺失。③ 实时报告附近停电状况，进行故障定位（网络与私人报告的对比）。④ 由于智能电表也是一个传感装置，它可用于提供任一相位上的负载曲线给网络工程师，以减少消耗与压降。

智能电表将在未来进行大规模部署，并实现支持范围广泛的服务，如实时功耗监视，可在任何给定的时间内监测最大数量的功率改变的能力，打开和关闭电源的能力，停电自动检测等。

目前在日本，智能仪表配备有各种感知能力。在美国杜克能源、PGE 和其他几个公用事业部署数以百万计的智能电表，它们具有先进的 AMI（高级计量架构）功能，如近实时的功率消耗、动态定价等。其他一些国家也开始了类似的大范围的部署（如法国、英国、爱尔兰、德国、澳大利亚、新西兰、土耳其等）。智能电表不仅限于电气仪表，它也适用于水表及煤气表（由于本章致力于智能电网，我们主要集中在电气仪表）。

五、智能电网之家庭网络

1. 用电信息采集系统

用电信息采集系统是建设智能电网的物理基础，其应用高级传感、通信、自动控制等技术，实现数据采集、数据管理、电能质量数据统计、线损统计分析，及时采集、掌握用户用电信息，发现用电异常情况，对电力用户的用电负荷进行监测和控制，为实现阶梯电价、智能费控等营销业务和策略提供了技术支持。

基于物联网的智能用电信息采集系统总体架构，利用无线传感网络、电力线宽带通信、TD-SCDMA 以及电力专用宽带通信网络，建设以双向、宽带通信信息网络及 AMI 为基本特征的用电信息实时采集与管理应用系统，实现计量装置在线监测和用户负荷、电量、计量状态等重要信息的实时采集，及时、完整、准确地为电力营销信息系统及智能配电网络提供基础数据。

系统主要由后台主站、集中器、智能采集网关、智能电表及远程通信信道 4 部分构成。集中器、智能采集网关均通过耦合器，将电力线宽带通信信号耦合到电力线上。

第二节 工业物联网

一、工业物联网概述

1．工业物联网的发展历程

工业物联网作为一种在实时性与确定性、可靠性与环境适应性、互操作性与安全性、移动性与组网灵活性等方面满足工业自动化应用需求的无线通信技术，它为现场仪表、控制设备和操作人员间的信息交互提供了一种低成本的有效手段。在计算机、通信、网络和嵌入式技术发展的推动下，经过几个阶段的发展，工业物联网技术正在逐渐成熟并被广泛应用。

第 1 阶段，20 世纪六七十年代模拟仪表控制系统占主导地位，现场仪表之间使用二线制的 4 ～ 20 mA 电流和 1 ～ 5 V 电压标准的模拟信号通信，只是初步实现了信息的单向传递。其缺点是布线复杂、抗干扰性差。虽然目前仍有应用，但随着技术的进步，最终将被淘汰。

第 2 阶段，集散控制系统（Distributed Control System，DCS）于 20 世纪八九十年代占主导地位，实现分布式控制，各上下机之间通过控制网络互连实现相互之间的信息传递。现场控制站间的通信是数字化的，数据通信标准 RS-232、RS-485 等被广泛应用，克服了模拟仪表控制系统中模拟信号精度低的缺陷，提高了系统的抗干扰能力。

第 3 阶段，现场总线控制系统（Fieldbus Control System，FCS）在 21 世纪初占主导地位，FCS 采用全数字、开放式的双向通信网络将现场各控制器与仪表设备互连，将控制功能彻底下放到现场，进一步提高了系统的可靠性和易用性。同时，随着以太网技术的迅速发展和广泛应用，FCS 已从信息层渗透到控制层和设备层，工业以太网已经成为现场总线控制网络的重要成员，逐步向现场层延伸。

第 4 阶段，随着组网灵活、扩展方便、使用简单的工业无线通信技术的出现，智能终端、泛在计算、移动互连等技术被应用到工业生产的各个环节，实现了对工业生产实施全流程的泛在感知和优化控制，为提高设备可靠性与产品质量、降低生产与人工成本、节能降耗、建设资源节约与环境友好型社会、促进产业结构调整与产品优化升级等提供了有效手段。

2009年12月至2012年2月，美国先后拿出《重振美国制造业框架》《先进制造业伙伴计划》和《先进制造业国家战略计划》3个方案，鼓励制造企业重返美国。同时，美国"智能制造领导联盟"发起倡议致力于制造业的未来，目标是让制造业的利益相关者形成协同研发、实作及推广的团体，可以发展出相关的方法、标准、平台，及共享的基础架构，促进智能化制造的推动与广泛采用。

德国政府提出"工业4.0"战略，并在2013年4月的汉诺威国际工业博览会上正式推出，其目的是为了提高德国工业的竞争力，在新一轮工业革命中占领先机。该战略已经得到德国科研机构和产业界的广泛认同，弗劳恩霍夫协会将在其下属六七个生产领域的研究所引入"工业4.0"概念，西门子公司已经开始将这一概念引入其工业软件开发和生产控制系统。德国学术界和产业界认为，"工业4.0"概念即是以智能制造为主导的第4次工业革命，或革命性的生产方法。该战略旨在通过充分利用信息通信技术和CPS相结合的手段，将制造业向智能化转型。

韩国政府预见到以物联网为代表的信息技术产业与传统产业融合发展的广阔前景，持续推动融合创新。2014年，韩国贸易工业能源部和韩国未来创造科学部分别提出"智能制造创新3.0计划"和"互联智能工厂计划"。该计划提出利用信息技术与工业技术的高度融合，网络、计算机技术、信息技术、软件与自动化技术的深度交织产生新的价值模型，在制造领域，这种资源、信息、物品和人相互关联的智能制造全互联网系统。

近年来，党中央和国务院提出了大力推进信息化与工业化深度融合，走中国特色新型工业化道路，促进经济发展方式转变和工业转型升级的战略决策。2014年3月，国家主席习近平访问德国，在《法兰克福汇报》发表的署名文章中重点提到"德国工业4.0"战略。中德合作将会有更多契合点，获得新动力。2014年10月，李克强总理访问德国，宣布了中德两国将开展"工业4.0"合作。从2011年起，重庆邮电大学与总部设在德国的国际性工

业自动化用户协会（NAMUR）在工业物联网领域展开合作，并翻译出版了
NAMUR NE133《无线传感网：融合的单一标准用户需求》。双方在工业无
线融合标准、工业物联网领域保持了长期的合作关系。2015 年，双方达成共
识，将利用重庆邮电大学国家级工业物联网国际科技合作基地及 NAMUR 的
平台，合作推动工业物联网及"工业 4.0"的相关标准化工作，进一步推动
中德工业物联网的合作和发展。2015 年，《中国制造 2025》上升为国家战略。

　　2. 工业物联网面临的挑战与机遇

　　从全球经济和信息产业发展趋势来看，物联网时代即将来临。物联网依
托物品识别、传感和传动、网络通信、数据存储和处理、智能物体等技术形
成庞大的产业群。初步预测，未来十年，我国物联网重点应用领域的投资将
达 4 万亿元人民币，产出达 8 万亿元人民币，创造就业岗位 2500 万个。改
革开放以来，中国经济的快速增长为物联网产业发展提供了坚实的物质基础。
再加上良好的产业环境、趋于成熟的技术条件和广阔的市场空间，物联网在
中国正面临着前所未有的历史机遇。

　　工业物联网通过 IoT（物联网）与 IoS（服务联网）的融合来改变当前
的工业生产与服务模式，将各个生产单元全面联网，实现物与物、人与物的
实时信息交互与无缝链接，使生产系统按照不断变化的环境与需求进行自我
调整，从而大幅提升生产效率、降低能耗。

　　与此同时，也面临着如下挑战：

　　① 现场设备级的挑战。现场设备级挑战主要与能耗、体积大小、成本有关。
工业物联网（工业无线）严格的能耗限制对硬件、软件、网络协议甚至网络
架构都有重要的影响。节点级资源限制也与网络级有着密切的关系。由于每
个智能物件中内存大小的限制，网络协议应根据节点能力进行设计和调整。

　　② 网络级的挑战。单一的无线通信技术不能满足所有需求，IP 协议的
优势使其在自动化网络中的使用成为趋势。然后现场网络大规模的特性使节
点编址变得复杂化。在一个大规模的网络中，每一个节点必须都是可寻址的，
这样才能发送消息给它。为了让每个节点在大规模网络中拥有一个独立地址，
地址必须足够长，但基于 IPv6 的工业物联网的解决方案目前还比较欠缺。
同时，无线通信技术所面临的最大问题之一是无线通信技术方案运行起来是

非常困难的，无线设备的物理位置是由监控装置或控制装置所决定，并非由好的无线电通信环境所决定，这也大大影响了无线系统的性能。另外，网络安全也是工业物联网面临的另一大挑战。

③ 互联互通的挑战。对于工业物联网来说，互通性涉及多个方面。智能物件从物理层直到应用层或集成层都需要互通。当来自不同供应商的设备需要在物理层上相互通信时，物理层需要实现互通性，例如，通信使用的物理频率、物理信号承载的调制方式以及信息的传输速率。在网络层，节点通过物理信道发送和接收的信息格式、节点编址方式以及消息通过网络传输方式形成一致。在应用层或集成层，智能设备必须在网络中的数据输入和提取以及外部系统应该怎样联系智能物件方面达成共识。

④ 标准化。标准化是智能物件成功运行的一个关键因素。工业物联网系统不仅以大量的设备和应用为特征，还有大量为此技术工作的团体、厂商、公司。离开了标准化，设备制造商和系统集成商将需要在每个已安装的系统上重新建立新的系统；另一种选择是制造商和集成商使用同一供应商的专有技术。有了与供应商、生产者和用户独立开来的标准化技术。任何一个供应商都可以自由地选择基于该技术的系统，设备制造商和系统集成商也可以将其系统构建在任意供应商的技术上。

二、工业物联网体系架构

典型的物联网系统架构共有 3 个层次：① 感知层，即利用 RFID（射频识别）、传感器、二维码等随时随地获取物体的信息。② 现场管理层。③ 网络层，通过电信网络与互联网的融合，将物体的信息实时准确地传递出去。④ 应用层，把感知层得到的信息进行处理，实现智能化识别、定位、跟踪、监控和管理等实际应用。

在工业环境的应用中，工业物联网面临着与传统的物联网系统架构的 2 个主要的不同点：① 在感知层中，大多数工业控制指令的下发以及传感器数据的上传需要有实时性的要求。在传统的物联网架构中，数据需要经由网络层传送至应用层，由应用层经过处理后再进行决策，对于下发的控制指令，需要再次经过网络层传送至感知层进行指令执行过程。由于网络层通常采用的是以太网或者电信网，这些网络缺乏实时传输保障，在高速率数据采集或者进行实时控制的工业应用场合下，传统的物联网架构并不适用。②在现有的工业系统中，不同的企业有属于自己的一套数据采集与监视控制系统（Supervisory Control and Data Acquisition，SCADA）系统，在工厂范围内实施数据的采集与监视控制。SCADA 系统在某些功能上，会与物联网的应用层产生重叠，如何把现有的 SCADA 系统与物联网技术进行融合，例如，哪些数据需要通过网络层传送至应用层进行数据分析；哪些数据需要保存在 SCADA 的本地数据库中；哪些数据不应该送达应用层，它们往往会涉及部分传感器的关键数据或者系统的关键信息，只由工厂内部进行处理。

工业物联网的典型系统架构与传统的物联网架构相比，架构中增加了现场管理层。现场管理层的作用类似于一个应用子层，可以在较低层次进行数据的预处理，是实现工业应用中的实时控制、实时报警以及数据的实时记录等功能所不可或缺的层次。

1. 感知层

感知层由现场设备和控制设备组成，主要进行工业机器信息的感知以及控制指令的下发。现场设备主要包括温度传感器、湿度传感器、压力传感器、射频识别、电动阀门、变送器、工业摄像头等，这些设备直接与工业机器相连，担当着感知控制过程的末梢机构。控制设备主要指可编程逻辑控制器（Programmable Logic Controller，PLC）等控制器，在工业系统中，PLC 等控制器用于实现较底层的高速实时的控制功能，对于工业控制尤为重要。控制设备与现场设备组成了现场总线控制网络，如常用的控制器局域网络（Controller Area Network，CAN）总线、现场总线（Process Field Bus，Profibus）网络等。值得一提的是，工业无线传感器网络（Wireless Sensor Networks，WSN）作为物联网技术的重要组成部分，通过网关可与现有的现场总线网络并存。无线传感器网络以其高可靠、低成本、易扩展等优势被广泛应用于感知层的实现中，在环境数据感知、工业过程控制等领域发挥着巨大作用。

2. 现场管理层

现场管理层主要指工厂的本地调度管理中心，即如上文所述的 SCADA 系统。调度管理中心充当着工业系统的本地管理者以及工业数据对外接口提供者的角色，一般包括工业数据库服务器、监控服务器、文件服务器及 Web 网络服务器等设备。现场管理层作为区别于传统物联网系统架构的一个层次，在工业物联网系统中起着重要作用。现场管理层融合了现有的工业监控系统，它的存在使得来自感知层的部分关键工业数据能得到及时的记录与处理，对于一些对实时性有要求的较底层的过程控制指令，它能快速响应，及时做出控制决策。另一方面，现场管理层起到了对外提供数据接口的作用，通过数据库服务器以及 Web 网络服务器，调度管理中心可以把来自工厂内部的数据通过网络层发布到应用层，应用层可以透明访问到不同工业机器上的感知信息，对进一步的数据分析工作起到了重要作用。

3. 网络层

网络层利用电信网或者以太网，为工厂的本地数据以及在远端的数据分析中心搭建起传输通道，使得数据可以随时随地进行传送。

4. 应用层

应用层是工业物联网的最终价值体现者。应用层针对工业应用的需求，与行业专业技术深度融合，利用大数据处理技术对来自感知层的数据进行分析，主要包括对生产流程的监视，对工业机器运行状况的跟踪、记录等，最终产生对企业、行业发展有指导意义的结果，如优化生产流程、指导生产管理、提高经营效率、预测行业发展等，实现广泛的智能化。不同的企业之间更能互相共享大数据的分析处理结果，对于促进企业间协同生产、优化社会产业结构、提高社会整体生产力有着巨大作用。

在各个层次之间，数据信息可以双向交互传递。例如，应用层对于生产流程的优化结果，可以产生相应的控制指令，并反向作用于感知层的各个传感器和控制器，使得工业机器能按照优化后的作业流程开展生产过程，实现智能化生产。

三、工业物联网标准和关键技术

1. 工业无线技术

工业无线技术是一种新兴的、面向设备间信息交互的无线通信技术，适合在恶劣的工业现场环境使用，具有抗干扰能力强、能耗低、通信实时性好等特征，是一类特殊的传感器网络。近年来，无线技术得到了迅猛的发展，成为工业通信市场的增长点，引起了越来越多人的关注。根据美国权威咨询机构国际数理统计学会（IMS）2009年的预测，工业无线市场潜力巨大，未来五年工业无线应用将保持高速增长，预计2010年工业无线设备的安装数将突破100万台，到2013年可达到400万台，年平均增长率超过50%。为什么工业无线技术发展如此迅速？这跟它本身特有的优点是分不开的。它的优点有以下几个方面：

① 在工业环境中，用户经常遇到在某些恶劣条件下设备只能通过铜缆连接或者根本无法进行连接的情况。这种情况多发生在需要向运动、旋转或者移动着的设备传输数据的应用中。使用机械的方法难以满足数据传输质量的高要求，这是因为存在持续的机械损耗和相应的电缆磨损。

② 在过程工程系统中，由于距离太远或范围难以达到，从传感器中采集数据相当费力。而且为了在扩展系统中包含其他设备，供水和电力等行业运营时通常缺少通信基础设施。由于这些系统在最近几十年中不断发展，问题通常来自老旧的电缆。使用无线I/O和无线串口可以避免高昂的电缆安装和故障维护费用。

③ 在许多工业应用中，由于临时性或移动性等因素，通常只在一段时间内需要电气安装。因此，每种特别应用下的电气设备都不得不拆卸后再重新安装。如果通过电缆传输来自传感器和自动化设备的数据，将会耗费大量的时间和金钱。电气连接部分的频繁连接和断开会导致更高的磨损率，从而引起故障。使用无线I/O和无线串口进行无线传输极大削减了这些方面费用。

④ 如果要运行一台大型机器或装置，或者需要对其进行维护，通常希望能够自由移动功能单元而不受电缆的影响。此时，无线串口和无线以太网是利用无线技术将笔记本、掌上电脑（PDA）等移动终端连接到系统网络的

理想选择。无论何时何地，始终能够获得所有相关数据，从而提升工厂的可用性和生产力。

⑤ 无线技术为临时安装提供了额外的优越性，如那些需要频繁变动和改进的应用，以及在对距离非常远或者难以访问的单独设备的应用，无线技术也具有一定的优势。

2. 工业无线标准情况

当前，在工业物联网领域已形成三大国际标准，分别是由我国自主研发的面向工业过程自动化的工业无线网络标准技术（Wireless Networks for Industrial Automation Process Automation，WIA-PA）标准、由国际自动化协会（International Society of Automation，ISA，原美国仪器仪表协会）发布的ISA100.lla 标准和由可寻址远程传感器高速通道的开放通信协议（Highway Addressable Remote Transducer，HART）基金会发布的 WirelessHART 标准。

ISA 从 2005 年便开始启动工业无线标准 ISA100.lla 的制定工作，ISA100 委员会致力于通过制定该领域的一系列标准、建议规范、技术报告来定义工业自动化控制环境下的无线系统实现技术。考虑到技术的广泛覆盖，ISA100 委员会已成立了若干工作组分别从事不同的具体任务。目前，国内仅有两家单位（重庆邮电大学、北京科技大学）具有 ISA100 的投票权。ISA100.11a 标准可解决与其他短距离无线网络的共存性问题，以及无线通信的可靠性和确定性问题，其核心技术包括精确时间同步技术、自适应跳频信道技术、确定性调度技术、数据链路层子网路由技术和安全管理方案等，并具有数据传输可靠、准确、实时、低功耗等特点。

WirelessHART（Wireless HART）标准是 HART 通信协议的扩展，专为工业环境中的过程监视和控制等应用所设计。WirelessHART 标准在 2007 年6 月，经 HART 通信基金会批准，作为 HART7 技术规范的一部分，加入了总的 HART 通讯信议族中。国际电工委员会于 2010 年 4 月批准发布了完全国际化的 WirelessHART 标准 IEC 62591 （Ed. 1.0），是第一个过程自动化领域的无线传感器网络国际标准。该网络使用运行在 2.4 GHz 频段下的无线电 IEEE802.15.4 标准，采用直接序列扩频（DSSS）、通信安全与可靠的信道跳频、时分多址（TDMA）同步、网络上设备间延控通信（Latcncy-controlled

Communications）等技术。

中国科学院沈阳自动化研究所、重庆邮电大学等单位抓住工业设备无线化的机会，从 2006 年开始联合制定我国自主的工业无线国家标准 WIA-PA，并将该标准提交到国际电工委员会（International Electrotechnical Commission，IEC）。WIA-PA 已于 2011 年正式成为 IEC62601 国际标准。它的研发成功，为我国推进工业化与信息化相融合提供了一种新的高端技术解决方案，也标志着我国在工业无线通信技术领域的研发已处于世界领先地位。WIA-PA 协议与另外两种标准相比，在规模可扩展性、抗干扰性和低能耗运行等关键性能方面具有明显优势，在拓扑结构、自适应跳频等方面具有创新性。

从上述可知，工业无线领域形成了 ISA1OO.11a、WirelessHART、WIA-PA 等 3 个标准共存的局面，由此带来了标准之间互通性差、多标准支持设备研发周期长、成本高等问题。为此，以 NAMUR 为首的用户组织经过研究发布了 NE133（《无线传感器网络：对现有标准的融合需求》）报告，希望 3 种工业无线国际标准能够融合为单一的标准，从而方便全球工业物联网设备和网络的部署。为了响应用户需求，国际上成立了融合工作组（Heathrow Wireless Convergence Team）负责融合技术的研究与标准制订。基于重庆邮电大学在工业无线领域的技术优势，该校的成员成为国际工业无线融合标准 Heathrow 工作组 5 人小组成员和技术融合工作组核心成员，长期参与工业无线融合技术标准的制定。2011 年至今，Heathrow 工作组总体组和技术组协调工作，已经起草了意见书，完成了议事规则的制定，完成了对 3 个标准的前期分析及融合框架和路线图的制定，正在积极推进相关工作。

3．工业以太网技术

近几年，以太网广泛应用于工业领域，其原因主要是以太网技术的发展使得阻碍以太网应用于工业环境的难题逐渐得到解决，表现在以下几个方面：

① 电缆从难于应用的昂贵 10BASE-5 发展到细缆 10BASE-2，再到现在常用的双绞线 10BASE-T。抗干扰能力强的双绞线的应用提高了以太网运行于工厂环境的能力。

② 以太网通信速度一再提高，从 10 Mbit/s 提高到 100 Mbit/s，目前，

1000 Mbit/s 以太网已在城域网、局域网中普遍使用。10 Gbit/s 以太网也正在研制。对于同样的通信量，通信速度的提高意味着网络负荷的减轻，而减轻网络负荷则意味着提高确定性，这使以太网有能力满足实时性的要求。

③ 交换技术的快速发展已经消除了应用于控制领域的障碍。交换式以太网技术产生于 1992 年，它使得多个网上设备之间同时进行通信时不会发生冲突。

④ 以太网可以克服现场总线不能与计算机网络技术同步发展的弊病。以太网作为现场总线，尤其是高速现场总线结构的主体，可以避免现场总线技术游离于计算机网络技术的发展之外，使现场总线技术与计算机网络技术很好地融合而形成相互促进的局面。

⑤ 以太网是当今最流行、应用最广泛的通信网络，具有价格低、多种传输介质可选、高速度、易于组网应用等优点，而且其运行经验最为丰富，拥有大量安装维护人员。

⑥ 现场总线标准的特点是通信协议比较简单，通信速度比较低。如基金会总线（FF）的 HI 和 PROFIBUS-PA 的传输速度仅为 31.25 Kbit/s，但随着仪器仪表智能化程度的提高，传输的数据将趋于复杂，未来传输的数据可能已不满足于几个字节，甚至是网页，所以网络传输的高速度在工业控制中越来越重要。以太网以其廉价、高速、方便的特性受到青睐。

将以太网应用于工业领域的目的是形成一个真正的开放式协议，实现不同厂商的以太网产品的互连。下面是 2 种目前常用的工业以太网协议：

① MODBUS/TCP 协议。该协议是施耐德自动化公司 1999 年公布的，是把 MODBUS 总线协议捆绑在 TCP 协议上形成的。TCP 和 MODBUS 在工业界得到了广泛的应用，因此易于实施、能够实现互连。但它存在很大局限性，MODBUS 不支持一些正在被广泛应用的网络新技术，如基于对象的通信模型等。

② 现场总线基金会的 HSE 协议。现场总线基金会在 1998 年将快速以太网作为它的 H2 网的基本协议，形成了高速以太网（High Speed Ethernet，HSE）协议。HSE 被认为是能够应用于现场设备级的协议，主要用在过程控制领域。

四、工业物联网的发展趋势

1. 工业物联网体系架构变革

传统控制系统通常分层结构虽能较好地满足工业现场的应用需求，却无法实现底层现场控制网与互联网的无缝融合，限制了现场层、制造企业生产过程执行管理系统（Manufacturing Execution System，MES）、企业资源计划（Enterprise Resource Planning，ERP）的一体化信息集成，影响信息的传递效率和准确性。工业物联网的体系架构变革将使生产系统从分层、顺序结构变为平面结构，形成管理、控制、生产一体化系统，突破传统控制系统的分层结构，以边界网关为桥梁，建立全网统一的设备描述架构、即时通信协议、资源管理模式、地址编码方式的总体技术架构大幅提升了子系统间数据的调用与互操作的效率和准确性。

针对物联网的通用体系架构研究成为国际关注的重点，欧盟在 FP7 中设立了 2 个关于物联网体系架构的项目，其中 SENSEI 项目目标是通过互联网将分布在全球的传感器与执行器网络链接起来，IoT-A 项目目标是建立物联网体系结构参考模型。韩国电子与通信技术研究所（ETRI）提出了泛在传感器网络（Ubiquitous Sensor Network，USN）体系架构并已形成国际电信联盟（ITU-T）标准，目前正在进一步推动基于 Web 的物联网架构的国际标准化工作。ISO/IEC JTCl WG10 物联网工作组也正开展物联网架构标准方面的制定。

2. 泛在化感知

根据 ISO/IEC JTCl SWG5 物联网特别工作组给出的物联网的定义，物联网是一个将物体、人、系统和信息资源与智能服务相互连接的基础设施，可以利用它来处理物理世界和虚拟世界的信息并作出反应。物联网的要点首先是对环境的自然感知性，要求部署在工业现场的各种设备能够智能地被感知网识别出来，同时拥有更小的体积，更高效的响应，处理设备将会拥有更快的响应和更加稳定的处理能力。

3. 工业网络的网络 IP 化步伐加快

工业物联网对工业通信的要求变得越来越高，最终的目的是实现人和人、人和物、物和物之间毫无困难地交流，即任何时间、任何地点、任何人、任何物使用任何设备都能进行通信。

虽然目前无线传感网组网仍以非 IP 技术为主，但将 IP 技术，特别是 IPv6 技术延伸应用到工业现场已经成为明显的趋势。IP 网络连接是实现物联网的显著一步，全 IP 的工厂没有混乱的现场总线，基于互联网的工厂联网将实现服务联网和物联网。基于因特网的 TCP/IP 架构实现对工厂管理网络、控制网络、传感网络进行全面互联，并与因特网集成实现无缝信息传输。实现工厂全覆盖，管理和控制业务混流传输，并提供安全可靠保障的组网与传输技术。针对 IPv6 互联技术，探索基于 IPv6 的底层物联网到互联网统一编码技术，研究面向无线现场网络和智能设备的分段重组、路由等 IPv6 关键技术，建立基于 IPv6 的现场网络、骨干网络、控制网络互联互通体系结构，提出基于 IPv6 的现场网络与全网络互联安全方案。

目前已有 50 多个国家和地区加入有关 IPv6 的研究。法、日、美等国的很多公司分别研制开发了不同平台上的 IPv6 系统软件和应用软件，这些研究和产品为工业物联网 IPv6 的应用打下了良好的基础。

4. 工业无线技术

工业无线技术进一步发展，目前基于 WIA-PA、ISA100 等面向过程自动化的工业无线技术已经有了解决方案，工厂自动化的工业无线技术 WIA-FA、工业无线融合技术等正在推进，工业无线技术的发展将有力支撑和推进工业物联网的发展。目前工业无线领域形成了 ISA100.lla、无线 HART、WIA-PA 3 个标准共存的局面。我国在"863 计划"等项目支持下，重庆邮电大学、中国科学院沈阳自动化研究所等单位在工业无线领域均开展了研究，并取得了一些突破，但目前系统和产品应用不多。重庆邮电大学率先研发了基于 ISA100.11a 的测控网络系统和产品，及基于 IPv6 的传感网系统，在工业无线领域具有领先优势，核心技术形成专利池，研制了全球首款支持三大国际标准的工业无线芯片"渝芯一号"，构建了符合国际标准的工业无线测控网络验证系统。

重庆邮电大学、达盛电子股份有限公司（中国台湾）联合推出了全球首款工业物联网核心芯片——渝芯一号（UZ/CY2420）。该芯片面积仅为

6mm×6mm，其基带/MAC 处理单元包含发送/接收控制、CSMA-CA 控制器、GTS 模块、安全引擎和信号处理模块，能够为 IEEE802.15.4 的物理层和 MAC 层提供硬件支持。该芯片硬件时间同步精度为 27.5 μs，硬件超帧调度最小时隙达到 1.5 ms，跳频信道通信最小时隙 3.6 ms，休眠模式的最小电流功耗为 0.1 μA。相比于通用的 IEEE802.15.4 芯片，渝芯一号能节约 50% 左右的处理器资源，实现相同功能情况下能节约 47% 的处理时间。UZ/CY2420 是全球首款在 DLL 处理单元为 ISA100.lla、WIA-PA 和 WirelessHART 标准的数据链路层主要关键技术提供硬件级支持的芯片，该芯片集成了时隙通信机制、跳频信道机制、超帧调度机制、TAI 时间管理器、广告帧/信标帧时间同步机制、安全管理模块和确认帧/否决帧生成器等功能，通过硬件来支持对处理速度和响应时间的要求苛刻的操作，极大地降低了软件开发的复杂度，有效提高了工业无线通信的确定性、实时性和可靠性。

由重庆邮电大学与达盛电子股份有限公司（中国台湾）联合研发的全球首款工业物联网 SIP（System In a Package）芯片 CY2420S 在"2015 中国（重庆）国际云计算博览会"上正式发布。同时，全球首款工业物联网专用芯片 CY2420 也正式量产。CY2420 和 CY2420S 是全球首款满足工业物联网应用需求、支持三大工业无线国际标准的专用芯片和 SIP 芯片。CY2420S 芯片以 CY2420 核心技术为基础，将 CY2420 与 32 位 ARM Cortex-M3 微处理器核心芯片 STM32L151 集成在一块芯片上，以单芯片的封装形式提供 2 块芯片所具备的功能，具有低功耗、低成本、微型化、高可靠性等突出特点。CY2420S 芯片可广泛应用于智能工业、智能电网、智能交通等领域，具有巨大的市场潜力和商业价值。

五、智能制造

在 2013 年 4 月的汉诺威国际工业博览会上，德国政府提出"工业 4.0"战略获得了广泛关注。什么是"工业 4.0"呢？"工业 4.0"以后的工业会又是什么样子呢？

1. "工业 4.0"

　　"工业4.0"概念源于2011年汉诺威国际工业博览会，德国业界提出该想法是想通过物联网等技术应用来提高德国制造业水平。随后，德国成立了"工业4.0工作组"，发布了《保障德国制造业的未来：关于实施工业4.0战略的建议》的报告。同时，德国联邦教研部与联邦经济技术部也于2013年将"工业4.0"项目纳入了《高技术战略2020》的十大未来项目中。对德国"工业4.0"的核心内容进行概括的话，可以总结为建设一个网络（Cyber-Physical System，信息物理系统）、研究两大主题（智能工厂、智能生产）、实现三大集成（横向集成、纵向集成与端对端集成）、推进三大转变。

　　一是建设一大网络，即信息物理系统（CPS）。CPS的核心思想是强调虚拟网络世界与实体物理系统的融合。换而言之，即强调制造业在数据分析基础上的转型。进一步讲，CPS的主要特征可以用6个词（6C）来定义，即Connection（连接）、Cloud（云储存）、Cyber（虚拟网络）、Content（内容）、Community（社群）、Customization（定制化）。CPS可以将资源、信息、物体以及人员紧密联系在一起，从而创造物联网及相关服务，并将生产工厂转变为一个智能环境。

　　二是研究两大主题，即智能工厂与智能生产。实现"工业4.0"的核心是智能工厂与智能生产。作为目标核心载体的智能工厂，即分散的、具备一定智能化的生产设备，在实现了数据交互之后，能够形成高度智能化的有机体，实现网络化、分布式的生产设施。智能生产的侧重点在于将人机互动、智能物流管理、3D打印等先进技术应用于整个工业生产过程。未来智能工厂与智能生产的实现意味着，较之传统生产模式，新的生产方式将大幅提高资源利用率，产品生产过程中的实时图像显示使得虚拟生产变为可能，从而减少材料浪费；个性化定制将成为可能并且生产速度大幅提高。

　　三是实现三大集成，即价值链上企业间的横向集成、网络化制造系统的纵向集成，以及端对端工程数字化集成。在生产、自动化工程以及IT领域，价值链上企业间的横向集成是指将使用于不同生产阶段及商业规划过程的IT系统集成在一起，这包括了发生在公司内部以及不同公司之间的材料、能源以及信息的交换（如入站物流、生产过程、出站物流、市场营销），横向集成的目的是提供端对端的解决方案。与此相对应，网络化制造系统的纵向集成是指将处于不同层级的 IT 系统进行集成（例如，执行器和传感器、控制、生产管理、制造和企业规划执行等不同层面），其目的同样是为了提供一种端对端的解决方案。端对端工程数字化集成是指贯穿整个价值链的工程化数字集成，是在所有终端实现数字化的前提下所实现的基于价值链与不同公司之间的一种整合，这将在最大程度上实现个性化定制。在此模式下，客户从产品设计阶段就参与到整条生产链，并贯穿加工制造、销售物流等环节，可实现随时参与和决策并自由配置各个功能组件。

四是促进 3 个转变。一是实现生产由集中向分散的转变，规模效应不再是工业生产的关键因素，工业生产的基本模式将由集中式控制向分散式增强型控制转变；二是实现产品由大规模趋同性生产向规模化定制生产转变，未来产品都将完全按照个人意愿进行生产，极端情况下，将成为自动化、个性化的单件制造；三是实现由客户导向向客户全程参与的转变，客户不仅出现在生产流程的两端，还广泛、实时参与生产和价值创造的全过程。

2. "工业 4.0" 的关键特征

"工业 4.0" 是为整个社会提出的一个未来理念，它将更加灵活、更加坚强，包括工程最高质量标准、计划、生产、操作和物流过程。这将使动态的、实时优化的和自我组织的价值链成为现实，并带来诸如成本、可利用性和资源消耗等不同标准的最优化选择。"工业 4.0" 关键特征如下：

① 在制造领域的所有因素和资源之间，形成全新的互动。它将使生产资源（生产设备、机器人、传送装置、仓储系统和生产设施）形成一个循环网络，这些生产资源将具有自主性、可自我调节以应对不同形势、可自我配置、基于以往经验配备传感设备、分散配置的特性。同时，它们也包含相关的计划与管理系统。作为 "工业 4.0" 的一个核心组成，智能工厂将渗透到公司间的价值网络中，并最终促使数字世界和现实的完美结合。智能工厂以端对端的工程制造为特征，这种端对端的工程制造不仅涵盖制造流程，同时也包含了制造的产品，从而实现数字和物质 2 个系统的无缝融合。智能工厂将使制造流程的日益复杂变得可控，在确保生产过程具有吸引力的同时使制造产品在城市环境中具有可持续性，并且可以盈利。

② "工业 4.0" 中的智能产品具有独特的可识别性，可以在任何时候被

分辨出来。它们在被制造时,就可以知道整个制造过程中的细节。在某些领域,这意味着智能产品能半自主地控制它们生产的各个阶段。此外,智能产品也有可能确保其在工作范围内发挥最佳作用,同时在整个生命周期内,随时确认自身的损耗程度。这些信息可以汇集起来供智能工厂参考,以判断工厂是否在物流、装配和保养方面达到最优,当然,也可以用于商业管理应用的整合。

③ 在未来,"工业 4.0"将有可能使有特殊产品特性需求的客户直接参与到产品的设计、构造、预订、计划、生产、运作和回收各个阶段。甚至在生产前或者在生产的过程中,如果有临时的需求变化,都可立即做出调整。当然,这有利于生产独一无二的产品或者小批量的商品。

④"工业 4.0"的实施将使企业员工可以根据环境形势和敏感程度来控制、调节和配置可能的资源网络和生产步骤。员工将从执行例行任务中解脱出来,使他们能够专注于创新性和高附加值的生产活动。灵活的工作条件,将在他们的工作和个人需求之间实现更好的协调。

3. 新的商业机会和模式

"工业 4.0"的重点是创造智能产品、程序和过程。其中,智能工厂构成了"工业 4.0"的一个关键特征。智能工厂能够管理复杂的事物,不容易受到干扰,能够更有效地制造产品。在智能工厂里,人、机器和资源如同在一个社交网络里,自然地相互沟通协作。智能产品理解它们被制造的细节以及将被如何使用。它们积极协助生产过程,回答诸如"我是什么时候被制造的""哪组参数应被用来处理我""我应该被传送到哪"等问题。其与智能移动性、智能物流和智能系统网络相对接,将使智能工厂成为未来的智能基础设施中的关键组成部分。这将促进传统价值链的转变和新商业模式的出现。这些模式可以满足那些个性化的、随时变化的顾客需求,同时,也将使中小企业能够应用那些在当今的许可和商业模式下无力负担的服务与软件系统。这些全新的商业模式将为诸如动态定价和服务水平协议(Service Level Agreements,SLAs)质量提供解决方案,动态定价指的是要充分考虑顾客和竞争对手的情况,服务水平协议质量则是关系到商业合作伙伴之间的连接和协作。这些模式将尽力确保潜在的商业利润在整个价值链的所有利益相关人之间公平地共享,包括那些新进入的利益相关人。更加宽泛的规定要求,如减少二氧化碳排放量，也可以而且应该融入这些商业模式中，以便于商业网络中的合作伙伴共同遵守。

"工业4.0"往往被冠以诸如"网络化制造""自我组织适应性强的物流"和"集成客户的制造工程"等特征，它将追求新的商业模式以率先满足动态的商业网络而非单个公司，这将引发一系列注入融资、发展、可靠性、风险、责任和知识产权及技术诀窍保护等问题。就网络的组织及其有别于他人的高质量服务而言，最关键的是要确保责任被正确地分配到商业网络中，同时备有相关约束性文件作为支撑。

实时地针对商业模式的细节监测也将在形成工艺处理步骤和监控系统状态上发挥关键作用，它们可以表明合同和规章条件是否得到执行。商业流程的各个步骤在任何时刻都可以追踪，同时，也可以提供他们完成的证明文件。为了确保提供高效个体服务，清晰且明确地描绘出以下状态将是必要的：相关服务的生命周期模型、能够保证的承诺，以及确保新的合作伙伴可以加入商业网络的许可模型和条件，尤其是针对中小企业。

4. "工业4.0"愿景

现在，将物联网和服务应用到制造业正在引发第四次工业革命。将来，企业将建立全球网络，把它们的机器、存储系统和生产设施融入信息物理系统中。在制造系统中，信息物理系统包括智能机器、存储系统和生产设施，能够相互独立地自动交换信息、触发动作和控制。这有利于从根本上改善包括制造、工程、材料使用、供应链和生命周期管理的工业过程。正在兴起的智能工厂采用了一种全新的生产方法。智能产品通过独特的形式加以识别，可以在任何时候被定位，并能知道它们的历史、当前状态和为了实现其目标状态的替代路线。嵌入式制造系统在工厂和企业之间的业务流程上实现纵向网络连接，在分散的价值网络上实现横向连接，并可进行实时管理——从下订单开始，直到外运物流。此外，他们形成的且要求的端到端工程贯穿整个价值链。

"工业4.0"拥有巨大的潜力。智能工厂使个体顾客的个性化需求得到满足，"工业4.0"允许在设计、配置、订购、规划、制造和运作等环节能够考虑到个体和客户特殊需求，而且即使在最后阶段仍能变动，这意味着即使是生产一次性的产品也能获利。制造过程中提供的端到端的透明度有利于优化决策。"工业 4.0"也将带来创造价值的新方式和新的商业模式。特别是它将为初创企业和小企业提供发展良机，并提供下游服务。

"工业 4.0"也能够应对并解决当今世界所面临的一些挑战，如资源和能源利用效率，城市生产和人口结构变化等。在给定资源量（资源生产率）的前提下，得到尽可能高的产品输出；使用尽可能低的资源量，达到指定的输出（资源利用效率）。信息物理系统在贯穿整个价值网络的各个环节基础上，对制造过程进行优化。此外，系统可就生产过程中的资源和能源消耗或降低排放进行持续优化，而不是停止生产。通过工作组织和能力发展计划相结合，人与技术系统之间的互动合作将为企业提供新的机会，将人口变化转化为自身的优势。面对熟练劳动力的短缺和日益多样化的劳动力（如年龄、性别和文化背景），"工业 4.0"将提供灵活多样的职业路径，让人们的工作生涯更长，并且保持生产能力。

第三节　智能交通

一、智能交通系统概述

交通是每一个人日常生活的重要方面，同时，也是整个国家的战略基础之一，关系政治、经济、军事、环境等各个方面。

交通运输方式主要包括铁路运输、道路运输、水路运输、航空运输和空运管道运输。其中，铁路运输、道路运输是主要的地面运输方式。铁路运输以两条平行的铁轨引导火车来达到运输的目的，为了更好地管理列车车厢，通常会在每节车厢上装有一个 RFID 芯片，同时，在铁路两侧相互间隔一段距离放置一个读写器，这样就可以随时掌握全国所有的列车在铁路线路上所处的位置，便于列车的跟踪、调度和安全控制。随着高铁（高速铁路）的开通，铁路运输在国民经济和社会发展中发挥着越来越重要的作用。

道路运输是一种能实现"门"到"门"的最快捷的陆上运输方式，跟铁路运输相比，其具有机动灵活、适应性强的特点，这一特点也决定了它在城市交通中的地位是无可取代的。但是随着汽车的普及和交通需求的急剧增长，自 20 世纪 80 年代以来，道路运输给城市交通带来的交通拥堵、交通事故和环境污染等负面效应也日益突出，逐步成为经济和社会发展中的全球性问题。这里将重点介绍如何使道路运输能够更好、更环保、更人性化地为城市交通服务，就是所谓的"车路协同"。

当前，"车路协同"不仅是国际智能交通领域研究的新热点，更是各国智能交通发展路线图中的关键环节。从国内外智能交通系统发展的历程和现状来看，尽管各国对"车路协同"称谓不一，内容也不尽相同，但研究的方向一致。有专家这样概括："以道路和车辆为基础，以传感技术、信息处理与通信技术为核心，以出行安全和行车效率为目的"。车路协同系统将道路交通基础设施的智能化及其与车载终端一体化系统的协调合作作为研发方向和突破重点，车路、车车协同系统已经成为现阶段各国发展的重点。欧美等发达国家都在积极推进相关技术的研究，通过调整运输系统、计划以及预算，将其作为实现道路交通运输政策的核心议题。目前，美国在"汽车与道路基础设施的集成"（VII）计划的基础上，成立了 IntelliDrive 项目组织，通过开发和集成各种车载和路侧设备以及通信技术，使驾驶者在驾驶中能够作出更好和更安全的决策。

在第十届智能交通系统（Intelligent Transportation System，ITS）世界大会上，欧洲 ITS 组织 ERTICO 最先提出 eSafety 基本概念并列入欧盟计划，eSafety 的 70 余项研发项目，都将车路通信与协同控制作为研究重点之一。经过 20 年的发展，日本的 ITS 计划已完成第 4 期的"先进安全汽车"（ASV）项目，基本进入了实用技术开发阶段，其开发的车路协同系统已经形成了成熟的产品和庞大的产业。"智能道路"（SmartWay）计划将重点发展整合日本各项 ITS 的功能及建立车上单元的共同台，使道路与车辆由 ITS 咨询的双向传输而成为 Smartway 与 Smartcar，以减少交通事故和缓解交通拥堵，目前已进入技术普及阶段。一方面，以美国、欧盟和日本为代表的发达国家对车路协同系统的应用场景基本定义完毕，不同组织对应用场景的定义基本一致；另一方面，美国和欧盟分别定义了车—车、车—路通信协议标准，美国将位于 5.9 GHz 的 75 MHz 专用于车—车、车—路协同通信的专用短程通信（DSRC）。我国车路协同实施起步较晚，目前仍处于初步探索阶段。部分高校和研究机构进行了相关智能化车路协同控制技术的研究，如国家科技攻关专题"智能公路技术跟踪"，国家"863"课题"智能道路系统信息结构及环境感知与重构技术研究""基于车路协调的道路智能标识与感知技术研究"等，同时设立"智能车路协同关键技术研究"主题项目，建立我国车路协同技术体系框架，抢占车路协同前沿技术战略制高点，并结合我国道路交通基础设施的发展现状以及智能车载信息终端的应用现状，发展适合我国国情和满足市场需求的车路协同综合交通运输管理系统是目前首要的研究课题。

解决车和路的矛盾，常用的有 2 个办法：一是控制需求，最直接的办法就是限制车辆的增加；二是增加供给，也就是修路。但是这 2 个办法都有其局限性。交通是社会发展和人民生活水平提高的基本条件，经济的发展必然带来出行的增加，而且在我国汽车工业正处在发展迅猛的时期，因此，限制车辆的增加不是解决问题的好办法。而采取增加供给，即大量修筑道路基础设施的办法，在资源、环境矛盾越来越突出的今天，面对越来越拥挤的交通、有限的资源和财力以及环境的压力，也将受到限制。这就需要依靠除限制需求和提供道路设施之外的其他方法来满足日益增长的交通需求。智能交通系统正是解决这一矛盾的途径之一。

智能交通系统是未来交通系统的发展方向，它是将先进的信息技术、数据通信传输技术、电子传感技术、控制技术及计算机技术等有效地集成运用于整个陆路、海上、航空、管道等交通形式而建立的一种在大范围内、全方位发挥作用的高效、便捷、安全、环保、舒适、实时、准确的综合交通运输管理系统，通过信息的收集、处理、发布、交换、分析，实时、准确、高效地为交通参与者提供多样性的服务。

物联网作为智能交通最重要的支撑技术，将通过路车联网、轨道联网、航道联网、局部气象联网实现人、车、路的有机融合。

1. 智能交通系统功能与特征

智能交通系统实质上是利用高新技术对传统的运输系统进行改造而形成

的一种信息化、智能化、社会化的新型运输系统。它能使交通基础设施发挥出最大的效能，提高服务质量；同时使社会能够高效地使用交通设施和能源，从而获得巨大的社会经济效益。它不但有可能解决交通的拥堵，而且对交通安全、交通事故的处理与救援、客货运输管理、道路收费系统等方面都会产生巨大的影响。ITS 的功能主要表现在以下几个方面：① 顺畅功能。增加交通的机动性，提高运营效率；提高道路网的通行能力，提高设施效率；调控交通需求。② 安全功能。提高交通的安全水平，降低事故的可能性 / 避免事故；减轻事故的损害程度；防止事故后灾难的扩大。③ 环境功能。减轻堵塞；低公害化，降低汽车运输对环境的影响。

ITS 可以有效地利用交通设施，减少交通负荷和环境污染，保证交通安全，提高运输效率。因而，21 世纪将是公路交通智能化的时期，人们将要采用的是智能交通系统，在该系统中，车辆靠自己的智能系统在道路上自由行驶，公路靠自身的智能系统将交通流量调整至最佳状态，借助于这个系统，管理人员对道路上车辆的行踪掌握得一清二楚。

智能交通系统具有 2 个特点：一是着眼于交通信息的广泛应用与服务；二是着眼于提高既有交通设施的运行效率。与一般技术系统相比，智能交通系统建设过程中的整体性要求更加严格，这种整体性体现在以下几个方面：① 跨行业。智能交通系统建设涉及众多行业领域，是社会广泛参与的复杂巨型系统工程，从而造成复杂的行业间协调问题。② 技术领域。智能交通系统综合了交通工程、信息工程，通信技术、控制工程、计算机技术等众多科学领域的成果，需要众多领域的技术人员共同协作。③ 政府、企业、科研单位及高等院校共同参与，恰当的角色定位和任务分担是系统有效展开的重要前提条件。④ 智能交通系统将主要由移动通信、宽带网、RFID、传感器、云计算等新一代信息技术作支撑，更符合人的应用需求，可信任程度提高并变得"无处不在"。

公路智能交通是以交通信息应用为中心，将汽车、驾驶者、道路以及相关的服务部门相互连接起来，并使道路与汽车的运行功能智能化，提供实时、全面、准确的交通信息，从而使公众能够高效地使用公路交通设施和能源。

2. 智能交通中的物联网技术

智能交通系统需要多领域技术协同构建，从最基本的交通管理系统（如车辆导航、交通信号控制、集装箱运管理、自动车牌号码识别、测速相机）到各种交通监控系统（如安全闭路电视系统），再到更具有前瞻性的应用技术。这些应用通过整合来自多维数据源的实时数据及反馈信息，为人们提供泛在的信息服务（如停车向导系统和天气报告）。智能的交通系统建模和流量预测技术也将成为优化交通调度、增大交通网络流量、确保车辆行驶安全和改善人们出行体验的重要支撑。

物联网技术的发展为智能交通提供了更透彻的感知。道路基础设施中传感器和车载传感设备能够实时监控交通流量和车辆状态信息，监测数据通过泛在移动通信网络传送至管理中心。物联网技术为智能交通提供了更全面的互联交通。遍布于道路基础设施和车辆中的无线和有线通信技术的有机整合为移动用户提供了泛在的网络服务，使人们在旅途中能够随时获得实时的道路和周边环境咨询，甚至在线收看电视节目。物联网技术为智能交通提供了更深入的智能化，智能化的交通管理和调度机制能够充分发挥道路基础设施的效能，最大化交通网络流量并提高安全性，优化人们的出行体验。下面介绍应用于智能交通的物联网技术：

（1）无线通信

目前，已经有多种无线通信解决方案可以应用在智能交通系统当中。UHF 和 VHF 频段上的无线调制解调器通信被广泛用于智能交通系统中的短距离和长距离通信。

短距离无线通信（小于几百米）可以使用 IEEE802.11 系统协议来实现，其中美国智能交通协会（Intelligent Transportation Society ofAmerica）以及美国交通部（United States Department of Transportation）主推 WAVE 和 DSRC（Dedicated Short Range Communication）标准。理论上来说，这些协议的通信距离可以利用移动自组网络和 Mesh 网络进行扩展。目前提出的长距离无线通信方案是通过基础设施网络来实现，如 WiMAX （IEEE 802.16）、GSM、3G 技术。使用上述技术的长距离通信方案目前已经比较成熟，但是和短距离通信技术相比，它们需要进行大规模的基础设施部署，成本较高。

目前还没有一致认可的商业模式来支持这种基础设施的建设和维护。

车辆已经能够通过多种无线通信方式与卫星、移动通信设备、移动电话网络、道路基础设施、周围车辆等进行通信，并且利用广泛部署的 WiFi、移动电话网络等途径接入互联网。

（2）计算技术

汽车电子占普通轿车成本的 30%，在高档车中占到 60%。根据汽车电子领域的最新进展，未来车辆中将配备数量更少但功能更为强大的处理器。2000 年，一辆普通的汽车拥有 20 ～ 100 个联网的微控制器 / 可编程逻辑控制模块，使用非实时的操作系统。目前的趋势是使用数量更少、但是更加强大的微处理器模块，以及硬件内存管理和实时的操作系统。同时，新的嵌入式系统平台将支持更加复杂的软件应用，包括基于模型的过程控制、人工智能和普适计算，其中人工智能技术的广泛应用将有望为智能交通系统带来质的飞跃。

（3）感知技术

电信、信息技术、微芯片、RFID 和廉价的智能信标感应等技术的发展和在智能交通系统中的广泛应用，为车辆驾驶员的安全提供了有力保障。智能交通系统中的感知技术是基于车辆和道路基础设施的网络系统。交通基础设施中的传感器嵌入在道路或者道路周边设施（如建筑）之中，因此，它们需要在道路的建设维护阶段进行部署或者利用专门的传感器植入工具进行部署。车辆感知系统包括部署道路基础设施至车辆以及车辆至道路基础设施的电子信标来进行识别通信，同时利用闭路电视技术和车牌号码自动识别技术对热点区域的目标车辆进行持续监控。

（4）视频车辆监测

利用视频摄像设备进行交通流量计量和事故检测，属于车辆监测的范畴。视频监测系统（如自动车牌号码识别）和其他感知技术相比具有很大优势，它们并不需要在路面或者路基中部署任何设备，因此也被称为"非植入式"交通监控。当有车辆经过的时候，黑白或者彩色摄像机捕捉到的视频将会输入到处理器中进行分析，以找出视频图像特性的变化。摄像机通常固定在车道附近的建筑物或柱子上。大部分的视频监测系统需要一些初始化的配置来

"教会"处理器当前道路环境的基础背景图像。该过程通常包括输入已知的测量数据，例如车道线间距和摄像机到路面的高度。根据不同的产品型号，单个的视频监测处理器能够同时处理 1 ~ 8 个摄像机的视频数据。视频监测系统的典型输出结果是每条车道的车辆速度、车辆数量和车道占用情况。某些系统还提供了一些附加输出，包括停止车辆检测、错误行驶车辆警报等。

（5）全球定位系统（GPS）

目前，为了取得广泛的覆盖范围和降低系统投入成本，GPS 系统普遍采用成熟的公共移动通信网作为通信通道。当前 GPS 可用的较先进的通信网为 GPRS 网和 CDMA lX。GPRS 网的传输速度理论可以达到 100Kbit/s，而 2003 年正式开通的 CDMA lX 网络，由于采用了反向相干解调、前向快速功率控制等技术，理论带宽可达 300Kbit/s，实际应用带宽在 100Kbit/s 左右（双向对称传输），传输速率高于 GPRS，可提供更多的中高速率业务。目前，智能导航终端和电子地图的应用已非常普遍。

（6）探测车辆和设备

所谓的"探测车辆"通常是出租车或者政府所有的车辆，配备了 DSRC 或其他的无线通信技术。这些车辆向交通运营管理中心汇报它们的速度和位置，管理中心对这些数据进行整合分析，得到广大范围内的交通流量情况以检测交通堵塞的位置。同时，有大量的科研工作集中在如何利用驾驶员持有的移动电话来获得实时的交通流量信息，移动电话所在的车辆位置信息能够通过 GPS 系统实时获得。例如，北京已经有超过 10000 辆出租车和商务车辆安装了 GPS 设备并发送它们的行驶速度信息到卫星。这些信息将最终传送到北京交通信息中心，在那里经过汇总处理后就得到了北京各条道路上的平均车流速度状况。

二、智能交通系统平台架构

基于物联网架构的智能交通综合解决方案由感知、网络和应用 3 层组成，全面涵盖了信息采集、动态诱导、智能管控等环节。综合采用线圈、微波、视频、地磁检测等固定式的多种交通信息采集手段，通过对机动车信息和路况信息的实时感知和反馈，实现了车辆从物理空间到信息空间的唯一性双向交互式映射，通过对信息空间的虚拟化车辆的智能管控，实现对真实物理空间的车辆和路网的"可视化"管控。

感知层支持多种物联网终端，如 RFID、GPS 终端、摄像头、传感器等，提供多样化的、全面的交通信息感知手段。

网络层通过电信能力汇聚网关，接入电信运营商的各种核心能力，如短信、彩信、定位和交互式语音应答（IVR）等。

应用层通过服务总线，方便地接入行业能力、物联网能力以及企业内部 IT 系统，打造融合的、多样化智能交通物联网应用。

智能交通感知层主要是数据采集与收集系统以及车辆本体控制系统。网络层主要包括信息传输的方式与通信规约。应用层主要包括信息存储与处理系统、综合控制系统，实现信息的优化处理与资源的动态配置。其主要系统模块包括以下几个方面：

1. 数据采集与收集系统

要实现绿色、环保、节能、快捷、高效的交通系统，必须采集完整的交通信息。交通信息采集技术伴随汽车产业的发展也不断丰富和完善。早期交通信息采集系统一般采用环形线圈检测器、磁感应检测器等。随着技术的发展，光辐射检测器、雷达检测器、射频识别采集器等逐步进入主流领域，近年来，视频检测器逐渐成为交通信息的主要检测设备和手段之一。

城市交通信息主要包括城市出入口车辆通行信息、城市内部车辆通行信息、停车位信息。城市出入口车辆通行信息通过在所有出入口设置电子篱笆实施采集。城市内部车辆通行信息通过在交通要道和关键交通点设置视频检测器，获取当前该点的车辆通行信息；通过对所有停车场车辆停车位状态信息实时采集，获取停车位信息。这些信息为交通调度和智能交通控制系统提供基础信息数据。

车载 GPS 导航仪器、GPS 导航手机为交通信息的采集提供了便捷的途径。利用 GPS 导航系统能够采集到车辆的位置信息，为智能交通提供最基础的信息。所有交通信息采集装置构成交通信息采集系统。由于采集的信息包括视频信息、位置信息、车辆速度信息、车辆流通量信息等多种模式，因此，信息的收集、融合和处理是智能交通最为基础也是最为重要的组成部分。

2. 车体控制系统

汽车车体控制是指对于诸如车门、车窗、车灯、空调、仪表盘、发动机、制动装置等汽车车身部件进行控制。汽车车身控制系统的控制对象比较多且分布于整个车体，系统应用的电子控制单元 ECU 节点安装位置分散，例如，前节点和仪表节点在驾驶台部位，后节点在车尾部位，左、右门节点则在左、右门部位等。

汽车车体控制系统主要用于监视和控制与汽车安全相关的功能并像 CAN 和 LIN 网络的网关那样工作。负载控制可以直接来自 DBM 或者通过 CAN/LN 与远程 ECU 通信。车身控制器通常融入了遥控开锁和发动机防盗锁止系统等 RFID 功能。

（1）电源管理

电源同 12 V 或 24 V 网板相连接，上 / 下调节电压以适用于 DSP、uC、存储器和 IC 及其他功能，如驱动器 IC、LF、UHV 基站以及各种通信接口。当尝试小型、低成本且高效的设计时，由于需要多个不同的电源轨，因此，电源设计就成了一项关键任务。具有低静态电流的线性稳压器有助于在待机操作模式（关闭点火）过程中减少电池漏电流，是与电池直连的器件的负载突降电压容限，需要低压降并追踪低电池曲轴操作。除了提供增强的转换效率，开关电源还为 EMI 改进提供了开关 FET 的转换率控制、跳频，用于衰减峰值光谱能量的扩频或三角测量法、低 Iq、用于电源定序和浪涌电流限制的软启动，用于多个 SMPS 稳压器以减少输入纹波电流并降低输入电容的相控开关，用于较小组件的较高开关频率（L 和 C 的）和用于欠压指示的 SVS 功能。

（2）通信接口

允许车内各个独立的电子模块之间以及车身控制器的远程子模块之间进行数据交换。高速 CAN（速率高达 lMbit/s，ISO 119898）是一款双线容错差动总线。它具有宽输入共模范围和差动信号技术，充当互连车内各个电子模块的主要汽车总线类型。LIN 支持低速（高达 20Kbit/s）单总线有线网络，主要用于与信息娱乐系统的远程子功能进行通信。

（3）负载驱动器

车身控制器中的主负载驱动器类型是车灯和中继驱动器。通常情况下，用于控制外灯的开关和驱动器直接安装在控制器上。继电器用来为其他电子模块或高功率负载供电。电流监控功能用于监视其他 ECU 的负载分配，并且可用于汽车电池的充电和负载管理。

（4）RFID 功能

两个最常见的汽车 RFID 功能是发动机防盗锁止系统和遥控开锁系统。TI 提供用于与点火开关钥匙（发动机防盗锁止系统）进行加密通信的 LF 基站 IC 以及用于与远程控制进行通信的超低功耗（低于 1GHz）UHF 收发器，以对车门和报警系统进行锁定 / 解锁。

智能交通系统需要采集汽车车门状况信息、车窗状况信息、车灯状况信息、空调状况信息、汽车电子产品运行状况信息、发动机状况信息、制动装置状况信息等，并将相关信息及时传输给控制平台（车主或综合管理控制平台），以便对车辆的安全状况实施实时控制。

3. 信息传输系统与安全规约

将交通信息采集起来，传输到处理终端平台，再经过"大脑"的思考做出决策，然后再发布相关信息或控制指令，构成完整的智能交通系统。其中关键部分之一就是信息的传输。通常信息的传输有 2 种，即有线信息传输和无线信息传输。

充分利用已有的资源，如有线电视网、电信通信网、计算机局域网、城域网、广域网、因特网等，实现交通信息传输。重新布设专用通信网络（有线或无线），实施交通信息传送。利用资源是否充分，信息传输的实时性和可靠性能否得到保障，对原有网络传输信息是否构成影响等难题。重新布设专用通信网络，涉及投资大、资源浪费等难题。交通车辆出现危险状况或事故时，应能及时把信息发布给附近车辆，以便规避，同时，对事故车辆实施远程控制。

信息传输过程必须保障信息的真实性，因此必须制定专用的信息传输规约。目前交通领域信息传输常用的通信协议有 GPRS/CDMA/3G/WIMAX 和 TCP/IP 等。

配合专用交通通信网络，有必要制定交通信息传输专用协议或规约，以确保信息传输过程的保真性能，从而确信保交通安全。

4. 交通信息存储、处理与综合控制系统

交通信息采集并传输出来，必须建立专用存储系统，同时，对信息进行分析、归类、整理，做出决策并实施控制。因此，数据库系统是智能交通控制系统的关键部分之一。电子地图库是智能交通控制系统的基础，必须首先建立并实时更新，为 GPS 导航的准确性提供保障；道路信息库、交通流量信息库、车辆状态信息库、停车位信息库必须确保实时性，以保障交通调度的准确性和安全性。视频信息由于占用资源比较大，因此，应建立专门的视频信息库，为城市安全、交通事故鉴定与处置、车辆调度等提供依据。应构建的各种服务系统包括交通信息发布系统、最佳交通导引系统、停车库空位信息系统、交通信号灯控制系统、交通安全控制系统、紧急事故处理系统等。

三、城市智能交通管理系统

随着改革开放的不断深入，我国的国民经济持续稳定增长，人们对交通的要求日益提高，虽然城市道路不断地进行改、扩建工程，但是仍然解决不了城市交通拥挤等问题。以北京市自 20 世纪 90 年代以来的交通状况为例，其机动车保有量年增长率高达 14.48%，道路长度年增长率却仅为 1.836%，交通堵塞事件每年超过 2 万起，市区平均车速为 15km/h 左右，而主干道的平均车速仅为 12km/h，实际饱和交通量只有发达国家的 70% 左右。机动车和非机动车都为主要交通工具，交通结构不合理、道路容量不足、交通控制管理设施不健全、行人自行车违章以及交通事故、乱停车等是导致交通拥挤、机动车车速不断下降的直接原因。交通事故的频繁发生也使交通阻塞加剧，形成恶性循环。这也是我国多数城市交通管理普遍存在的问题。自 20 世纪 80 年代以来，计算机技术、电子控制技术和通信技术有了极大发展，利用这些新技术把车辆、道路、使用者和交通管理者紧密结合起来，从而形成一种及时、准确、高效的智能交通管理系统是解决上述问题的有效方法。

美国《Mobility 2000》给交通管理系统下的定义是在街道与公路上，为了监视、控制和管理交通而设计的一系列法规、工作人员、硬件与软件等部分的组合。在这个定义中，"监视"是一个关键的概念，即交通监测，它是信息采集、分析处理的过程，是进行有效的交通控制与管理的前提，监视的最终结果是使交通运行的实时状况可视化。智能交通管理系统就是利用先进的信号检测手段获得交通状况信息，通过有效的交通控制模型形成有效的交通控制方案，以多种信息传递方式使交通控制设备或管理人员和道路的使用者获得道路信息和交通管理方案，最终能最大限度地发挥整个交通系统的运输和管理效率。

1. 城市智能交通管理系统方案设计

城市的交通由于流量大，自行车、公共汽车、小客车等不同类型交通方式的出行空间完全叠加，道路交通需求极大，造成道路交通系统极为脆弱，稍有扰动就会形成突发性交通拥堵，而且拥堵造成的影响区域越来越大。因此，设计出一个满足需求的城市智能交通管理系统方案已是迫在眉睫。

城市智能交通管理系统的目标是建成"高效、安全、环保、舒适、文明"的智能交通与运输体系，大幅度提高城市交通运输系统的管理水平和运行效率。为出行者提供全方位的交通信息服务和便利、高效、快捷、舒适、经济、安全、人性、智能、生态的交通运输服务；为交通管理部门和相关企业提供及时、准确、全面和充分的信息支持和信息化决策支持。智能交通整体框架主要包括感知数据层、整合集成平台和分析预测及优化管理的应用。感知数据层主要是对交通状况及流量的感知采集；整合集成平台是将各感知终端的信息进行整合、转换处理，以支撑分析预警与优化管理的应用系统建设；分析预测及优化管理应用主要包括交通规划、交通监控、智能诱导、智能停车等应用系统。城市智能交通系统主要包括智能停车与诱导系统、电子收费系统、智能交通监控与管理系统、智能公交系统和综合信息平台与服务系统等内容。

（1）智能停车与诱导系统

智能停车与诱导系统可提高驾驶员停车的效率，减少因停车难而导致的交通拥堵、能源消耗的问题，包括两方面内容：一是对出行市民发布相关停车场、停车位、停车路线指引的信息，引导驾驶员抵达指定的停车区域；二是停车的电子化管理，实现停车位的预定、识别、自动计时收费等。

（2）电子不停车收费系统

电子不停车收费系统的特点是不停车、无人操作和无现金交易，主要包括两部分内容：一是车辆的电子车牌系统，它是车辆的唯一识别，存储了车辆的相关信息，实时与收费站的控制设备进行通信；二是后台计费系统，由管理中心与银行组成，包括收费专营公司、结算中心和客户服务中心等，后台根据收到的数据文件在公路收费专营公司和用户之间进行交易和结算。

（3）监控与管理系统

利用地磁感应与多媒体技术将各道路的车流量情况进行实时采集与整理，实时地监控各交通路段的车辆信息与数据，同时，自动检测车辆的车重、轴距轴重等信息，对违规车辆通过自动拍照与录制视频的方式辅助执法。

（4）智能公交系统

智能公交系统通过对域内公交车进行统一组织和调度，提供公交车辆的定位、线路跟踪、到站预测、电子站牌信息发布、油耗管理等功能，以及公交线路的调配和服务能力，实现区域人员集中管理、车辆集中停放、计划统一编制、调度统一指挥，人力、运力资源在更大范围内的动态优化和配置，降低公共交通的运营成本，提高调度应变能力和乘客服务水平。

（5）综合信息平台与服务系统

综合信息平台与服务系统是智能交通系统的重要支撑，是连接其他系统的枢纽。将交通感知数据进行全面的采集、梳理、存储、处理、分析，为管理和决策提供必要的支撑依据，同时，将综合处理的信息以多种渠道（大屏、网站、手机、电视等）及时发布给出行的市民。

2. 智能交通管理系统的建设案例

智能交通管理信息系统的建设目标是，建成一个基于网络环境的、实时的、可视化的智能交通管理信息服务平台。它以专业化、综合性、可视化的基础地理信息为基础，综合集成现有系统，将监控视频、交通控制信号、122接处警、警车定位、交通违章监测等实时动态信息及警力分布、交通标志、停车场位置及容量等各种数据采集起来进行集中管理、分析，为交通管理局各支队、交管局领导、出行者等提供实时的城市各主要道路的交通流量、车速、交通密度、事故发生情况等的可视化初级辅助决策信息，以便交通管理人员和出行者做出快速响应，也可将部分信息通过网络主动发布到交通诱导屏、交通信息台，甚至是因特网，向公众提供全方位的交通信息服务。从而达到疏导交通、缓解拥堵、充分发挥道路和设施系统全部功能的目标，进一步提高城市交通管理的现代化水平。

以北京市为例，基于北京市交通管理局已经建成的以该局指挥中心为核心的 ATM 主干网，采用 DDN 和 ISDN 的方式与各下属中队、站、远郊区县连接的网络结构，其 ATM 的主干网带宽能达到 55Mbit/s，可基本满足通信任务的要求，因此，智能交通管理系统就采用此种网络结构。利用交通管理局建设的交通流量检测系统和交通视频监控系统等所采集的数据，实时更新并显示路段的流量信息，使用系统提供的交通警用巡逻车、全球定位系统与 122 事故报警系统联动功能，警员可以迅速到达事故现场处理交通事故。交通基础设施信息的更新由交管局的设施处负责，保证基础地理信息的现实性。

系统提供了交通信号控制、交通诱导大屏、交通违章自动检测、122 接处警、交通电子收费、动态路段查询等一系列的功能，管理人员可以迅速地实施交通管制方案，出行者可以通过信息台或者上网的方式获得交通信息，更新出行计划。考虑到与其他系统的兼容性，设计了接口以保证 2 个系统可以进行信息交流，例如，系统可以与智能公交管理系统、城市战略规划系统进行信息交流与共享，提高系统的通用性，减少重复建设。各种级别的用户通过统一的形式共享服务，由于交通管理者与出行者都可以得到及时的路况信息，就可以避免交通过分拥挤，实现交通流的半自主诱导。

四、车联网

未来智能交通的发展将向以热点区域为主、以车为对象的管理模式转变，即建立以车为节点的信息系统——"车联网"（Internet of Vehicle，IoV）。车联网技术旨在解决交通问题，首先，车联网能有效预防交通碰撞事故的发生，一些最早研究车联网技术的国家已取得显著成绩。其次，车联网可以使系统运营商和用户对出行方式做出最佳选择。最后，车联网技术降低了交通对环境的影响，在环境保护方面发挥重要作用。

1. 车联网概述

"车联网"是指使用车辆和道路上的电子传感装置，感知和收集车辆、道路和环境信息，通过车与人、车与车、车与路协同互联实现信息共享，实现在信息网络平台上对所有车辆的属性信息和静、动态信息进行提取和有效利用，并根据不同的功能需求对所有车辆的运行状态进行有效的监管和提供综合服务，确保车辆移动状态下的安全、畅通。车联网信息网络平台上对多源采集的信息进行加工、计算、共享和安全发布，根据不同的功能需求对车辆进行有效的引导与监管，以及提供专业的多媒体与移动互联网应用服务。

一般地讲，车联网系统的功能要求有如下几条：

① 无线电通信能力。它包括单跳无线通信范围，即使用的无线电频道；可用带宽和比特率，即无线通信信道的鲁棒性；无线电信号传播困难的补偿水平，例如，使用路侧单元（Road Side Unit，RSU）用来满足车辆与基础设施间的信息交换。

② 网络通信功能。它包括传播方式（单播、广播、组播），特殊区域的广播；数据聚合；拥塞控制；消息的优先级；实现信道和连通性管理方法；支持 IPv6 或 IPv4 寻址；与接入互联网的移动节点相关的移动性管理。

③ 车辆绝对定位功能。它包括全球导航卫星系统（GNSS）、全球定位系统（GPS）；组合的定位功能，如由全球导航卫星系统和本地地图提供的信息相结合的组合定位。

④ 车辆的安全通信功能。它包括尊重匿名和隐私，完整性和保密性，抗外部攻击，接收到数据的真实性，数据和系统完整性。

⑤ 车辆的其他功能。它包括车辆提供传感器和雷达接口，车辆导航功能。

车联网是物联网在汽车领域的一个细分应用，是移动互联网、物联网向业务实质和纵深发展的必经之路，是未来信息通信、环保、节能、安全等发展的融合性技术。

IoV 系统有 3 层体系。

第 1 层（端系统）。端系统是汽车的智能传感器，负责采集与获取车辆的智能信息，感知行车状态与环境，是具有车内通信、车间通信、车网通信的泛在通信终端，同时还是让汽车具备 IoV 寻址和网络可信标识等能力的设备。

第 2 层（管系统）。解决车与车（V2V）、车与路（V2R）、车与网（V2I）、车与人（V2H）等的互联互通，实现车辆自组网及多种异构网络之间的通信与漫游，在功能和性能上保障实时性、可服务性与网络泛在性，同时它是公网与专网的统一体。

第 3 层（云系统）。车联网是一个云架构的车辆运行信息平台，它的生态链包含了 ITS、物流、客货运、危险品运输车辆、特种车辆、汽修汽配、汽车租赁、企事业车辆管理、汽车制造商、4S 店、车辆管理、保险、紧急救援、移动互联网等，是多源海量信息的汇聚，因此需要虚拟化、安全认证、实时交互、海量存储等云计算功能，其应用系统也是围绕车辆的数据汇聚、计算、调度、监控、管理与应用的复合体系。

2．车联网的主要功能

车联网具有提供信息服务、提高行车安全与效率及促进节能减排等功能。

（1）信息服务功能

车载终端通过车载移动互联网与信息管理平台及外部网络服务器交互，可获取交通管理、位置、导航、电商、保险、车辆服务等信息，以及互联网广播及视频等车载娱乐信息，从而为驾乘人员带来更好的驾乘体验及更低的沟通成本。

（2）提高行车安全与效率

车内网的各传感器节点监测车辆设备状态，并通过车际网及车载移动互联网实现车辆危险预警，如车辆碰撞预警、盲点预警、行人及非机动车预警，以及车辆管理，如远程诊断、道路救援、远程维护等，从而减少交通事故发生率，提高行车安全与通行效率。

（3）节能减排

车载终端及车内传感器节点通过对车辆设备状态以及车主驾驶习惯的监测，可提供经济驾驶建议及动力系统优化方案等，从而有效降低油耗成本，实现节能减排。

3. 车联网的关键技术

车联网的核心部件包括车载终端、路边单元、车联网服务平台、局域网络、因特网网络等。随着传感技术、射频识别技术、普适计算与云计算、实时系统等信息科技的飞速发展，应用于车联网的关键技术也不断更新。

（1）RFID 射频识别技术

目前车联网中主要采用可以实现更远读 / 写距离的有源 RFID 技术实现通信。RFID 读写器获取的各种数据信息经过中间件提取、解密、过滤、格式转换导入车联网的应用程序。针对不同应用，可以开发不同的中间件，如紧急事件处理中间件等。

（2）智能传感技术

智能传感技术研究的内容包括人工智能理论、智能控制系统、信号处理识别、信息融合等。具体来说，车辆通过传感器采集车辆、道路等交通基础设施的运行参数，根据驾驶者的意图和环境信息确定车辆的运行状态，如车辆制动、发动机等运行参数。

（3）通信技术

在实现信息互通时，需要各种无线通信技术，主要包括车内通信、车外通信、车路通信及车间通信等 4 种无线通信技术。

目前在汽车定位、通信及收费领域应用较多的是专用短程通信技术（DSRC）和车辆定位管理系统（Velucle Positioning System，VPS）技术。专用短程通信技术（Dedicated Short Range Communication，DSRC）是一种高效的无线通信技术，可以实现在特定的小区域内对高速运动下的移动目标的识别和双向通信，目前主要应用在电子道路收费方面。而车辆定位管理系统 VPS 则是一种 GPS+ GSM 技术，可以实现车辆定位、行车路线查询回放、远程断油断电功能，在汽车导航、求助及语音通信方面有着较广泛的应用。GPS 未来主要应用于车辆导航、车辆防盗、紧急救援等汽车安防服务。

4. 车联网发展展望

车辆生产企业的参与对整个车联网产业链来说有着非常重要的作用，推动了相关设备在前装市场的发展。

以语音输出与车载终端互动将是车联网发展的一大趋势。相关报告显示，随着全球汽车产业的发展，高科技元素在车载系统中的运用是大势所趋。在这其中，语音技术在车载信息服务系统中的应用尤其迅猛，它不仅成为驾驶者获取信息、互动娱乐、程序操控的重要工具，也在车载设备综合控制终端中担负着日益重要的角色。在改善行车安全，提升车载娱乐价值，促进车载信息化效能的发挥等方面的作用越发无可替代。当前一些语音识别技术方案商已经开始推出相应的车载服务，加强了中国市场的开发，相信消费者在不久就能真正享受到语音带来的安全、便捷和充满乐趣的优质驾乘体验。

导航技术将更加直观、更加易用。传统的静态导航将逐渐被动态导航所取代，导航将不断地向 3D 导航技术、实景导航技术及在线化方式发展，地图增量更新技术、动态交通信息技术将在导航技术中全面应用。车联网终端将从产品化向服务化方向发展，提供动态交通信息将是未来 TSP 服务的一项主要内容。虽然我国目前在动态交通信息方面依然落后于发达国家，但也通过浮动车技术、手机查询等方式获取实时交通信息。随着技术的不断发展及用户日益增长的需求，动态交通信息必将成为 TSP 服务的主要内容。

位置和熟人将成为私家车领域车联网的核心元素。随着互联网技术的不断发展，位置服务将成为车联网的一个基本功能，熟人演变的关系将成为产业链上最关注的话题。既然是车联网，"联"是车联网的灵魂，"联"包括终端和车辆本身连接，即车与车之间连接、车与手机之间连接、车与后台之间的连接。我国是典型的熟人社会，因为熟人社会的信用有保障。而我国的文化则善于把生人变成熟人，把熟人变成亲人或者准亲人，因此无论是圈子、SNS、口碑营销、泛关系链营销或者车友会，其本质都离不开熟人这一核心。车联网一样，通过车与车、车与人之间的连接，形成一个熟人关系链，从而实现新的商业模式。

未来的车联网终端必将和车紧密地结合在一起，获取关于发动机、变速箱、安全气囊、刹车系统、ABS、空调以及免钥匙模块和门模块的数据，实现对车辆的远程控制。可实时查看发动机的温度、机油情况，车辆是否需要保养，车辆存在什么样的故障。一方面，通过远程故障的预警，确保司机的安全驾驶环境；另一方面，通过远程故障的分析，给 4S 店、维修站带来利益，有助于产业链的健康有序发展。

未来在汽车行业，车联网终端从目前单一的被动式的监控逐步向主动式的交互不断演进，车载终端逐步从传统的无屏或简单的调度屏演变为功能强大的调度屏。对于商用车辆来说，方向盘比较重，司机如果在行车过程中用车载通话手柄通话，势必影响车辆行驶的安全性，同时，交通法规也禁止司机在行车过程中拨打电话，因此，传统的手柄将逐步退出舞台。此外，作为GPS生产企业要考虑一点，就是不要因为设备影响司机的注意力从而影响行车安全。因此，GPS设备一定要具备语音播报功能。

在未来，产品的定位要更精准，行业定位将更清晰。目前，车联网产品功能冗杂，一款产品可能适合所有行业。事实上，要根据每个行业不同的需求来设置不同的终端。比如，对于出租车行业，就必须要结合电召、广告的下推等功能，获取车辆的空驶里程、载客里程及空重牌状态；对于物流行业，要有准确的里程数据及油耗数据，设备具备后台导航功能，能实现一键通，也能通过车联网终端获取货物运输信息；对于长途客运行业，随着4G的发展，还需要实时上传车辆运行视频，并且终端能识别司机的身份，并实时与交通运管平台进行身份验证。

第四节　智能建筑

一、智能住宅

住宅小区智能化是指从生活需求出发，综合运用物联网、计算机信息、通信控制等科学技术，以社区信息平台安防系统、物业管理系统和综合信息服务系统，用高科技手段构造服务平台，以期实现快捷、高效的超值服务与管理，为小区住户提供安全、环保、舒适、方便的居家环境。采用物联网技术，可有效提升传统的住宅服务功能。

基于物联网的智能小区安防系统的设计原则，系统的设计遵循如下原则：

（1）准确性

准确性是安防系统开发时需要遵循的重点开发原则之一。当突发状况或者告警信息发生时，系统需要准确地给予响应或提示。此外，系统网络传输过程中的丢包也可能会导致误判。鉴于此，在设计实现该系统时，将尽可能全面地考虑各个方面以提升系统的准确性，确保系统在软件层次的高准确性。

（2）稳定性

在住宅小区等人群密集的地方，安防系统的可靠性和可用性必不可少。系统在设计和实现的时候，将稳定性作为一项重要的指标。

（3）及时性

及时性是信息系统开发时需要遵循的另外一个原则。在突发情况产生时，系统需要快速做出响应，安防系统的实时性至关重要。此外，系统的软件架构以及网络选择也可能影响交互的实时性。该系统在设计时，将尽可能全面地考虑各个方面来提升系统的性能，确保系统的高实时性。

（4）交互友好性

界面的友好性可以大大提升用户对系统的好感度。简洁但不简单是系统在用户界面设计时遵循的准则。用户可以快速地找到所需信息。系统在设计时，除了注重功能的实现，对于系统界面的布局、色彩搭配、体验感等都应予以精细的考虑。

二、智能楼宇

智能楼宇的核心是 SA 系统，智能楼宇就是通过通信网络系统将各系统进行有机的综合，集结构、系统、服务、管理及它们之间的最优化组合，使建筑物具有了安全、便利、高效、节能的特点。智能楼宇是一个边缘交叉学科，涉及计算机技术、自动控制、通信技术、建筑技术等，并且有越来越多的新技术在智能楼宇中应用。

通过楼宇自控系统（这里指通常所说的小 BA 系统或狭义 BA 系统），采用先进的计算机控制技术，管理软件和节能系统程序，使建筑物机电和建筑群内的设备有条不紊、科学地运行，从而达到有效地保证建筑物内有舒适的环境，实现节能、节省维护管理工作量和运行费用的目的。

楼宇能量管控系统通过智能化的用电服务手段，利用物联网加强用户与电网之间的信息集成与实时互动，有效提高终端用户用能效率，发展低碳经济，促进节能减排，服务"两型"社会建设，实现国家能源可持续发展的战略目标。

楼宇能量管控网络关键技术如下：

（1）基于物联网的楼宇能量管控网络体系结构

通过分析基于物联网的智能用电管理技术、网络化控制体系结构以及异构网络技术，明确定义需要实现和开发的通信协议。基于物联网的智能楼宇能量管控网络成功的关键是体积小、重量轻、低成本的网络设备，泛在网中的节点必须使用超低功耗的移动节点以避免频繁更换电池。特别是针对自组织、路由、寻址和对不同等级服务的支持作为网络层主要解决的问题。

（2）基于物联网的通信协议、传感通信模块以及一系列智能电器设备

基于复合组网技术，智能模块需要支持家电用电信息采集双向通信功能和复合组网技术的通信协议，监测目标电器具有远程通断电操作的智能电表及智能终端设备，智能楼宇网关设备应满足楼宇智能设备小型化、低功耗及高性能的需求。以传感器网络和无线自组网为基础的物联网系统关注移动终端在迅速组建网络的过程具有移动性和灵活性。针对物联网网络与无线传感器网络和自组网拥有一些不同的特性，如异构性、资源限制、计算能力和能量限制等，需要对物联网通信协议进行跨层设计。

（3）基于物联网的智能楼宇能量管控系统用电管理软件

在集成优化智能楼宇能量管控算法的基础上，智能楼宇能量管控软件能够收集来自物联网传感模型及控制设备的所有数据，并对数据进行分析，实行能量优化管理，从而控制建筑物中的能量，实现能量管理和智能建筑的能源优化机制。

三、智能家居

1. 概述

1997 年，微软总裁比尔·盖茨的私人豪宅——"未来之家"经过 7 年时间终于建成。"未来之家"耗费巨资，铺设了约 84 千米的电缆，房内所有电气设备连接成一个绝对标准的家庭网络，室内每间房都使用触摸感应器控制照明，音乐、室温、灯光等设定都是自动调整。"未来之家"以超前的理念和周全的设计堪称世界经典，惊羡世人。"未来之家"展示了人类未来智能生活的场景，但其科技含量之高，价格之昂贵，使普通人望尘莫及。

随着人们生活水平的提高、消费观念的转变，以及智能家居技术的成熟、三网融合的实现和物联网的发展，实现更加自动化、舒适化、安全化、节能化的家居生活已成为可能。由于政府部门的大力支持和 IT、家电、媒体等各行业的加入，极大地扩展了智能家居市场。智能家居经 10 余年的发展，已悄然走进百姓之家。"未来之家"对于百姓不再是遥不可及的梦想！

对智能家居的定义是以住宅为平台，利用综合布线技术、网络通信技术、智能家居系统设计方案、安全防范技术、自动控制技术、音视频技术将家居生活有关的设施集成，构成高效的住宅设施与家庭日程事务的管理系统，提升家居安全性、便利性、舒适性、艺术性，同时创造环保节能的居住环境。智能家居的理念有效地将先进的科学技术以及个人需求结合在一起，充分发挥科学技术作用的同时改善了自然环境，为人们提供安全、舒适、健康的生活环境。实现智能化、自动化、现代化、安全化的智能家居，主要是通过构建 8 个子系统而达到的，这 8 个子系统为家庭网络子系统、家庭能量管理子系统、背景音乐子系统、智能照明子系统、智能安防子系统、家庭娱乐子系统、家庭信息处理子系统、家庭环境子系统。

（1）家庭网络子系统

家庭网络子系统的构建能够有效地优化和保护人们居住环境所应用的网络，促使与广域网连接的计算机、手机、网络电视等具有良好的应用性，避免断网、病毒入侵、黑客破坏等现象出现，使人们能够安全、高效地上网。

（2）家庭能量管理子系统

在人们的居住环境中属于能量的有电、水、天然气。家庭能量管理子系统能够对人们所消耗的电、水、天然气进行计算，确定用户需缴费用，并自动帮业主交费，真正意义上实现便民。

（3）背景音乐子系统

背景音乐子系统的构造是在住宅内部设置音乐线路，并有效地利用自动感应技术使背景音乐具有感应功能。人们居住在住宅中能够随时随地开启音乐及选歌等。

（4）智能照明子系统

智能照明子系统的应用不仅能够实现节约用电，还能够呵护人们的眼睛。因为智能照明子系统具有自动开关电灯的功能，在人们离开灯源一段时间后，照明系统将会自动关闭电灯。照明系统具有灯光调节功能，能够按照人们的需求调节灯光的亮度，保护人们的眼睛。

（5）智能安防子系统

智能安防子系统具有报警功能，并与公安系统联网，一旦住宅出现偷盗、煤气泄漏、火灾等情况，将会自动发出报警响铃，并将报警信号传输到公安系统，在事故发生的第一时间进行报警。

（6）家庭娱乐子系统

家庭娱乐子系统的构建，能够使人们在足不出户的状态下，就能够开展游戏、家庭影院、家庭 KTV 等娱乐活动。

（7）家庭信息处理子系统

由于人们生活不仅仅局限于住宅，在人们不在家中时，家庭信息管理子系统就开始发挥作用，它能够准确地接收与家庭相关的信息，如小区、物业等方面的发布的信息，将垃圾信息筛选出去，将重要的信息传送到用户的手机中，使人们能够实时掌握家中的一切动态。

（8）家庭环境子系统

家庭环境子系统能够根据每天的天气情况，自动地调节空气、采暖、湿度等方面，为人们营造良好的居住环境。

随着物联网的发展，也给智能家居带来新的变化，物联网、三网融合等技术，对智能家居的发展起到了有力的推动作用。

2. 智能家居感知层设备

物联网的感知层利用多种传感器、传感网、二维码、GPS 等感知物理世界的各种信息。智能家居感知层主要是配合各种传感器节点，实现对室内的实时监控，包括对家庭环境的监控、安防等应用。这里以安防系统为例，介绍其工作原理。

在安防系统中运用了许多不同类别的传感器设备采集不同的信息，并将这些信息提供给中央处理器进行处理，传感器具体功能如下：

（1）光线传感器

该传感器配合光电开关可直接取代家中的墙壁开关面板，通过它不仅可以像正常开关一样使用，更重要的是，它已经和家中的所有物联网设备自动组成了一个无线传感控制网络，可以通过无线网关向其发出开关、调光等指令。其意义在于主人离家后，无须担心家中所有的电灯是否关闭，只要主人离家，所有忘关的电灯会自动关闭。在用户睡觉时无须逐个房间去检查灯是否开着，只需按下装在床头的睡眠按钮，所有灯会自动关闭，同时，用户夜间起床时，灯光会自动调节至柔和，从而保证睡眠的质量。

（2）无线温湿度传感器

该传感器主要用于探测室内、室外温湿度。虽然绝大多数空调都有温度探测功能，但由于空调的体积限制，它只能探测到空调出风口附近的温度，这也正是很多消费者感觉其温度不准的重要原因。有了无线温湿度探测器，用户就可以确切地知道室内的温湿度。其现实意义在于，当室内温度过高或过低时，能够提前启动空调调节温度，等用户回家时，家中已经调整到适宜的温度了。

（3）无线红外防闯入探测器

该传感器主要用于防止非法入侵，当用户按下床头的无线睡眠按钮后，关闭的不仅是灯光，同时会启动无线红外防闯入探测器自动设防，此时一旦有人入侵，就会发出报警信号并可按设定自动开启入侵区域的灯光吓退入侵者。或者当用户离家后它会自动设防，一旦有人闯入，会通过网络自动向终端发出警情处理指令。

（4）无线空气质量传感器

该传感器主要探测卧室内的空气质量是否混浊，它通过探测空气质量告诉用户目前室内空气是否影响健康，并可通过无线网关启动相关设备优化调节空气质量。

（5）无线门铃

这种门铃对于大户型或别墅很有价值。出于安全考虑，大多数人睡觉时会关闭房门，此时有人来访按下门铃，在房间内很难听到声响。这种无线门铃能够将按铃信号传递给床头开关，提示有人来访。在家中无人时，按门铃的动作会通过网络传递给应用终端，而这对用户了解家庭的安全现状和来访信息非常重要。

（6）无线门磁、窗磁

该设备主要用于防入侵。当用户在家时，门、窗磁会自动处于撤防状态，不会触发报警，当用户离家后，门、窗磁会自动进入布防状态，一旦有人开门或开窗就会通知应用终端并发出报警信息。对于有保险柜的家庭来说，这种传感器还能够侦测并记录下保险柜每次被打开或者关闭的时间并及时通知授权终端。

（7）无线燃气泄漏传感器

该传感器主要是探测家中的燃气泄漏情况，它无须布线，一旦有燃气泄漏会可通过网关发出报警并通知授权终端。

3. 智能家居网络层设备

物联网网络层能够把感知到的信息无障碍、高可靠性、高安全性地进行传送，就需要传感器网络与移动通信技术、互联网技术相融合。物联网是互联网应用拓展的重点，是战略性新兴产业的增长点，是加快转变经济发展方式的切入点。在物联网概念还未正式提出之前，智能家居实际上是以"数字家庭"为主导，把多种家电通过计算机技术和网络技术进行互联，以实现各类数据快速便捷的交换，这个时期的家居生活还处于对数据的获取阶段。而物联网兴起之后，智能家居应该说是"智慧家居"，这个时期的家居生活不再是被动的数据接收，而是转为主动的控制和交互。物联网给智能家居带来了第二次生命，物联网的发展重新定义了智能家居的概念，把智能家居从"数字家庭"升级到"智慧家庭"。下面以课题实现的智能家居系统的家庭物联网网关为例做详细介绍。

家庭智能网关在家庭网络中起着重要的桥梁作用，可将家庭内部无线传感器网络与互联网建立连接，并可通过现有的计算机网络技术，将家庭内各种家电和设备联网，实现家庭设备的网络化。本系统家庭网关选用 Linux 开发平台，以 ARM11 为控制器，集成了蓝牙模块、网络模块、串口模块和外围基本电路，具有如下优点：① 所有无线节点的数据都将发往网关进行统一处理，实现家庭网络的简单化。② 蓝牙和 Wi-Fi 通信技术实现手机与家庭网关之间的通信，节约手机上网流量，同时可以避免受到各种遥控器的限制，方便用户携带。③ 将数据上传到服务器，方便用户无论在任何地方都能对家庭设备进行控制和管理，对数据进行查看。

结合家庭物联网网关的功能需求，无线传感器网络设备按照其时隙不断地向家庭物联网网关上传各类传感器数据值，如温度值、湿度值、舒适度值、烟雾值等，家庭物联网网关接收到各类传感器值后，从以太网、Wi-Fi、蓝牙 3 种接口将数据上传给各类终端设备，同时，各终端设备也可通过这 3 种网络形式将控制命令发送给家庭物联网网关，再由网关下发到无线传感器网络相应节点设备，以完成对节点设备的控制。

家庭物联网网关要完成 4 种网络便捷、动态的数据传输与协议转换，以实现不同技术设备之间的互联互通，采用面向具体应用的应用层转换机制，即 4 种网络在相互通信的过程中，使用不同数据格式的数据必须要经过家庭物联网网关应用层的翻译转换，最后以新的格式进行发送。通过对 Wi-Fi、蓝牙和无线传感器网络的协议栈体系结构的分析，可表示出家庭物联网网关多协议转换数据流。可以看出，WSN 节点、蓝牙设备、Wi-Fi 设备以及以太网主机的数据经由自身协议栈汇入家庭物联网网关相应通信模块后，通信模块将对 4 种协议栈从底层解析到应用层，最终将 WSN 节点、蓝牙设备、Wi-Fi 设备和以太网主机的应用层数据交由家庭物联网网关应用层进行处理。

这种应用层协议转换机制需要有统一的应用层协议，接入的网络需要遵守这一协议，才能进行协议转换。根据国家行业标准，制定了适用于课题的应用层统一设备管理协议（UDCP），家庭物联网网关按照 UDCP 对 4 种接口数据进行解析，由 UDCP 报文的帧控制字判断出数据帧是否为转发帧，由帧类型判断出数据帧的报文功能，包体信息包含了数据帧的长度、源设备类型、目的子设备号、包体数据信息等内容，由数据的通信接口来源和 UDCP 报文，可解析出数据的源网络和目的网络类型。根据应用层协议解析出的数据业务类型，可判断出数据包的优先级，由数据包优先级的大小决定调度顺序，最后，按照 UDCP 报文格式对数据包进行封装，将数据从目的网络的通信接口转发出去，以此完成协议的转换。WSN 节点、蓝牙设备、Wi-Fi 设备以及以太网主机接收到数据后，经过自身协议栈解析出数据作下一步处理。相应的硬件平台方案如下：

根据家庭网关需求分析，从低成本、低功耗、准确可靠性出发，同时，结合多协议转换总体方案的可行性，家庭物联网网关硬件平台采用模块化的机制，由主控开发板和各外接通信模块构成。

（1）主控开发平台

家庭物联网网关需要满足长时间不断电稳定工作的要求，经过对家庭物联网网关具体功能的需求分析之后，选择 ARM11 架构的 FriendlyARM 的 Mini6410 开发板作为家庭网关的主控板，其处理器为 S3C6410。Mini6410 开发板具有体积小、耗电低、处理能力强等特点，支持多种操作系统，用户可在此系统平台上根据需要进行自主软件开发。

（2）无线传感器网络通信模块

以课题组自主开发的模块为例进行介绍。网络协议选用 IEEE802.15.4E 标准，该标准增强了 IEEE802.15.4 的 MAC 层和 PHY 层，支持多种拓扑结构，自组织网和终端设备自适应入网，数据传输速率有 250Kbit/s（2.4GHz）、40Kbit/s（915MHz）、20Kbit/s（868MHz），满足低速率传输数据的应用需求，与 IEEE 802.15.4 比较，具有以下改进：① 采用时隙化跳频技术，支持两种信道模式（信道跳频模式和信道自适应），增强了动态信道条件下的网络健壮性。② 低时延低功耗网络，协调采样监听、接收发起通信技术，提出 CAP 关断和组确认机制。③ 采用 DMSE 复合超帧结构和 EGTS 实现精确演示，提高了网络的灵活性和网络的可扩展性。

本智能家居系统 WSN 采用 IEEE 802.15.4E 树形动态组网，各类传感器节点设备通过路由将数据上传到汇聚节点（又称为协调器），家庭物联网网关只需要完成与 WSN 协调器节点的通信便可实现与 WSN 的通信，智能家居 WSN 所使用的传感器节点和协调器设备都由实验室硬件组开发，与家庭物联网网关之间通过串口进行通信。

（3）Wi-Fi 通信模块

Wi-Fi 通信模块选用基于 Marvell 88W8686 单芯片的解决方案，该方案支持 IEEE 802.11b/g 2 个无线局域网标准，其 802.11 MAC 媒体介入控制器完成数据帧的封装和解封装，支持 Ad-hoc 和 Infrastructure 2 种操作模式，Baseband 基带处理部分完成 IEEE 802.11b 中的直接序列扩频（DSSS）调制和 IEEE 802.11b/g 中的正交频分复用（OFDM）调制，射频系统完成基带信号的调制与解调，支持 G-SPI 和 SDIO 2 种接口。

Wi-Fi 通信采用 USI 公司设计的 WM-G-MR-09 模块，该模块对88W8686 进行了模块化封装，屏蔽了射频和基带两个硬件协议层，将滤波系统、时钟系统、存储系统进行了统一的封装，在硬件上完全分离了 Wi-Fi 主机与控制层，且提供了 SDIO 接口实现与主机的无缝链接。家庭物联网网关选用的 Mini6410 开发平台专门为此类 Wi-Fi 模块提供了 SDIO 接口，通过 2.0 间距的 20Pin 插针座 CON9 引出，以方便 Wi-Fi 模块的插拔。

（4）蓝牙通信模块

家庭物联网网关通过 HC-07 蓝牙模块来实现与移动终端的蓝牙通信。该模块集成了 CSR 公司的 BlureCore4-External 芯片与 8M Flash，支持蓝牙规范 V2.0+EDR（Enhanced Data Rate）版本，支持 PIO0-PIO11、USB、SPI、UART 和 PCM 接口。BlureCore4-External 自带 MCU，便于开发者对其进行开发，且拥有一个基带处理器和内存控制单元，可用于处理蓝牙的数据包，实现链路控制和链路管理，因此使用集成了 BlureCore4-External 芯片的 HC-07 蓝牙模块来进行二次开发，将缩短开发时间。HC-07 蓝牙模块的 BlureCore4-External 芯片符合蓝牙 2.0+EDR 规范，功率级别为 Class2，与蓝牙（V1.1 和 V1.2）设备兼容，数字 2.4GHz 无线收发射，数据传输速率最大能达到 2Mbit/s。

第七章　智能交通与物联网技术的融合

第一节　物联网与智能交通系统

在简述物联网技术作用和重要性的基础上，通过分析基于物联网技术的智能交通系统配置构成，探析其中的关键技术，总结基于物联网技术的智能交通系统的应用表现。实践表明，基于物联网技术的智能交通系统可有效减少交通事故的发生，并能快速确认事态情况，能为决策者启动应急预案提供参考依据，有利于交通行业的发展。

随着科技的快速发展和时代的进步，道路交通管理逐渐从传统的静态管理模式向以动态为主、动静结合的方向发展，基于物联网技术的智能交通系统应运而生。高速公路设施设备都相对复杂，车辆进入高速公路后就进入了一个相对隔离的环境，从而加大了运营管理的难度。智能交通物联网的建设、应用不仅打破了这个局面，使车辆、高速公路、外部环境有了联系，而且三者之间可以实时互动，由原来的单一个体变成了相互关联的整体。基于物联网技术的智能交通系统要求通过高速公路监控中心计算机系统、高速公路现场主控 PLC 控制及高速公路本地控制器三级控制系统，实现高速公路区段的多级控制功能，确保系统的可靠性和稳定性。

一、基于物联网技术的智能交通系统

基于物联网技术的智能交通系统主要包含中央控制系统、工业总线系统、闭路电视系统、火灾检测报警系统、交通控制系统、高速公路标志系统、紧急电话及有线广播系统、无线通信系统、供配电系统和收费系统等。

1．中央控制系统

中央控制系统主要由服务器、高速公路监控软件和系统集成软件、闭路电视监视系统设备、大屏幕投影显示系统设备、工业交换机、光端机、高速公路有线广播系统和紧急电话系统的主机、无线通信主机和近端直放站、配电系统等组成。

2．工业总线系统

工业总线系统主要由PLC控制器、多串口网络适配器、工业以太网模块、现场总线配套机柜等组成。

3．闭路电视系统

闭路电视系统主要由摄像机、视频光端机、监视器、视频交通事件事故分析仪等组成。

4．火灾检测报警系统

火灾检测报警系统主要由火灾报警控制器、光纤光栅探测系统、智能光电式感烟感温探测器、警铃等组成。

5．环境信息采集系统

环境信息采集系统包括一氧化碳、能见度检测仪及配套机箱，风向风速检测仪及配套机箱，高速公路洞内、洞外照度仪及配套机箱、安装基础、立柱，配套控制电缆、电力电缆。

6．交通控制系统

交通控制系统包含车道指示器、可变信息标志、交通信号灯、车辆检测器和交通控制系统配套电缆。

7．高速公路标志系统

高速公路标志系统包含路标指示标志、紧急电话指示标志等。

8．紧急电话及有线广播系统

紧急电话及有线广播系统包括高速公路内、外紧急电话和配套机箱，高速公路洞内广播功放和配套机箱，高速公路洞内广播喇叭及洞外广播喇叭，配套控制电缆、电力电缆。

9．有线通信系统

有线通信系统包括调度程控数字交换机系统、综合配线架等，管理大楼内部的通信系统等，配套通信电源系统，高速公路变电所和风机水泵房的直通电话，通讯线缆等。

10. 无线通信系统

无线通信系统包括 POI 多业务接入平台设备，室内全向天线、高增益定向天线，射频连接电缆及漏泄同轴电缆，常规选频直放站和光纤直放站，调度基地台和多频调频广播主机。

11. 供配电系统

供配电系统包括高速公路内 UPS 电源，所有监控、检测设备的供电电缆、信号电缆和光缆等。

12. 收费系统

收费系统包括设置在管理大楼的收费站计算机系统、收费车道设备、闭路电视监视系统、内部对讲和安全报警系统、IC 卡读写设备、车牌识别系统、收费亭、收费附属设施（传输介质、配电系统、防雷、配电箱、配电屏、机柜等）。

二、智能交通系统中物联网应用的关键技术

智能交通系统中物联网利用各种传感技术及网络，通过各接入网与互联网进行连接，形成一个巨大的网络，实现交通的智能化管理。

1. 传感器探测技术

传感器是物联网对自身运行环境及外部运行环境进行感知的关键部分，传感器技术也为信息的传输、分析和反馈提供了支撑。无线传感器网络是由各种微型的传感器节点在监测区内进行有效布置而组成的，通过无线通信连接成一个有序的组织网络。当前，智能交通系统中物联网传感器技术的主要研发方向包括先进测试技术和网络化测控，智能化的传感器网络节点，传感器网络组织结构与底层协议，传感器网络的自身检测和控制，传感器网络安全问题。

2. 云计算技术

基于物联网的智能交通系统中的云计算服务通常是利用外部网络资源，

整合计算实体，所有参与共享的软硬件相关资源及信息资料都可按要求和需要提供给别的计算机设备。

3. 射频识别技术

射频识别技术又叫作电子标签，是智能交通系统中物联网能顺利运行的核心技术，其使用射频信号并通过交变磁场进行信息传递，同时利用所传递的信息来识别物体。该技术由标签、阅读器、天线构成，标签放在物体之上，起分辨物体的作用；阅读器用来读取或输入标签上所包含的信息；天线介于标签与阅读器之间，起传递信号的作用。

4. 网络通信技术

网络通信技术是物联网关键技术中不可替代的重要部分。在网络通信技术中，包括有线技术、无线技术、网关技术等。

5. 嵌入式系统技术

嵌入式系统技术是集计算机软硬件、传感器技术、集成电路技术、电子应用技术为一体的复杂技术，主要用于处理接收到的信息并进行分类。该技术现有的应用领域包括智能机器人、虚拟现实、工业过程建模与智能控制、机器学习等。

三、基于物联网技术的智能交通系统的应用特征

基于物联网技术的智能交通系统在高速公路中应用后，对高速公路运营起到了重要的推进作用，具体表现在以下几个方面：

1. 及时准确获取高速公路交通信息并进行预测，增加主动管理力度

智能交通系统中高速公路监控系统是以监控系统管控平台为核心，支撑各子系统采集的交通、环境、突发事件信息，并对这些信息进行分析，判断当前高速公路运行状况。高速公路运营管理部门可通过监控系统对正常、异常交通事件进行事前判断，及时做出事件处理策略，有效控制事态发展。通过及时采取措施、及时调配各种资源，变被动管理为主动管理，增加主动管理力度，能有效实现事前预防并减少事故的发生。

2. 前端数据有效分析，持续完善运维管理

若高速公路中有突发事件，监控、通信系统会通过前端现场设备对整个事件过程中采集的信息数据进行分析，并提供给高速公路运营管理部门进行事后分析，追查事故责任，排除隐患。而且还可协助工程部门进行事后维护工作，为后期的高速公路服务重构、防止产生二次事故提供支持。基于物联网技术的智能交通系统具备自学习能力，可不断总结、丰富自身的预案体系，满足高速公路运维管理持续改进、完善的需要。

3. 快速直观获取信息，及时处理安全问题

当交通事故、突发事件等情况发生时，需要高速公路运营管理部门及外部救援力量联合行动、快速响应。监控、通信系统应快速直观地通过前端设备将视频图像、事件状态、当前交通状态等信息输入监控中心，以帮助快速确认事态情况并提供启用预案的决策依据。

4. 实施云存储，打造全新的智能交通网

通过物联网 RFID 射频技术建立不停车收费系统，可提高收费效率和通行能力，通过车牌识别云存储联动，可在全国范围内定位追踪违法的车辆、打击逃费。另外，可将所有线圈、收费站 RFID 传感器都视作信息节点，通过云存储，应用传感信息建立交通信息发布及服务系统，能为出行者提供准确的出行信息，以便出行者确定最佳的出行时间、交通路径及交通方式。

物联网技术通过各种传感技术及网络，实现了物与物之间的交互、人与物间的沟通与智能管理。基于物联网技术的智能交通系统的应用可有效降低交通事故的发生概率，即便事故发生也能快速确认事态情况，为决策者启动应急预案提供参考依据，有利于公路交通的可持续发展。

第二节 物联网技术与智能交通控制

作为物物相连的互联网，物联网通过信息传感设备，把互联网与任何物品相连接，为构建智能交通信号控制与采集的体系提供了可能。本书从基于物联网的智能交通系统整体框架入手，着重分析其在交通控制和信号采集两

个子系统中的运用，指出物联网技术将全面提升交通管理水平。

从字面简单理解，物联网就是"物物相连的互联网"，其英文名称是"The Internet of Things"。我们可以这样理解：互联网仍然是物联网的基础和核心，物联网在一定程度上，其实是因特网的一种特殊形式，或者说是在其基础上，又进行了不断扩展和持续延伸的网络，进一步扩展和延伸了客户端，也可以理解为两个以上的物品之间能够进行即时通信，或者是自由进行信息交换。伴随着激光扫描器、全球定位系统、红外感应器和射频识别（RFID）等技术的快速发展，按照事前制定的协议，物联网是通过一定的传感设备，把因特网与不同的物品相互连接，不断进行信息交换，可以智能化识别物品，多方位进行管理、监测、定位和跟踪的一种网络。FORRESTER是美国的权威咨询机构，根据他们的分析，到2020年，世界上跟人与人通信的业务相比，物物互联的业务将达到30：1，因此，"物联网"被称为下一个万亿级的产业。

一、基于物联网的智能交通框架设计

目前常见的交通系统收集数据的方式落后，采集信息的手段单一，对车辆动态诱导和道路拥堵疏通的多种手段还不能达到更高要求，实时有效处置突发事件，应急能力整体上处于较低水平。智能交通系统是基于物联网的框架进行设计的，采用无线通信系统的浮动车检测技术和搭载车载定位装置，结合线圈、地磁检测、视频和微波等采集交通信息的多种手段，从而可以实时收集整个城市内的交通和车辆信息，通过超级计算中心，对最优的车行路线和交通指挥方案进行动态计算。

二、智能交通的子系统设计

1. 交通控制系统

交通信号控制系统的体系架构，具体包括以下几个层次：系统的逻辑结构为3级，从下而上分别是控制路口级、控制区域级、控制中心级。信号控制中心设备主要包括客户端、通信服务器、数据库服务器、中央控制服务器和区域控制服务器等。一些通信网络和光端机构成通信的主要部分。检测、机器信号等则构成主要的路口部分设备。具体的功能划分描述如下：

控制中心级。这一类主要用在城市和全区域范围内，顺利完成交通控制，积极增强管理功能，主要包括设定主要的参数、控制合理的服务、全面监测整体区域等。

控制区域级。主要完成对交通的区域信息采集，包括对信号处理机的预测优化，然后分发到控制路口去执行具体的方案。对本区域路口进行完善优化，同时区域控制服务器还负责信号机控制和监测信号。

控制路口级。采集和上传完整的数据信息，快速履行控制中心的相应方案。同时，根据实际交通路口的需求，科学智能调整绿灯时间，以便有效达到全局优化，使信号的时序达到最大的临界区间，路口情况在最大程度上达到较高的适应度，从而可以有效保证畅通程度达到最佳。

2. 信号采集系统

采集车辆信息的主要方式比较多，但在目前运用广泛的是固定式采集，它通过超声波检测仪器、安装地磁检查仪器、微波检测仪器、环形线圈、视频检测仪器、电子标签阅读器等专业的检测设备，多方位、多角度开展检测，有效采集道路断面的机动车各种信息。为了实现能够全天候、实时有效采集大量的交通信息，必须使用多种综合技术，并实施多传感器的信息采集，对多源信息在后台运行，进行结构化描述、数据融合等预处理工作，从而为进一步的分析提供标准化格式的数据。

三、面对的安全问题

红外感应器和射频识别，英文简称为 RFID，是物联网目前的主要传感技术，这个芯片可以嵌入任何产品，是可以被任何人有效感知到的，对于相关产品的拥有者来说，有了这样的一个系统，就意味着可以轻松驾驭和方便管理。这就需要在安全技术环节上狠下功夫，整合出一套强大并且有力的安全系统。可是在目前的研究阶段，哪些安全问题可能会出现，如何对这些安全问题进行有效解答，如何进行信息屏蔽等，仍不够清晰，因为在不断发展中可能会出现更多的新情况。但是并不意味着这些问题可以不去解决，尤其是对于管理平台的供应商而言。

根据其特点，"物体与物体之间的互联网"在安全方面必然还有着一些特殊的要求，不可能等同于已有移动网络的安全。这是因为物联网的构成元素都是大量的机器和设备，自然缺乏有效的监测装置，并且设备的集群往往异常庞大。正是这些相关设备的属性，造成了物联网在安全问题上的特殊要求。这些问题主要有以下几个方面：

感知节点和物联网机器的本地安全问题。由于"物体与物体之间的互联网"在一定意义上可以取代人类去完成一些相对机械、极度危险和十分复杂的工作。所以感知节点和物联网机器在多数情况下，不需要人为监控的，那么在"缺乏人类"的场景部署中，黑客攻击者接触这些设备非常容易，可轻松对他们进行控制，从而造成极大的损害，甚至取代本地计算机的硬件和软件。

感知网络信息传输和安全问题。在通常情况下，一般对传感节点功能的设计将比较简单，并且其自身能量通常使用电池，这样就不可能拥有相对复杂的安全保护能力。从水文监测到温度的测量，从自动控制到道路的导航，物联网在数据传输和消息处理方面并不具有同样的标准，所以无法提供统一的安全保护体系。

网络信息传输的核心安全问题。核心网络的安全保护通常是相对完善而严密的，但是由于物联网存在海量的节点，如果有人故意造成大宗机器同时发送信息，将可能造成网络闭塞，甚至可能造成整个网络的崩溃，使得整个网络处于被攻状态，所有的服务都遭受拒绝，造成巨大的损失。智能交通的通信网络从安全结构的宏观层面来看，都是仿照人类传播的方式而进行事先设计的，在一定程度上不完全适用于机器语言。在逻辑上，会对现有的安全机制带来巨大的影响，会造成整个网络机器和机器之间的联系被强制分割，这是网络设计者不得不慎重考虑的重要问题。

经过上文的分析，在智能交通控制领域大量应用物联网的各种技术，将加强智能交通控制标准，并提升相应的信息服务水平，从而带来现场的物理实体控制情报分析和交通管理的巨大变化。从基于物联网的智能交通系统整体框架来看，在交通控制和信号采集2个子系统中，尽管存在网络信息传输的核心安全、感知网络信息传输、感知节点和物联网机器的本地安全等问题，但是我们可以欣喜地看到，物联网将为构建智能化的交通管理系统带来革命性的变革。对于人类社会发展而言，也能使绿色 GDP 概念被进一步接受，环境污染将得到更好的治理。这场变革所带来的巨大的经济效益和社会效益值得我们进一步关注。

第三节　物联网与智能交通信号灯

人们生活水平不断上升，汽车成为家家户户的必备物。目前，城市交通的拥挤问题十分严重，通过信号灯控制系统来解决该问题，是目前人们在交通治理方面的主要手段。传统的交通信号不合理，将物联网技术应用到交通信号系统，能有效监控车流量的变化，适应交通变化的周期。文章就分布式交通信号灯控制系统进行分析，以供相关人士参考和交流。

一、分布式系统硬件设计

1. 控制器

分布式智能交通信号灯控制系统中的主要控制器是以单机片作为核心部分，控制下面的复位电路、LED 显示、键盘控制、信号同步发送等模块，并且其分控制器与上位机具有与单片机的通信连接口，促进模块之间的连接。串口通信是控制系统软件模块与单片机的连接方式，其内部对模块具有调制的作用，对远距离的通信来说极为合适，满足了分布式智能交通信号灯控制系统的软件与硬件之间的连接。分布式系统下的分控制器与主控制器的连接采用 485 通信，分控制器向主控制器传递数据只能单向地传递，并且分控制器之间也是采用 485 通信连接的。在控制系统内，数据传递是由一个分控制器向主控制器传递的，并且每个分控制器的数据信息都是对应的。分控制器采用 485 通信，与主控制器连接，分控制器到主控制器的数据，具有单向传递的特征。分控制器与分控制器之间，也是利用 485 通信连接的，相邻的分控制器之间是通过单片机上的通信接口连接，其中单片机还负责与其他模块的连接。

2. 外围电路

复位电路、晶振电路、电源电路、专用配件接口电路这 4 个部分构成整个分布式控制系统的外围电路。外围电路设置过程中采用直流电，而要想系统工作具有可靠的稳定性，就必须采用晶振电路，而复位电路可用来控制红绿灯转换。相关人员必须关注系统使用中数据输入情况，以减少信号延时的情况。

3. 存储器

在硬件控制的系统中，存储器模块十分重要，如何科学合理地配置存储器，相关人员在设计过程中必须根据实际情况，对交通信号灯的硬件控制有清晰的掌握，再选择合适的存储器。存储器包括 SRAM 存储器和 FLASH 存储器，准确的设计才能充分发挥存储器的作用。

二、分布式系统软件设计

1. 中断控制

在设计软件的过程中，通过中断控制来中断信号灯指示，在中断控制的过程中，从开始至结束，包括保护现场、转入子程序、再恢复现场几个过程。软件系统是用来支撑整个模块的运行的，整个系统必须建立独立的控制中断，并且排在顺序的优先位置，能更好地控制系统。这样的系统更加适合检测实时的交通情况，并将采集的信息发送到控制中心，再根据控制中心的指令进行问题处理。

2. 通信软件

通信软件也称串口通信软件，在分布式智能交通信号灯控制系统中具有通信作用，以 RS 485 这一串口通信软件为例，其在整个模块可集成全双工串行的通信口，并且配备的发送与接收缓冲器是独立的，能同时对数据进行接收和发送。在此信号灯控制系统中，包括了嵌入式技术和 PLC，通过主控制器发出的指令，信号灯的通信系统做出动作，这样的通信模式为串行通行提供了条件，也是分控制器与主控制器之间可靠通信的来源。通信软件由控制器规定配置，控制器必须设置相同且一定的串口数值，从而使通信软件在规范下运行。

3. 数据同步

在整个分布式的控制系统运行过程中，必须使系统内所有分控制器之间实现信号和数据的同步，从而使交通信号灯控制系统按照主控制器的模块周期进行控制信号的同步发送。交通信号灯的运行周期可以体现在其中一组同步信号的周期。软件数据的同步，可以通过分控制器接收的数据发出信号，验证信息后，将有效信号发送到其他分控制器内。在软件设计的过程中，只有数据同步，才能达到控制信号的同步，因此，必须重视数据的发送过程，绝对不能出现问题，从而保证交通信号灯的精确性。

4. 参数设置

在软件设计的过程中，通过仿真路口的应用，计算出较为准确的参数，并且通过控制界面对交通信号灯的运行情况进行模拟。因此必须对软件的错误设置进行及时纠正，才能及时获得准确的参数。对软件参数设置，要利用智能化的设置，如输入的指令智能化。在参数设计整个过程完成后，将参数信息传送入控制器，根据仿真数据的分析，进一步得出整体运行数据。

通过对交通信号灯的有效管理，能缓解交通系统的压力，而分布式智能交通信号灯就通过有效的控制系统实现对交通信号灯的有效管理，也能充分利用交通资源。分布式智能交通信号灯可以分为软件和硬件两个模块，需要相关人员不断提高这两个模块的相关技术，完善有关工作，从而保证系统发挥最大的作用。

第四节　智能交通系统架构与物联网

在社会交通压力不断增加的背景之下，智能交通系统应运而生，而智能交通系统主要是利用物联网中先进的通信与信息技术来予以架构。加强物联网技术在智能交通系统中的应用，不仅能够充分发挥智能交通系统在缓解交通拥堵、提高车辆出行效率等方面的作用，也能够满足人们对智能交通系统的应用需求。由此可见，在智能交通系统架构中，合理应用物联网技术是十分必要的。本节就针对如何在智能交通系统架构中合理应用物联网技术的问题进行探讨和分析，希望可以促进智能交通系统整体的进步与发展。

随着社会经济的发展，人们物质水平的提高，社会交通压力不断增大，不仅体现在各个道路挤满多种车辆，也体现在汽车尾气导致的大气环境污染现象越来越严重，这些都为中国的经济发展带来一定的阻碍作用。为了缓解交通压力，实现智能交通系统的架构具有重要意义。提高物联网技术在智能交通中的应用水平，不但能够促使城市的交通在智能化的基础上得到良好发展，也有利于促进社会的全面发展，从而实现整体的进步。

一、基于物联网技术应用之下的智能交通系统结构分析

物联网技术从概念的角度来理解，就是不同的事物之间，借助计算机技术和通信技术的相互连接而构成网络，以此为生产管理提供及时化信息的一项技术。基于物联网技术应用之下的智能交通系统，是由若干个子系统组成，在充分发挥这些子系统作用的基础上来发挥整体功效。

1. 智能化公共交通系统

城市公共交通是交通的重要组成部分，是人们出行的主要途径。基于物联网技术应用之下的智能交通系统，第 1 个子系统为智能化公共交通系统，而智能化公共交通系统建设的重点在于结合车辆、乘客和道路交通信息等，在此基础上建设公共交通规划调度的良好平台。具体来讲，人们在选择公交车时，往往会在站点等候，一般情况下无法预知公交车何时到来，这一形式往往会影响候车人的心情，但是建立智能化公共交通系统之后，能够在很大程度上避免这一问题。通智能化公共交通系统的建立，用电子站牌替代传统站牌，以智能化的方式告知乘客有关车辆的信息；其次是构建监控系统，为乘客提供有关等候车辆的路面相关信息；最后是建立面对市民的公共信息查询系统，只要能使用网络，市民就可以了解到所需要搭乘车辆的信息，提前计算好时间，从而有计划地出行。

2．智能化城市交通管理系统

基于物联网技术应用之下的智能交通系统，第 2 个子系统为智能化城市交通管理系统。在城市道路建设过程中，城市的道路并不是简单化的构造，而会有很多十字路口、交叉路口，甚至在很多的路段会用很多标识来指引司机。由此可见城市交通的复杂性。因此，十分有必要建立智能化城市交通管理系统以应对城市道路的复杂性。另外，针对城市道路的突发情况，应采取及时、有效的措施予以应对。为此，基于物联网技术上构建的智能交通系统需要建立全面的管控中心，从而实现多种信息发布，对交通情况进行良好的引导，要在道路的交叉口设立有效的交通管理和信号控制设备，从而有效控制道路情况。

3．交通信号实时采集系统

在现阶段的发展过程中，对于车辆信息的采集方式主要采用的是固定采集，通过安装相应的设备，如地磁检测器、环形线图、微波检测器、视频检测器等，从正面或者是侧面对道路断面的机动车获得的信息进行检测，但是这一种方式也存在着一定的不足之处，在天气状况不好的情况之下，视频检测就会受到影响而不能满足实际的要求，像线圈检测只能感知到车辆通行情况，而对具体车辆的信息则无法感知。因此，为了实现交通信息的全天候实时采集，应充分利用多种信息采集技术，进行多传感器信息的采集，再在后台对多源数据进行融合和结构化描述等预处理，从而促进交通信号实时采集系统整体的进步与发展。

4．交通控制系统

良好的交通控制能在很大程度上避免交通事故的发生。在智能交通系统架构中十分需要运用物联网技术来建立交通控制系统，对这一系统的理解，可以从以下几个方面入手：第一，道路分为主干道和区干道，不同的干道流量也是不同的，因此，需要实施中心级控制和区域级控制，中心级控制要完成全区域的交通控制管理；区域级控制要完成区域信号的管理，对区域路口进行战略性的优化，从而发挥良好的控制和监视作用。第二，路口是每一条道路发生事故的潜在地，因此，需要开展路口级控制。从实际情况出发，实时优化红绿灯的时间，使交通信号灯可以合理地发挥作用，从而保障交通的流畅。

5．智能化公路管理系统

基于物联网技术应用之下的智能交通系统，第5个子系统为智能化公路管理系统，这一系统的关注重点为高速公路。车辆在收费站进行缴费时，很容易遇到堵塞问题，为了实现车辆不停车缴费，以减少车辆的停滞时间，就可以通过智能化公路管理系统的建设来实现。在智能化公路管理系统建设过程中，还需要对一些违规车辆进行监控，一旦发现超载、超速等现象要及时进行检测管控，从而促进交通秩序的整体发展。

二、基于物联网技术下的智能交通系统的技术手段探讨

智能交通系统如果只考虑道路或车辆问题是远远不够的，要想充分发挥智能交通系统对社会交通的作用，充分运用物联网技术。以下几个方面分析了物联网技术在智能交通系统中的技术手段。

1．RFID 技术应用于智能交通系统

RFID 技术作为物联网技术的一个重要构成部分，被广泛应用于智能交通系统，这一项技术在智能交通系统中的应用原理，主要表现在以下几个方面：第一，车辆在道路上行驶所产生的数据依靠 RFID 技术输送到相关的设备之中，其运作的原理就是信息阅读器的天线将电子标签发送到指定车辆上，当车辆行驶到特定区域之后，产生的数据会激活电子标签，从而实现数据的输送。第二，当相关设备接收到数据之后，还需要开展数据的处理工作，以此来更好地发出指令，而在这一过程中，RFID 技术将收到的数据进行解读，然后发送到平台做出相应的处理，以此来自动识别车辆，从而充分发挥智能交通系统的作用。

2．传感器网络技术应用于智能交通系统

传感器网络技术也是物联网技术的重要组成部分，智能交通系统要想实现良好的信息采集功能，需要运用有效的手段，作为物联网技术组成部分之一的传感器网络技术具有多个方面的优势与特点，将其应用在智能交通系统中，对于促进交通智能化发挥着举足轻重的作用。传感器网络技术在智能交

通系统的应用，不仅能够有效收集路面的车辆信息，实现优化路面车流量的目标，而且能够监控各个道路的路口，在计算各个方面车流量的基础上予以优化，在这些作用之下提高运行效率。要想构建传感网络，具体实施的方法就是在利用道路两侧聚合点的基础上组织成网络，在网络的作用下，将收集的各种信号放到信号设备之中，将传感器终端通过路面下的填埋或者是安装在道路规划处实现布点。这样，行驶在道路上的车辆通过传感器区域之后，系统能有效实现数据采集，从而促使智能交通系统开展良好的信息采集工作。

随着时代的进步与发展，智能交通系统是大势所趋，有效运行这一系统，对于交通整体的发展具有积极的促进作用，而智能交通系统的良好运行，需要充分运用物联网技术的优势。

第五节　物联网传感技术与智能交通

伴随着我国科技水平的不断提升，智能化发展已经成为科技未来发展的主流趋势，在各个领域中都有所渗透。在这一发展背景下，物联网传感技术得到了极大的发展空间。鉴于此，文中主要研究了智能交通领域中物联网传感技术的应用。首先，简述了物联网传感技术的应用原理，其次，论述了智能高速公路交通中物联网传感技术的应用价值，最后，研究了物联网传感技术在智能交通领域中的应用，旨在提升智能交通领域的运行速率。

在我国经济日益增长的今天，城市化建设事业的前进步伐也在逐步加快，城市人口数量随之增加，人们在日常出行时，经常会遇到交通堵塞的现象，尤其是上下班高峰期，耗费了大量的时间。同时，由于汽车出行所引起的环境污染问题也在逐渐加剧，使得全球工业生产必须在短时间内制定出更好的发展方案。近几年来，智能交通的发明在很大程度上为城市交通的畅通运行提供了基础支持，引起了国内外相关领域专家学者的重视。为了更好地提升智能交通的智能化，物联网传感技术在智能交通领域中的应用成为值得深入研究的课题。

一、物联网传感技术的应用原理

在高速公路的智能化建设中，物联网传感技术的应用原理主要是指将云计算、物联网、WebGIS、无线接入视频分析以及工作流等主要技术应用于高速公路的监控管理工作中，借以提升监控信息更新的实时性。与此同时，物联网传感技术的应用，还可以将包括路政、机电、收费以及养护等管理技术应用在不同的部门中，提升各个管理部门的管理质量，真正提升高速公路的运行效率，最终实现对高速公路的智能化管控。

二、智能高速公路交通中物联网传感技术的应用价值

在智能高速公路建设过程中，物联网传感技术的应用价值主要包括以下几点：① 节省人们的日常时间，提升出行效率，使得信息的传输效率得到优化，防止车辆驾驶者在行驶期间出现绕行情况。② 对于突发事故的预防性处理具有一定的促进作用。在应用物联网传感技术进行高速公路突发事故预防处理时，能够实时进行不同车辆行驶信息的交互，对车辆所在具体位置进行智能化感知，充分降低了交通事故发生率。③ 提升综合性交通运输管理网络的应用价值。应用物联网传感技术进行综合性交通运输管理网络的建设，能够高度提升信息交互的效率和智能化管理水平，最终对国民经济可持续增长奠定基础。

三、物联网传感技术在智能交通领域中的应用

通信系统在高速公路系统中存储和搜集的数据信息的数量十分庞大，数据内容整理也比较庞杂，并且相应的数据信息传输距离也比较远，种种因素的存在给高速公路通信系统正常运行提出了更多的要求。此时，为了能够完成提升高速公路信息化服务质量，促进公路运行的畅通性，高速公路的管理部门应该积极在管理范围内构建完善的集数据库、语音库以及图像库于一体的通信系统，即"三网合一系统"。它是指三个不同系统的有效整合，其一

203

是语音交换系统，其二是综合业务接入网系统，其三是光线数字传输系统。此类物联网传感技术的应用，为高速公路通讯系统的高效运行提供了十分重要的数据参考依据，并为智能交通建设奠定了坚实科技基础。

在进行智能交通领域事业的建设时，比较重要的一项工作内容就是做好高速公路收费网络体系的建设。在这一过程中，物联网传感技术的应用价值就被凸显出来。首先，在系统构建期间并不设置主线收费站，而是采用不同运行机构按照不同高速公路路段进行"拆账收费"，旨在通过不同收费时段分别开展各自的账务处理工作，以优化收费效率。其次，为了充分发挥物联网传感技术的功能，构建自动化收费系统就成为重点工作。该项系统的建成，能够有效实现道路通行费、道路运输费和停车费用收取工作的自动化效率。同时设置"一卡通"，提升整个高速公路路段收费系统的标准化。

智能监控系统应用物联网传感技术建设智能化交通时，需要做好的就是构建完善的智能监控系统，使各类杂乱的海量信息通过科学技术有效得到整合，继而总结出最具应用价值的信息，最终整合出一套完整度高、具备智能化、程序管理自动化的综合监控系统。具体来讲，在进行智能化交通监控系统构建时，主要体现在以下几点：①应用物联网传感技术中的定位导航技术、无线通信技术以及计算机车辆管理系统进行提升现有智能交通监管系统的应用价值，对于公路路面的实时运行状况进行有效监管，并及时将异常信息通过无线通信传输回公路管理总部计算机中，达到全局总控的目标。②监控系统所监控到的信息经过系统自动处理之后，会自动上传至电子地图中，为高速公路车辆驾驶者提供精确的道路运行信息。③智能化的监控系统还具有自动追踪功能，可以实现及时对高速公路特殊情况的特殊处理。④当需要对同一车辆进行多角度的监控管理时，智能监控系统可以自动切换界面，实现追踪监控，比较典型的就是在公安部门追捕犯罪分子时使用。⑤紧急救援，物联网传感技术在面对高速公路上出现的交通事故时，为了确保整条线路的正常运行，会开启紧急救援功能，及时处理突发事件。

从本质上而言，高速公路中的数据仓库系统是一个为公路运行提供有效信息的公共性信息交流平台，具有对数据进行存储、查阅、通信传输及共享等功能，是物联网传感技术应用的最佳体现。其具体的应用主要体现在以下几个方面：首先是在共享信息的提取方面，通过利用物联网传感器与数据仓库系统进行关联得以实现。其次是有效融合处理高速公路运行期间采集到的各种道路信息，并对来源广、信息量庞大的数据进行组织分类，提升数据的系统性和精确性，充分降低了相关工作人员的工作量和工作压力。最后是可以按照用户的信息需求单独设置相应的权限制度，实现人性化管理目标。

四、物联网传感技术在智能交通领域中的发展前景

为了更好地提升智能交通控制工作的开展水平和质量，物联网传感技术的有效应用具有十分重要的作用。具体而言，在应用物联网传感技术时，可以高度实现从物理实体至信息空间虚拟镜像的管控工作，继而为现有交通中的实时信息变化、信息搜集与管理模式转换提供了强有力的科技支撑。与此同时，物联网传感技术在智能交通领域中的应用，也有效地节省了能源的消耗，改善了环境污染现状，为实现人类可持续发展提供了巨大的经济效益与社会效益。由于受到多种因素的影响，文中的内容并不全面，有待补充，希望其中的内容能够为后续的研究提供参考。

第六节　基于物联网的隧道智能监测系统

受技术因素、地质条件等因素的共同影响，我国物联网技术多应用在智能化交通方面，在工程监测方面的应用较少。基于物联网的隧道智能监测系统是一种以人员定位和智能管理为主的全新监测系统，将其应用到隧道工程监测中，可充分发挥物联网技术的优势，及时掌控隧道工程变化数据，为隧道工程设计和施工方提供真实有效的数据，以保证施工进度和安全要求。因此，开展基于物联网的隧道智能监测系统的探讨显得尤为必要。

物联网是信息产业的第3次浪潮，基础是 RFID 系统，是计算机技术、互联网技术、通信技术、嵌入式和微电子技术发展到一定程度的重要产物。从狭义角度来看，物联网指的是用于连接物和物之间的网络系统。从广义角度来看，物联网可看作信息空间和物理空间的有效融合，实现了高效、安全

的信息交互。物联网的实质是一种拥有感知、计算、通信能力的微型智能传感器，以其作为连接节点，形成的传感网络。

一、基于物联网隧道智能监测系统功能模块设计

基于物联网的隧道智能监测系统功能模块主要以隧道工程监测数据为核心，面向隧道监测点，并对每个监测点进行系统化管理。以隧道工程监测的日常工作、性质、辅助管理决策为中心来组织数据和实现其相应的计算机数字化管理模式。此系统由多个子系统共同组成，包括监测信息查询系统、监测预报警展示系统、监测数据分析决策系统、监测数据报表及图表生产系统、用户权限管理系统、文档资料管理系统、监测点及监测数据展示系统等。这些子系统，都有其独特的功能，每个子系统之间既相互独立，又相互联系。

每个子系统都有其独特的内部功能，并且在应用时各个业务逻辑又可分为若干个独立运行模块，每个模块都有与之相对应的功能。基于物联网的隧道智能监测系统具有的功能包括监测点布置和监测数据展示。各项监测数据又可独立输入或者导出，经过系统自动检查，确认无误之后，再传输给数据库，便于查询和提取使用。总之，合理设计系统功能模块，可及时发现问题，制定预防措施，降低安全事故发生的概率。

二、基于物联网的隧道智能监测系统的具体应用

1. 工程概述

某隧道工程属于典型的分离式双洞隧道，其中左隧道的起讫桩号为 ZK45+790 ~ ZK47+645，总长度为 1855m，右隧道的起讫桩号为 YK45+810 ~ YK47+655，总长度为 1845m。总体规模较大，为降低研究难度，以 ZK47+487 为研究背景，作为基于物联网的隧道智能监测系统监测断面。地质勘探表明，此监测断面围岩等级为 V 级，主要有玄武岩和灰岩，其中玄武岩风化比较严重，为保证隧道工程施工质量，围岩喷层厚度为 25cm，二衬厚度为 50cm。适用于该系统监测的项目比较多，包括锚杆轴力和围岩内部位移、围岩和初期支护之间的接触压力、钢支撑的内力、二衬混凝土内力等。

2．确定监测方案

基于物联网的隧道智能监测系统应用过程比较复杂，但应用机理基本相同。为更加清楚直观地展示系统应用方法，本节主要分析基于物联网的隧道智能监测系统在围岩和初期支护之间的接触压力监测中的应用。具体监测方案为在开始监测之前，在围岩和支护之间合理埋设各种传感器，并在指定位置布置 MCU32 采集器。

为保证监测数据的精度，需要在每个断面上至少布置 5 个监测点，并以压力盒上的数字进行编号。传感器布置效果对断面监测效果的影响非常大。为提升监测精度，保证监测到的数据能够真实反映实际情况，传感器需要布置在围岩和初衬相交的界面上，便于围岩压力的精确量测。在埋设之前，需要详细记录每个压力及传感器上的初始频率，合理标记相应接头。确认达到要求之后，把压力盒接入 MCU32 采集器中，同时，把频率换算成相应的接触应力。

3．监测结果

通过应用基于物联网的隧道智能监测系统，可动态监测围岩压力变化情况，为隧道施工提供真实有效的数据参考和理论指导。当掌子面开挖结束之后，立即安装压力监测盒，并接触压力进行全方位动态化监测，获取真实有效的围岩压力随时间变化的数据。对这些数据进行全面分析，监测频率严格按照规定执行。当本隧洞工程混凝土初期喷射结束之后，在混凝土尚未凝固之前，混凝土层的接触压力，随着围岩变形而改变。因此，隧道智能监测系统监测到的接触压力为零，随着混凝土固化，形成了具有一定强度的支持层，可阻止围岩进一步变形。此阶段，围岩仍然处于应力释放阶段，可在混凝喷射层和围岩之间形成应力，随着时间推移，5 个监测点位置的应力进一步提升，最终进入围岩变形稳定阶段。

从隧道智能监测系统给出的数据中可以看出，在测量断面中，不同位置围岩稳定性不同。其中 08161 右拱腰位置，围岩和混凝土喷层之间的接触压力最小，最大值为 8.2kPa，不足 10kPa。可以看出，整个断面此位置最为稳定。

08164 左拱腰位置和混凝土喷射层之间的接触压力，在开挖 8 天之前，接触压力快速上升，到第 8 天时达到最大值，达到 152.4kPa。然后开始逐步回落，到 50 天后接触压力值基本趋于稳定，接触压力在 85 kPa 左右。

08181 左边墙在隧道开挖时，接触压力上升速度比较快，开挖到第 6 天后，接触压力上升速度减慢，但也在增加，到 18 天后接触压力达到最大值，在 56 kPa 左右。此后接触压力开始逐步下降，到 120 天后基本趋于稳定，稳定后接触压力保持在 38 kPa 左右。

08117 右边强接触压力和时间变化情况和左边墙类似，开挖 8 天内，接触压力随着时间变化的幅度比较大，8 天之后增长幅度有所降低，到 60 天后变化幅度趋于稳定，维持在 88kPa 左右。

08179 拱顶围岩和混凝土喷射层之间，接触压力随时间变化幅度最大。因此，拱顶所承受的压力应力也就最大，隧道开挖一直到 18 天之前，接触压力一直在增加，到 18 天后达到最大值，最大峰值应力 548kPa 左右。此后开始逐步降低，但接触压力数值仍然很大，趋于稳定所花费的时间比较长，直到 100 天之后，才基本趋于稳定，最终维持在 180kPa 左右。

分析接触压力和时间统计数据可知，隧道开挖之后，围岩和混凝土喷射层之间接触压力大致分为 3 个阶段，一是刚开始开挖后到 8 ~ 16 天，应力释放速度比较快，导致围岩和混凝土喷射层之间的接触压力快速上升；二是开挖之后 8 ~ 16 天到 30 天左右，混凝土强度逐步提升，虽然一定程度上减小了应力，但围岩和混凝土喷射层之间的接触压力仍然处于上升阶段，只是上升速度明显降低。甚至部分测点围岩和混凝土喷射层之间的接触压力已经没有大幅度变化，正处于平稳阶段或者慢速增长阶段；三是开挖持续 30 天之后，隧道工程围岩和混凝土喷射层基本趋于稳定，并没有大幅度变化，此时除拱顶围岩之外，其余部位的围岩已经基本趋于稳定状态。

4. 对施工的指导作用

通过分析物联网隧道智能监测系统获得的数据，可知本工程拱顶处接触压力明显大于其余位置的接触压力。拱顶位置属于拉应力区，相比其他部位而言，更容易发生松弛、掉块等质量通病。并且在拱顶施工时，受到混凝土喷射施工工艺及施工工期的影响，容易发生混凝土喷射厚度不足问题，造成混凝土喷射之后存在较大空洞，影响施工进度和施工人员安全。因此，在具体施工时，需要高度重视拱顶混凝土喷射情况，保证喷射厚度和密实度，在拱顶围岩较差位置，还要开展注浆处理，避免发生局部破坏。

结合工程实例，探讨基于物联网的隧道智能监测系统的具体应用。分析结果表明，科学合理地应用智能监测系统，可为隧道工程施工提供必要的技术支持，提升施工效率，保证隧道工程施工任务能够高效、安全、有序完成。为隧洞工程智能化、信息化施工提供技术支持。此外，隧道工程施工环境复杂多变，很多技术和机械设备的使用受到制约，无法发挥出应有的作用和优势。采用基于物联网的隧道智能监测系统，即使在较差环境中，仍然可以保持良好的运行状态，使各道工序顺利开展。

第七节　信息技术、智能电网和物联网的关系

从信息化、自动化、智能化的角度来看，最终的智能电网会把电力网提升为电力、数据、视频、智能家电控制、楼宇自动化和电动交通等多功能合成的互动网络。本节介绍了电力企业信息技术的发展历程，由最初的办公信息化和电厂、变电站自动化再到智能电网的形成，最后达到利用新能源和物联网，使智能电网效益更加显现，国家电网智能化程度达到国际先进水平。

一、信息技术在电力企业的现状

1. 信息技术在电力企业的发展

信息技术是企业利用科学方法对经营管理信息进行收集、储存、加工、处理并辅助决策的技术的总称，而计算机技术是信息技术主要的、不可缺少的手段。随着我国经济的发展，作为能源企业之一的电力行业的地位越来越重要。如何将信息技术进一步应用到电力企业中，已成为重要的科研课题。如何利用不断发展的计算机技术、网络技术、数据库技术、智能网技术、物联网技术，建立一套以完成具体业务为基础，以数据加工为重点，以安全生产为目的，实现内部数据共享，同时能开展在线生产、经济活动分析，最终为企业领导提供决策服务、电网安全稳定运行为目标的信息系统就显得十分必要而且迫切。

2. 电力企业信息化建设的现状

目前，整个电力企业信息化总体上处于较高水平，但是生产过程控制自动化的先进性与生产管理信息化的滞后性并存。电力企业对生产、调度过程控制的自动化应用一向比较重视，而对业务管理信息化的重视却相对不足。总体来看，业务管理信息化滞后于生产自动化的发展进程。主要表现为：① 电力行业长期作为国家垄断行业存在与运营，作为国家的基础性产业，电力企业曾一度在计划性指令下进行生产，以安全生产为中心。②电力企业纷纷采用分布式计算机管理系统进行数据采集系统化，同时部分电力企业也进行了管理信息系统（MIS 系统）建设的尝试，包括对人事劳资、设备维护、生产计划、办公自动化OA 等，甚至也在试图建设厂级监控信息系统(SIS 系统）、企业资产管理（EAM）等为核心内容的信息化管理系统以帮助企业实现预算精细化、管控一体化的全面信息管理。

电力企业中电力生产系统应用比较成熟，目前，电力系统的计算机装备水平已大大提高，中小型机、微型计算机装备级别不断更新提高，路由器、交换机等网络设备数量增加较快。大部分水电厂、火力发电机组及变电站配备了计算机监控系统；相当一部分水电厂和变电站在进行改造后实现了无人值班、少人值守。发电和变电生产自动化监控系统的广泛应用大大提高了生产效率和自动化水平。我国电厂、变电站、电力调度的自动化程度达到国际先进水平，实现电网智能化。

二、智能电网的发展

1. 智能电网的概念

电力系统是利用火力、风力、水力、太阳能来实现发电—变电—输电—变电—配电—用电的一个过程，而智能电网就是对这一过程实现自动、可视、互动、智能化。而我国智能电网是以特高压电网为骨干网架、各级电网协调发展的坚强网架为基础，以通信信息平台为支撑，具有信息化、自动化、互动化特征，包含电力系统的发电、输电、变电、配电、用电和调度各个环节，覆盖所有电压等级，实现"电力流、信息流、业务流"高度一体化融合的现代电网。智能电网将通过集成先进的信息化、自动化、储能、运行控制和调度技术，为清洁能源的集约化开发和应用提供技术保证。

2．智能电网的目标和本质

发展智能电网的目标是在现代电网中应用信息通信技术实现电能从电源到用户的传输、分配、管理和控制，以达到节约能源和成本的目标。

发展智能电网的本质就是能源替代和兼容利用。它主要通过终端传感器，将用户之间、用户和电网公司之间形成即时连接的网络互动，从而实现数据读取的实时、高速、双向的效果，整体性提高电网的综合效率，实现节能减排的目标。

3．智能电网中新能源的开发

新能源开发是智能电网建设中很重要的一环，目前可供开发使用的新能源主要有太阳能、风能、潮汐能、生物质能、地热能等。

三、物联网的发展

21 世纪是进入信息化的新时代，智慧城市、4G 通信技术、低碳技术、物联网、3D 显示、增强显示技术（AR）、云计算、人用疫苗技术、电机系统节能、可燃冰开采技术，成为 2010 年影响中国的十大技术。作为十大技术之一的物联网技术，自然也成为人们讨论的话题。智能电网不是终点，而是一个过程。目前，智能电网技术是国内外有关电网发展趋势研究的热点，伴随着物联网技术的应用和发展，智能电网的建设也必将被带入新的高度。现今，智能电网与物联网正在融合发展。

1．物联网的概念

物联网是继计算机、互联网和移动通信之后的又一次信息产业的革命性发展。其应用范围几乎覆盖了各行各业。顾名思义，物联网就是"物物相连的互联网"。通过射频识别（RFID）、红外感应器、全球定位系统、激光扫描器等信息传感设备，按约定的协议，把任何物体与互联网相连接，进行信息交换和通信，以实现对物体的智能化识别、定位、跟踪、监控和管理的一种网络。物联网的核心和基础仍然是互联网，是在互联网基础上的延伸和扩展的网络；其用户端延伸和扩展到了任何物体与物体之间进行信息交换和通信。

2. 物联网与智能电网的联系

物联网的应用领域覆盖到各个角落、各个领域，"十二五"期间，我国物联网重点投资十大领域为智能电网、智能交通、智能物流、智能家居、环境与安全检测、工业与自动化控制、医疗健康、精细农牧业、金融与服务业、国防军事。在物联网应用的十大领域中，智能电网的投资规模最大。未来将实现物联网技术在智能电网应用中的重大突破，将打造出电力物联网芯片设计、应用系统开发、标准规范体系、信息安全、软件及测试平台等完整的产业链。将物联网关键技术应用于智能电网，构建电网运行及管理信息感知服务中心，物联网与智能电网结合将大大提升智能电网信息通信的支持能力。构建以信息化、自动化、互动化为特征的坚强智能电网，是适应我国国情，满足未来各方面发展需求的战略性选择。

第八节　物联网技术的智能 LED 路灯控制

现阶段，城市交通发展越来越完善，在夜间照明路灯应用中，传统路灯需要大量电能，且照明设备应用还会产生一些环境污染。随着智慧城市的建设发展，智能 LED 路灯将逐渐取代传统路灯，成为城市夜间照明的主要设备。在智能 LED 路灯控制系统设计中，需要借助相关物联网技术。基于此，本节主要介绍了智能 LED 路灯应用优势；分析物联网技术下智能 LED 路灯总体设计，同时，探究基于物联网技术的智能 LED 路灯控制系统设计方法，希望能够为城市智能 LED 路灯控制设计提供一些参考依据。

智能 LED 路灯优势众多，所以在现代化城市建设中得到了广泛应用，对于促进整体城市智慧建设提供了技术支持。就目前智能 LED 路灯设计应用来看，相关的智能控制和优化方案还在进一步发展中，借助物联网技术，智能 LED 路灯控制系统还将不断优化，整体控制效果将不断提升。

一、智能 LED 路灯的应用优势

智能照明系统解决方案的主要优势体现在节能环保、远程控制给用户带来的体验。在解决方案中的被动红外传感器可以通过对外界"感知"达到智能控制的目的。当人体位于传感器有效区域时，传感器能自动调整灯的明灭，实现节能环保的目的；照度传感器可以敏锐地捕捉环境光的变化，对灯具亮度进行自动平衡，给人们带来舒适的照明体验；无线技术则能够将室内灯具、传感器节点以及网关联系在一起，组成整体网络。

智能 LED 路灯在节能环保上也具有突出效用，传统高压光源中含金属汞、金属钠，后续废品处理对环境污染大。LED 是固体光源，不加任何气体，路灯不含有害金属汞，更加安全环保，对环境污染小。此外，在显色性能上，高压钠灯显色指数低，显色性差，对物体本身色彩的还原性差，不利于对周边环境深度进行判断；LED 光源显色指数高，显色性好，能很好地还原物体的实际色彩，比较接近自然光色。另外，传统高压钠灯使用寿命为 1 ~ 3 年，而 LED 灯的平均使用寿命在 5 年以上。

二、基于物联网的智能路灯系统总体设计

1. 物联网

物联网是新型信息技术发展的产物，物联网实际指的就是物物相连的互联网，物联网有 2 种内涵：第一，物联网的核心和基础是互联网，是在互联网基础上进行延伸和拓展的一种技术信息网络；第二，物联网用户端延伸和拓展到了任何物品和物品之间进行信息交换和通信。物联网通过智能感知、智能识别以及普适计算，在网络中的融合应用比较多，物联网技术发展必将推动互联网技术发展后第 3 次信息产业发展浪潮。

2. 智能路灯系统总体设计框架

以物联网为基础的职能路灯远程控制系统主要是由路灯监控中心、路灯控制终端、路灯区域协同控制器、监控中心、路灯区域协同之间的网络、路灯协同控制器和控制终端等构成的 ZigBee 通信网络。其中，路灯监控中

心的主要职责是对相应信息进行统计、分析和整合，能够对路灯区域协同控制器实施有效控制；而协同控制器主要是用来调节相关路灯明暗程度，执行监控中心的命令，并对于路灯终端采集发送数据进行上报；路灯控制终端主要是用来对路灯运行状态进行监测，相关监控中心和协同控制器之间使用 GPRS 网络实现连接通信；控制终端和相应区域的协同控制器之间使用 ZigBee 协议来完成相应数据信息传输。

三、硬件设计

1. 路灯控制终端设计

就路灯控制终端设计来看，重点要做好功能设计和组成结构分析，从而实现各部分的设计功能。

从功能设计上来看，路灯控制终端需要有 ZigBee 的终端设备功能以实现信息传递，需要将每个路灯的运行数据实时传送到路灯网络协调控制器中，此外，还要实现单灯控制功能，能够达到对于相应路灯光线的调节控制目标，根据具体运行状态进行单灯节能控制调节功能。

路灯控制终端主要有 4 个部分构成，即数据采集模块、处理器模块、无线通信模块以及能量供应模块。其中，数据采集主要是通过光敏、声音传感器等对区域内的光照和声音信息进行有效收集，将采集信号通过处理电路转化成相应的传输数字信号，再传递给微处理器；处理器对于整体的传感器节点操作进行有效控制并进行相应的存储和处理数据采集，进行无线通信模块和相应传感器阶段无限通信管理，最终实现信息交换和数据收发功能。电源模块则是为传感器提供所需能量，能够使用微型高容量电池供应能量。

2. 路灯区域协同控制器设计

路灯区域协同控制器功能主要是实施路段控制，实现路权网络启动和相关资源共享，并借助无线通信网络来实现信息有效传递。路灯区域协同控制器能够对各路灯控制终端采集的相关数据信号进行接收，并传送给相应的监控中心，也能够将监控中心发送的执行指令进行传递，让相应路灯控制终端执行指令。

这一控制器的主要工作原理是通过光敏传感器采集道路光照信号进行智能控制器信号传输，控制相应路灯实施智能开启和关闭；还能够根据车流量和声音传感器信息，进行相应照明电路和输出电压调整，保证整体供电平衡，实现节能控制目标。

3. 路灯控制终端和区域协同控制器之间的通信设计

构建两者之间的通信网络，完成区域协调用控制器时间、光照信息测量，进行路灯终端故障诊断以及移动检测，借助 ZigBee 无线网络实现协同控制器和路灯终端之间的有效通信。在进行相应系统设计中，需要按照相应通信组网特点，对 ZigBee 和传统路灯控制模式结合，按照不同路段时间特点，对协调器设置进行控制，根据组网特点和要求，分析相应路灯状态，按需实施节能措施。

4. 监控中心

系统监控中心实施对于整体路灯监控、各个路段的路灯网络协调控制器、路灯控制终端相关电压电流调整以及传感器采集声音和光照信号具有重要作用。以图表形式提供给管理人员，这对于进一步做好决策具有一定帮助，同时，也能够按照相应的控制要求进行系统决策制定，将相关决策指令发送到路灯网络协调器中，在异常情况下实现自动报警。

四、系统软件设计

软件设计包括 2 个部分，一是区域协同控制器端的数据采集和传输，一是监控中心的监控管理软件设计。区域控制器主要是通过数据采集和接收 / 发送控制命令参数设置构成，其主要的功能是进行系统初始化，实施信息采集和传输。

监控中心主机界面采用可编程软件进行功能完善，要保证人机界面完善，相关人员则是对终端数据实施有效的分析处理，完成实施信息指令的发送任务。

基于物联网技术的远程智能 LED 路灯控制系统设计，能够实现路灯远程控制目标，还能促进智慧城市建设，提升电力供应水平。目前，该技术还在进一步发展中，相信在未来城市化发展中，将得到更加广泛的应用。

第八章　智能交通领域物联网设备维护

第一节　智能交通转辙设备维护

超大规模网络化运营，对设备运维管理提出了更高的要求。基于上海城市轨道交通转辙设备的运维管理实践，对运维管理过程中考虑不周而造成的运营安全隐患进行归类、分析。探讨城市轨道交通转辙设备在新线建设设计选型及运维阶段管理实施的问题。并通过利用信息化管理平台、转辙设备监测系统，以解决转辙设备履历、维护记录、设备状态等管理问题。

随着上海城市轨道交通建设的快速发展，根据规划，到 2020 年路网运营总里程达到 800km，上海地铁转辙设备总量达到 3600 台左右。确保转辙设备运行正常是保障运营安全和效率的关键。因此，运维过程中做好转辙设备维护管理工作尤为重要。

一、上海轨道交通转辙设备概况

上海轨道交通目前拥有 15 条线路，已形成网络化运营格局。其转辙设备总量达 2116 组（3021 台），其中正线道岔转辙设备 901 组（1783 台），基地道岔 1215 组（1238 台）。由于线路建设周期不同，道岔转辙设备的类型也趋于多样化。按转辙机型号，可分为 ZD6-D 型、ZD6-E/J 型、ZDJ9-A/B 型、ZDJ9-C/D 型、ZYJ7-GZ 型、ZYJ7- 侧式型；按安装方式，可分为长角钢安装式、整体道床短槽钢安装式、轨枕式、三开安装式；按锁闭方式，可分为内锁式、外锁式。

二、上海轨道交通转辙设备运行现状分析与对策

1．道岔转辙设备故障原因分析

道岔转辙设备故障主要原因有以下几个方面：

（1）机械和电气指标调整不当

一是随着新线路的开通，各线路的专业技术人员占比被摊薄，检修人员业务能力不足；二是检修作业未严格按照标准流程进行，检修质量不过关。

（2）作业过程把控不严、施工交底不清

一是作业人员不了解和掌握该作业项目的操作规程和注意事项，存在因操作不当而导致故障的可能；二是未开展作业预想，使得作业过程风险识别不彻底；三是作业过程未严格执行两人互检制度，弱化了互控机制。

（3）工电结合部整治难

一是线路条件制约，未能及时彻底整治；二是道岔整治过程中沟通协调难，作业效率低，整治效果差。

（4）设备器材工艺质量问题

一是供应商器材选型问题；二是工艺缺陷导致的质量问题。

（5）设计缺陷问题

一是轨枕式电液转辙机前、后机长油管的径路都是穿越转辙机底部基坑安装，基坑开挖深度不够，大量基坑处于积水、油污状态，使油管长期浸泡在油水混合物中，腐蚀严重，且不易日常检查；二是轨枕式电液转辙设备由于其外锁闭装置结构比较复杂，受外界工况、环境及调整不当等因素影响，易引发机械卡阻等故障且比较频繁；三是部分车站震动较大。

2．对策措施

（1）加强专业技能人才培养，提高技术人员占比

一是建立、并健全员工职业发展制度，做好分公司管理人员、技术人员及高技能人才培养的规划工作；二是完善专业人才培养，做好分层次、分阶段的培训体系，为分公司适应网络化建设做好人才铺垫工作。

（2）转辙设备检修维护，加强作业组织工作

一是对于转辙设备检修维护过程中出现的问题，要求加强作业组织工作，

明确分工；二是开展作业预想，细化完善现场作业流程，制定专项应急处置方案，提高应变能力。

（3）加强落实设备包保制度

一是针对检修作业不符合规范、作业质量差的问题，要求严格按照维规、作业指导书组织检修作业；二是落实设备包保制度，要求任务明确、责任明晰、措施到位、监督有效，全面提高分公司的生产管理工作。

（4）制定设备器材内控标准，盯控供应商设备选型

一是通过制定设备器材内控标准，要求供应商为上海地铁选用稳定、可靠的相关设备器材；二是对全网络整机备机、关键性零部件等进行全面梳理，定期跟踪使用及库存情况，及时申报采购以确保现场班组使用。

（5）开展隐患排查，及时整改消缺

一是推进 ZYJ7 型转辙设备改进型外锁闭装置安装，实施轨枕式电液转辙机油管的径路改造；二是研究 ZYJ7-GZ 型转辙设备改成内锁、侧式安装的改造项目可行性，组织进行现场改造条件确认，尽快实施改造。

（6）探索道岔工电联检区域化管理

道岔工电结合部是工务、信号 2 个专业在设备和技术管理上的接口部位，也是管理上的薄弱环节。针对道岔工电结合部整治难的问题，在原有工电联检基础上探索联合工区作业方式，完善工电结合部标准化作业，加强现场岔区隐患应急处置和有效沟通，减少道岔整治过程中沟通协调的成本，提高作业效率。

三、道岔转辙设备管理实践

1. 新线建设道岔转辙设备选型建议

上海地铁由于线路建设周期不同，道岔转辙设备的类型也趋于多样化。按转辙机型号，可分为 ZD6-D 型、ZD6-E/J 型、ZD6-G/F 型、ZDJ9-170/4K 型、ZDJ9-A/B 型、ZDJ9-C/D 型、ZYJ7-GZ 型、ZYJ7- 侧式型；按锁闭方式，可分为内锁式、外锁式。设备类型多样性继而导致管理难度大、问题多。

根据我国现行《铁路轨道设计规范》规定："列车直向通过速度大于

120km/h 的道岔，应采用分动外锁闭装置"，上海城市轨道交通目前运营速度均不超过 120km/h，采用内、外锁闭装置均能满足地铁安全运营需要且符合规范要求。结合上海城市轨道交通道岔转辙设备内、外锁闭装置近年来运用情况，对故障率、运营操作、设备维护、应急抢修、运行质量及维护成本等综合评估，发现内锁闭装置均优于外锁闭装置。

基于以上情况，在满足道岔转换需要的前提下，尽量减少转辙机参数规格。上海地铁要求速度不大于 120km/h 的新线及延伸线，道岔转辙设备全部采用联动内锁闭装置，并将内锁闭装置纳入道岔标准图集，同时既有线可结合实际运用情况逐步改造。目前上海地铁在建的 14、15、18 号线转辙设备选型均为内锁闭道岔，正线为 ZDJ9-C/D 型、停车场为 ZDJ9-170/4K 型。

2．道岔转辙设备运维质量提升举措

上海轨道交通网络中道岔转辙设备数量庞大，且上海轨道交通列车开行交路复杂多变，按照道岔转辙设备的使用功能可分为折返道岔、出入库道岔、越行进路道岔和非常折返道岔。道岔转辙设备在运营中的重要程度不同，因此，在设备维护管理上应考虑以下问题：一是如何根据全网络道岔转辙设备在运营中的重要程度，制定相应的维护和预防策略；二是如何运用监测系统对道岔转辙设备实施有效监控；三是如何评价全网络道岔转辙设备的运营质量，制定绩效激励和质量监督。

（1）推行"一岔一长""一岔一档""一岔一策"制度

根据全网络道岔转辙设备在运营中的重要地位，实行道岔转辙设备分级管理，将道岔按不同等级分为 3 级：唯一进路中的折返道岔，定为 1 级道岔；折返道岔、出入库道岔、越行进路道岔，定为 2 级道岔；其他非常折返道岔，定为 3 级道岔。本着转辙设备运维精细化管理，探索推行"一岔一长""一岔一档""一岔一策"制度，具体方案如下：

通号分公司作为道岔转辙设备的主体负责单位，要求对每一副道岔指定专人担任"岔长"，总体负责和协调该道岔的各项工作，其他单位应积极、主动做好配合工作。"岔长"的岗位职责是工电联检作业、车工电联检作业时，由"岔长"统一指挥负责；当联检作业意见不统一时，由"岔长"统一指挥协调；若需对道岔相关设施设备进行整改，应将施工方案、风险评估、应急预案等并向"岔长"汇报，经"岔长"同意后方可实施；若发现有影响道岔转辙设备安全运行的隐患，且不能及时修复的，由岔长申请相关降级使用事宜。

梳理转辙设备档案信息，档案信息包括道岔基本信息、转辙机基本信息、转辙设备更换记录、转辙设备故障信息等。并通过搭建的转辙设备信息化管理平台，实现设备履历"一岔一档"电子化管理。

根据道岔等级的不同，在维护人员技能等级配置、设备巡视频次、设备维护频次、备品备件配置、保驾值守等方面，制定不同的维护策略和管理举措，落实"一岔一策"管理要求。

（2）加强监测数据分析工作

道岔转辙设备监测系统是监测设备状态、发现设备隐患、分析设备故障原因、指导现场维修、反映设备运用质量、提高检修人员维护水平和维护效率的重要设备，通过对监测曲线的观察分析，能够及时发现道岔隐患，可以有重点、有目的地进行维修和整治。随着上海轨道交通随着6、7、8、9号线新增道岔监测项目及部分线路道岔监测功能升级项目的启动，上海轨道交通全路网转辙设备监测系统功能的逐步完善。为了发挥监测系统在道岔转辙设备维护中的作用，需结合实际，制定相关管理制度，以保证监测系统的高效运用。加强数据浏览分析工作可从以下几个方面着手：

建立监测数据浏览分析制度，定期进行集中监测数据浏览分析，发现信号设备隐患，预防设备故障，掌握监测运用质量；

实行现场班组、维护部、运维支持部3级分析制度，调阅、分析管内监测数据，对发现的问题实行闭环管理；

监测报警信息，必须及时通知，查明原因，及时处理，跟踪、监督报警信息和故障处理结果；

相关专业工程师每月总结监测数据的分析结果，并针对性的发布技术通知。

（3）实施道岔万次动作故障率统计分析

道岔转辙设备的重要度和故障频率与其转换动作频度有直接关系。全路网中各道岔的动作次数相差非常大，有些常折返道岔一天动作几千次，有些中间站道岔则很少动作。用道岔转辙设备每 10 万次动作故障数来评价其运营质量，具有可比性和可操作性。转辙设备的动作次数可从道岔监测系统中获取，也可通过运营图测算。其故障数可从故障管理平台中获取。依据万次动作故障率质量指标，第一，可实现不同线路、不同时间段、不同机型之间的比较，为考核激励提供了有效依据；第二，可实现相同动作次数下不同故障模式的分类统计分析，从中找出主要问题，及时调整维护策略；第三，可通过道岔动作万次的统计，反映道岔转辙设备的工作负荷，为转辙设备相关器材轮修周期调整提供了可靠依据，实现了全生命周期管理。

针对城市轨道交通道岔转辙设备运维过程中发现的问题进行总结、分析和归类，既是积累经验、优化管理措施、指导现场的需要，也是充分体现城市轨道交通设备运维管理不断进步和完善的过程。通过建立和不断完善针对性的运维管理措施，近几年，转辙设备管理效果显著，道岔转辙设备故障数逐年下降，全路网道岔转辙设备质量显著提升，为城市轨道交通安全高效地运行提供有力的保障。

第二节 智能交通设备维护

随着我国轨道交通事业的高速发展，信号系统作为城市轨道交通的"大脑"，肩负着保证行车安全的重任，其设备维护管理的相关问题也渐渐引起了人们的重视。近几年来，我国多个城市都开展了城市轨道工程建设，希望通过积极开展轨道交通现代化工作以提升城市轨道资源的利用，从而为人们的出行提供便利。但是在轨道交通运行期间，一旦信号系统出现故障，就会给城市交通带来不便，很大程度的损害城市交通形象。在这样的情况下，必须要通过分析、实践加强对轨道交通信号系统设备的维护管理。因此，本节以轨道交通信号系统中的典型设备为例，分析相关问题，希望能够对现实有所裨益。

在城市建设的过程中，现代化交通扮演着十分重要的角色。近几年来，我国十分重视现代化交通建设的开展，全国各地的交通工程数量都得以增加，这也为轨道交通的合理应用打下了坚实的基础，人们的生活因轨道交通的发展获得了益处，同时，轨道交通的发展也间接为能源的节约做出了一定程度上的贡献。然而，在轨道交通运行过程中，往往会出现信号系统故障，一旦出现故障就会降低轨道交通运行效率，不仅会造成经济损失，严重的故障甚至会威胁人们的生命安全。因此，本节研究了轨道交通信号系统设备维护管理的问题，具备较强的现实意义。

一、轨道交通信号系统故障产生原因

1. 人为原因

想要对整体问题进行研究，就必须明确轨道交通信号系统故障产生原因。人为原因，尤其是违规操作的情况，往往会导致轨道交通信号系统出现故障，会直接影响轨道交通信号系统的具体功能，以至影响轨道交通安全。例如，在日常的维护检修过程中，很多工作人员往往没有树立较强的安全意识，在专业技能水平方面也无法达到要求，操作时忽视了规章制度，导致轨道交通信号系统出现损坏，进而引起故障。

以轨道交通信号系统中的计轴设备为例，轨道交通信号系统包含很多的计轴设备，因其较为精密，所以很容易发生故障，导致原本空闲的轨道区段红光带占用。其具体原因可分为 2 个部分：在室内的故障中，往往是因相关工作人员操作不当，导致计轴板卡出现问题；而室外的故障则是因为设备受到了金属设备干扰，再加上机车长时间的在计轴磁头位置停留，影响了轮轴检测设备的信号传输，造成误检测。

轨道交通信号系统本身就具备专业性与复杂性的特点，所以人为原因导致轨道交通信号系统设备出现故障很难完全避免，只有在加强对工作人员技能培训的基础上不断地对故障进行分析、总结，提升技能水平；同时加强对每位工作人员安全意识的宣传贯彻和教育，才能够降低人为因素造成的故障。

2. 轨道交通其他系统的故障

轨道交通信号系统接口较为复杂，需要与多个专业的多个系统进行数据传输，联合控制，这些与信号系统接口的外部系统也可能会出现故障，一旦故障发生，就会影响到与之接口的信号系统的正常运行。导致这些系统出现故障的原因也很多，无论是静电还是雷击，抑或是突然的设备故障等。

不同的系统在稳定性方面也有所不同，故对于信号系统本身健康状态的评估与监测应包含这些与之接口的外部系统。

3. 信号系统自身硬件存在故障

轨道交通信号系统的运行是否稳定，与硬件设备的稳定性存在着密切的关系，硬件设备不稳定会导致轨道交通信号系统在运行的过程中不具备较强抗干扰能力。受到设备稳定性欠佳的影响，不同站点之间的数据通信会间歇性断开，导致部分线路通信中断，出现设备瘫痪的情况。除此之外，在轨道交通信号系统中，电子元件也十分重要，电子元件长期使用会面临老化的问题，存在火灾风险，一旦出现火灾，不仅仅会影响设备，还会直接威胁人们的生命安全。

在轨道交通信号系统运行的过程中，很多因素都会对设备造成损害，如不合理的系统互联就包括在其中，一旦线路互联不合理，就会损害信号设备，引起各种意外事件。所以，需要合理开展对轨道交通信号系统设备的维护管理工作。

二、轨道交通信号系统设备维护管理措施

1. 对维修设备进行科学配置

轨道交通信号系统设备维护管理的重点在于对维修设备进行科学配置，在开展设备维护管理的过程中，应对专业的工具进行利用，对技术进行创新，以保证信号系统维护的正常开展。

维护终端的设置应该以控制中心为基础，在控制中心内可呈现所有车站的故障信息。相关部门应与信号系统供货商进行交流与沟通，保证控制中心的维护终端能发挥自身的作用。同时，还需要对远程诊断采样单元进行合理设计，它们被设置在各设备集中站内，实时监测各设备集中站的状态信息，一旦出现故障报警，就应针对所报设备的故障，快速开展具体的维护工作。

信号检修车间设置在综合维修中心内，包含多种检修诊断及分析工具，

如计算机诊断系统及计算机分析工具等。维护终端能为全线地面设备提供故障诊断信息，有利于轨道交通信号系统设备维护管理工作的开展。

轨道交通信号系统设备的维护管理需要依赖专业仪器与工具，需要合理进行配备。维修设备十分重要，应将其配置在综合维修中心及各个设备集中站的维护设备柜中，有利于更好地开展机械维修工作。

2. 制定合理的维护管理方案

维护管理方案的重点在于预防性维护，所谓预防性维护，主要是指在轨道交通信号系统设备还没有出现故障前，就对其进行预维护，维修管理方案还需根据特定信号系统的历史故障数据，确定预维护周期及预维护范围。检修人员应按照维护管理方案的要求，对设备进行定期清扫、实时巡视。在掌握了设备运行状况后，定期更换设备元件，开展检修工作。

信号设备的具体维修体现为以下 2 个阶段：首先，应对故障排除时间进行确定，以最快的速度完成故障处理工作，以减小对运营线路的影响；其次，需要在轨行区完成维修工作时，维修工作中应禁止行车，保证安全。

排除故障的具体措施分为 3 级，1 级维修是应用新的元件来对发生故障的元件进行替代；2 级维修是在将故障设备进行替换后，对故障元器件进行集中维修，维修完成的故障设备经测试无异常，可进入备件库备用；3 级维修，很多的电子设备的故障是芯片级故障，需要对元器件的芯片进行替换，这类设备较为复杂，不能在现场维修，以避免维修不当，再次发生故障，影响设备维护工作的效率。

综上所述，在轨道交通运行过程中，出现信号系统的故障会降低轨道交通运行效率，甚至造成经济损失，威胁人们的生命安全。

信号系统的维护管理应基于特定线路的故障经验及故障数据制定，以优先预维护、预维护与故障维护相结合的方式综合开展。另外，维护管理还需考虑维护人员的技能培训及维护工作的执行安全。合理的信号系统设备维护管理措施是轨道交通良好运行的基础。

第三节 智能交通计轴设备的维护

随着我国城市轨道交通的快速发展，信号控制系统在城市轨道交通中的地位也越来越重要，在现代的信号控制系统当中，在用于检测城市轨道空闲情况的设备中最为常见的便是轨道电路和计轴系统。计轴设备是由现代计算机技术和传感器技术结合而成的，相比起轨道电路，计轴系统最大的优势在于计轴设备的运行和轨道状况并没有关联性，因此，计轴系统在国内的许多城市轨道交通中得到了广泛的应用。本节将针对城市轨道交通计轴设备的维护及故障处理措施展开初步的探讨，主要阐述计轴系统设备维护工作和故障处理工作的内容和步骤，希望能够给我国城市轨道交通事业的发展提供一定的参考。

轨道电路作为信号控制设备有着区间闭塞、电气集中以及调度集中的特点，轨道电路对于列车运行的安全有着极为密切的关系，但是轨道电路很容易由于轨道电阻、分路电阻以及电气化区段牵引电流等原因而出现故障，极容易危及列车运行的安全性。而计轴系统是由车轮检测设备、运算单元组合、计轴点以及外部电缆连接系统组成的，它是利用计轴设备和传感器产生轴信号并进行处理、判别和计数的，因此，不仅系统不会受到轨道情况的影响，还能够有效提高列车信号的准确性及可靠性。除此之外，计轴系统中的一个运算单元就能够连接至少 5 个计轴点，能够检测最长 42km 的轨道区段，可处理的列车速度高达 350km/h 的信息，性能极强。

一、计轴设备的维护工作

1. 计轴设备的检查工作

在开始实际的测量工作前需要先检查车轮传感设备的外部环境以及轨道连接箱内部的情况，检查双置传感器周围 0.5 米的范围内是否存在金属异物，如果有就必须移走，保证该范围内没有金属异物。此外，还需要检查干燥剂袋子上的指示条，如果指示条呈现粉红色，则需要更换干燥剂。

2. 计轴设备的调整和测量工作

首先，打开电源，让运算单元和计轴点设备都开始运行；然后，对车轮传感设备进行检测，需要利用带频率测量的通用万用表和测试仪来进行检查，WDE 供电电压是对应室内电压减去电缆线路的损耗，WDE 供电电压值必须保证为 30VDC，如果先出为负数值，则是由于轨道旁电缆的极性接反了。而外部供电电压的测量则应该在端子 10 和 11 的位置使用通用万用表来进行，如 AC22V-50V 或是 DC30V-72V。此外，WDE 工作电压值必须保持在 DC21.3V-22.4V 的范围内，发射频率 fs 应该调为 43kHz，标准电压 UR1 的设置则需要使用到 $0.6 \times 2.8mm$ 的螺丝刀在信号发生板面板的 f1 调节口进行调节，设置在 5.3VDC-6.0VDC；最后，需要对运算单元以及放大触发板上的 f1 和 f2 调节口进行测试。

二、计轴设备故障处理工作

1. 对计轴设备的故障进行诊断

诊断需要从室内设备开始进行。首先，需要获得目前的运行指示状态，然后，利用 WDE 诊断单元来对运算单元 VESTI 放大触发板 F 和 U 测试口的信号频率 f1 和 f2 以及电压 Uf1 和 Uf2 来进行反复的测量，从而判断出计轴设备故障的原因，若信号频率数值和电压的数值都处于可允许范围之内，那就是运算单元出现了问题；如果信号频率数值和电压数值不在可允许范围之内，便需要对车轮传感设备进行测试。若测试车轮传感设备没有问题，则需要测试传输线路。在对外部设备进行检车之前，必须要先检查运算单元中相应的 BAPAS 带通滤波版上的保险，保证 WDE 的供电稳定。

2. 对故障进行处理

（1）指示故障发生位置

在轨道空闲检测设备存在问题的时候，系统会提示操作人员该轨道区段已被占用，当操作人员确认了计轴系统发生故障后，便会通知维护维修工作人员前往该轨道区段进行故障处理工作。

（2）故障处理工作

　　故障处理工作需要从室内设备先开始着手，首先，记录并判断目前设备的运行方式，若已经进行了计轴系统的复位操作也无法消除故障，就必须按压通道上的 AzGrH 按钮来开启统计功能，这样就能够统计数据并对数据进行评估，通常情况下，可以通过测量信号频率来检测出计轴设备故障的原因。除此之外，还可以在 VESBA 板上测量输出电压数值，若信号频率数值和电压数值都不在可允许范围之内，就很有可能是运算计算机发生故障；如果只有电压数值不在可允许范围之内，则需要检查计轴点设备，若计轴点设备没有问题就需要检查传输路线；如果只有信号频率不在可允许范围之内，就需要检查计轴点设备的问题。在检查室外设备的之前，需要先检查 VESBA 版上的保险丝，同时，还需要检查室内设备给计轴点设备的供电情况，在开始检查 ZP43E/V 计轴点的时候，需要使用到测试适配板，通过适配板就可以直接使用万用表、测试仪或是 WDE 诊断仪等设备来测量计轴点的参数，获得了参数之后，就可以直接和标准参数进行比较，从而得出故障发生的位置和原因，若发现电路板存在故障，则必须进行更换。

　　综上所述，城市轨道交通计轴系统是使用计算机作为整个系统的控制核心，并利用健全的配套电路组合成计轴系统的运算单元，每一个运算单元都能够直接连接至少 5 个计轴点设备并且具有同时检查至少 2 个轨道区段的能力，还可以通过多个运算单元组合构成一个完整的计轴系统，从而有效保障了计轴点设备工作的稳定性、准确性和可靠性。只有重视起城市轨道交通计轴设备的维护和故障处理工作，才能够保障设备运行的准确性和可靠性，以及延长设备的使用寿命，进而保障了城市轨道交通行车的安全。

第四节　智能交通工程施工设备维护

　　在经济不断发展的今天，许多城市都在建设轨道交通，使轨道交通成为当地交通的重要工具，从而推动交通事业和社会经济的发展。更好地利用地下空间发展城市轨道交通工程，可以使空余资源得到充分的利用。因此，应采取更为有效的施工设备维护维保模式，以提高地下空间工程质量。在城市轨道管理中，明确现阶段需要优化的内容，并且对较好的部分进行保持，从而使地下交通更好地服务于城市化进程，促进区域经济的发展。

一、研究城市轨道交通施工设备维保模式的意义

随着城市化进程的不断加快，城市人口数量也在不断增加，造成地上交通用地紧张，很多基础设施发展不够完善，出现了一些社会问题。在此背景下，需要利用之前没有充分利用的空间，比如地下空间。为满足城市人口的出行需要，现阶段需要解决交通拥堵、路上耗时过长等问题，为此需要提升技术，以便更多地开发地下空间。重视城市轨道交通施工设备的维护维保，可以提高城市轨道交通工程质量，使工程达到预期效果，更好地为市民服务。但一些地下工程并没有达到理想效果，需要根据实际情况进行调整，提升工程质量。

二、城市轨道交通设备设施维修管理

1. 维修管理模式

在城市轨道交通设备维修管理过程中，要重视维修管理模式的构建。现阶段设备维修管理通常采用一级控制和三级管理的方式。一级控制是指施工的过程中，维修的时间、地点、人员等各种信息都要在控制中心的监管之下进行。三级管理是指施工过程中分别对部门、车间和班组进行三级不同的管理，从而保证实施过程中主体的责任和义务明确。

2. 维修方式

我国的城市轨道交通经过较长一段时间的发展后，已经形成了定期维修、状态维修和事后维修3种主要的维修方式。一般的施工过程中主要是进行定期维修、状态维修和事后维修或3种维修方式的结合，来避免由于质量问题导致的交通瘫痪。在分析3种不同维修模式的过程中，可以从特点上进行区分。定期维修和状态维修是对事故进行预防性的检查，而事后维修是在出现问题后的及时调整。可以根据设备的故障情况以及使用需求，采用不同的维修方式。对于一些极容易出现问题的小零件，可以采用定期维修的方式；对

于发生故障次数较少，但出现故障就危害较大的零件，可以采用状态维修的方式；对于一些发生故障次数较少，且故障情况不是特别严重的小零件，可以采用事后维修方式，减轻预防性维修的工作量。

3．维修等级

设备维护可以按维修等级和保养周期分为日常检查、周检、双周检、月检、季度性检查以及年检等不同的检测等级。在检测过程中，可以根据实际需要以及设备的特性来进行区分，选择最合适的维修等级以降低故障率。

三、设施设备维护保养模式分析

1．车辆检修

在对车辆进行专业维修过程中，要将定期维修、状态维修和事后维修3种不同的维修方式进行结合。定期维修要按照规定好的周期进行定期检查，并结合车辆的实际行驶公里进行分析。考虑到地铁运行初期车辆的运行状态和人员素质都处于良好阶段，因此，初期的车辆维保应以计划性检修作为主要检修方式。在维修过程中，要采用间隔周期比较短、修理安排比较密集的方式进行检修。此外，还可以根据车辆的实际运行情况以及行驶公里进行分析，对占用工时较多、对车辆运行有严重影响的零件要多次检修。配件检修可以实施委外检修的方式。而日常的计划性检修，要采用自助维修的方式确定车辆的使用情况。

2．消防设备设施的检修

消防设备设施属于使用频率低但功能强的设备。由于地铁车站大部分是地下建筑，属于地下空间，而且人员密集。虽然消防设备的使用频率不高，但如果出现意外情况，消防设备具有巨大作用，因此，检修过程中，要提高对地铁消防设备的重视程度，确保其安全性与可靠性。检修中除了要重视消防设备，还要对火灾报警，自动灭火等消防系统进行检测。依据我国相关法律法规规定，消防系统的检测方要具备相应的资格，检修过程要委托给具有相关资质的单位，从而确保消防系统的安全。

3. 供电设备检修

轨道交通供电系统主要包括主变电设备、车站变电所设备和接触网设备，对不同设备要采用不同的检修方式。由于主变电设备需要进行高压检修，因此，需要委托给具有专业检修资质的机构进行检修，目前的维保市场已比较成熟，可以采用委外维保的方式进行检修。车站变电所设备和接触网设备可以采用不同的方式，既可以选择有专业资质的机构，采用委外检修的方式，也可以采用自主检修方式，但是检修过程应结合实际情况和运营单位的能力进行分析，选择最为合适的维保方式。

四、城市轨道交通工程施工管理措施

1. 加大先进施工技术和设备的投入

在我国，城市轨道交通工程被划分为较大规模的建筑施工项目，施工过程中对相关机械设备和运输设备都有严格的规范要求。工程实施前，需要挑选一批具有专业知识的施工人员负责后续工程，并且确保这些工作人员具备操作先进设备的能力，施工中利用先进的机械化施工方式，可以大大提高工程项目的施工效率和施工质量。

2. 绿色施工理念

城市轨道交通工程实施过程中，一定要贯彻执行绿色施工理念。工程开始前，承包工程的相关单位要对施工地进行实地考察，根据施工地区气候条件和地质环境打造出一套科学合理的施工方案，并选取与之相适应的先进机械设备。另外，在施工过程中，要避免对周围地区环境造成太大的影响，环境保护工作应在施工前做好相应的规划。由于施工过程中会产生一定的环境污染，因此，为了使工程实施过程所需的资源能够得到充分利用，在选材方面要选择节能环保的原材料。

3. 合理规划施工时间

施工团队在接手一项工程时，必须对工程周期进行合理规划，这个周期由施工前期、中期和后期 3 个部分组成。在这 3 个阶段，施工团队应合理安排各个施工单位所需承担的任务，这样才能确保工程在规划时间内完成。一些施工团队没有对施工前期进行合理规划，出现了许多阻碍工程进度的问题。因此，为了确保工程团队每天都能完成规定的工作量，必须分派监督管理人员对每天所需完成的工程量进行定期检查。在施工过程中还要有一些相关的应急措施，以保证某个环节出现问题后有后续保障，避免拖延施工时间。

4．控制施工成本

工程设计质量对工程成本的影响很大，因此，在工程实施前要对设计方案进行严格挑选。根据以往的经验，一份质量高的设计图纸影响着整个工程成本的浮动，有时，也能在确保工程质量的同时，降低工程成本。在选择工程所需原材料时，要对材料和性能有一个基本的了解，这样才能选择出质量好、成本低的材料。相关部门监察人员在检查设计图纸质量时，也要尽到自己的责任，确保设计图纸的科学性与合理性。

5．工程施工涉及的各单位之间的沟通

城市轨道交通工程的顺利完成，不能忽视工程实施过程中各单位之间的沟通，每个部门及时将工作情况分享给其他部门，才能减少项目进行中出现的分歧。各部门之间经常沟通，不仅不会对工程进度造成阻碍，还可在一定程度上提高工程质量。此外，为使工程整体施工技术管理得到提升，需要各施工单位每个部门之间及工作人员之间及时沟通，并且应有一个系统化的管理制度。

通过对目前城市轨道交通工程施工现状以及存在问题的简要分析得出，城市轨道交通建设工程是一个复杂的系统性工程，在工程实施过程中一定要严格把控工程质量和安全生产。

第五节　智能交通车辆设备全员生产维护

全员生产维护（TPM）是以全员参与为基础，以自主管理为核心，以全系统的预防维修为过程，以追求设备综合效率最大化，实现设备故障和产品质量缺陷为零，营造绿色工作环境为目标的设备保养和维修管理体系，是一种现代企业管理模式，同时，也是锤炼企业管理文化和团队精神的一种有效途径。

城市轨道交通车辆设备种类繁多，管理难度较大。列车自动清洗机和不落轮镟床等车辆设备使用非常频繁，传统的计划预防维修经常导致设备的过维修或欠维修，造成不必要的使用中断。为此，青岛地铁引入了 TPM 设备管理理念，并以列车自动清洗机为载体成功试行，取得良好成效。为总结和推广 TPM 设备管理经验，青岛地铁车辆部开展了基于列车自动清洗机和不落轮镟床的 TPM 管理体系搭建实践，形成了可移植推广的先进设备维修管理模式。

一、城市轨道交通车辆设备 TPM 管理体系搭建思路

城市轨道交通车辆设备 TPM 管理体系搭建是一项复杂、长期的系统工程，如何找到合适的切入点，选择适宜的管理内容，制定明确的管理目标，采取有效的管理方式是成功的关键。青岛地铁车辆部认真总结前期实践经验，创造性引入项目管理理念，将 TPM 管理体系分解为组织体系、制度体系、活动体系、评价体系 4 个子体系，分类实施、依次搭建。各子体系之间并非相互孤立，而是相互联系、相互支撑。首先，搭建组织子体系，目标是构建符合 TPM 管理特点的领导管理团队和活动组织网络，为体系搭建提供组织保障；其次，搭建制度子体系，目标是制定管理规定和点检标准，为体系搭建提供制度保障；再次，构建活动子体系，目标是制定明确的活动内容及标准要求，为 TPM 活动规范开展提供指导和依据；最后，搭建评价子体系，目标是建立明晰的考核与奖惩机制，为 TPM 管理推进与执行效果进行客观的评价。

二、TPM 管理体系搭建步骤

1. 成立组织体系

全员参与是 TPM 管理的突出优势与特色。公司或部门负责人须全程参与，亲自挂帅，全面领导和推进。一旦决策引入 TPM 设备管理，首要任务是搭建 TPM 管理体系组织架构，制定各级组织工作职责。

为搭建 TPM 管理体系，青岛地铁车辆部成立了 TPM 管理领导小组、工

作小组及活动小组三级推进组织，各小组分别设立组长、副组长及组员，全面领导和推进 TPM 管理体系搭建工作。

TPM 管理领导小组负责全面领导 TPM 推进小组开展工作，并进行整体部署，审核 TPM 各阶段实施方案，负责督促和检查日常 TPM 工作推进情况，协调、解决推进中存在的困难和问题，研究激发员工自主工作热情的管理方案，协调相关环节关系。

TPM 管理工作小组负责职工 TPM 管理宣传与培训，策划 TPM 推进方案，建立工作推进机制，指导 TPM 管理活动小组工作，检查工作开展情况，对 TPM 的推行进行技术指导，解决现场推行困难，组织收集设备运行信息，制定设备检修或改造方案，组织建立点检工作机制。

TPM 管理活动小组负责制定具体推进计划并按计划组织实施，指导 TPM 活动小组工作，检查工作开展情况。

2．制定目标规划

目标规划是 TPM 管理体系推进的导向，是顺利达成目标的指引。为此，目标必须明确，定位必须精准，规划必须科学。

TPM 管理领导小组在对现状充分调查的基础上制定了 TPM 管理体系搭建的目标，即搭建起基于列车自动清洗机和不落轮镟床的 TPM 管理体系，打造出 TPM 管理实践样板，全面提升综合利用率。将列车自动清洗机的综合利用率提升到 85% 以上，将不落轮镟床的综合利用率提升到 90% 以上。

3．建立制度体系

管理制度是使 TPM 管理体系搭建过程制度化、标准化的有力保障。目标规划制定后，应着手制定和完善 TPM 管理体系搭建中的各项规章制度和标准，形成规范化的规章文件，使 TPM 管理体系搭建的各项工作和环节都能有章可循。

（1）管理规定

搭建 TPM 管理体系，制定有关 TPM 的管理规章，形成 TPM 管理制度。TPM 管理工作小组组织编制发布了《车辆部车辆设备 TPM 管理规定》（以下简称"管理规定"）和《车辆部车辆设备 TPM 活动管理规定》（以下简称"活动管理规定"）。管理规定主要对组织管理、点检管理及"八大支柱"管理进行规范；活动管理规定与管理规定相辅相成，主要对日常点检、定期点检、单点课程、提案改善等 TPM 活动加以规范，进一步指导 TPM 活动小组或班组高效、规范地开展 TPM 活动。两大管理规定对 TPM 的实施制定了宏观和具体的实施目标与管理要求，规范了 TPM 小组活动，实现了 TPM 活动管理标准化。

（2）点检标准体系

点检是 TPM 工作的基础，是一种全员管理的形式，TPM 管理工作小组先后发布了列车自动清洗机与不落轮镟床日常与定修点检标准、给油脂标准、维修技术标准、维修作业标准，形成了完善的点检"四大标准"体系，为车辆设备实施以日常点检与定期点检为主体的点检定修制提供了标准支撑。

4. 确立 TPM 管理活动内容

TPM 管理主要有 8 项重点工作，也被称为 TPM 八大支柱，TPM 活动主要围绕"八大支柱"开展，分别为前期管理、自主保全、计划保全、品质保全、个例改善、事物改善、教育培训及环境改善。TPM 管理工作小组围绕"八大支柱"确立 TPM 管理活动内容，前期管理侧重于规范运营需求和参建要点，品质保全鼓励开展质量控制（QC）攻关和专题研究，自主保全和计划保全突出点检定修管理，个例改善侧重于提案改善，事物改善侧重作业流程，环境改善侧重于实施现场点检目视化管理，教育培训侧重于推行单点课程和"四个一培训"（即每日一题、每周一练、每月一考、每季一赛）。

5. 构建活动体系

TPM 管理活动内容明确后，需进一步构建活动体系，制定明确的活动内容及标准要求，为 TPM 活动规范开展提供指导和依据，活动内容及标准进一步固化，各项活动的开展逐步形成常态化。

（1）前期管理

通过发现设备设计缺陷、功能缺失、性能差、安装位置不合理等问题，整合提炼后形成库区及设备运营需求及参建要点，在此基础上总结优化安装、调试、验收大纲，为后续线路的设备选型、库区建设、运营筹备等提供指导意见。

（2）自主保全及计划保全

在列车自动清洗机、不落轮镟床点检"四大标准"的指导下，正式实施列车自动列车自动清洗机、不落轮镟床的日常点检与定期点检，建成符合列车自动清洗机、不落轮镟床特点的点检定修制，全面提升洗车与镟轮的计划兑现率。

（3）品质保全

QC攻关和专题研究是持续提升设备品质的有效手段。TPM管理活动小组须结合日常检修与运用问题，积极实施QC攻关与专题研究，从而达到提升技术人员和操作检修人员的工作技能，降低设备故障率，全面提升车辆设备可靠度的目的。

（4）个例改善

个例改善是通过消除影响设备综合效率的故障、生产调整、突停与空转等带来的损失，最大程度发挥设备性能和机能的有效措施。TPM管理活动小组着眼于列车自动清洗机洗车质量、清洗剂与水消耗、不落轮镟床镟修质量与镟修效率等实际问题，组织实施持续的改善活动，最大程度发挥设备的性能和机能，达到洗车用水经济化、镟修质量与效率最优化。

（5）事务改善

事务改善是通过对现行事务制度及事务手续进行研究改善，提高事务作业的效率，消除各类管理损耗，减少间接人员，改进管理系统，提高事务效率，是更好地为生产活动服务的有效手段。TPM管理活动小组结合生产实际，对现行洗车、镟轮作业流程进行改善与优化，在班组推行积分排班管理，进一步提高内部事务操作和运行效率。

（6）环境改善

环境改善是通过提升工作环境、物资、设备、工具等管理水平，达到降低成本、减少浪费、提高生产效率的目的。TPM管理活动小组在工作区实施6S管理，在设备区推行点检目视化与库区目视化，营造友好型工作环境，提高设备检修便捷度。

（7）教育培训

"四个一培训"和单点课程是提高设备操作、维护人员技能的有效途径。TPM管理活动小组逐步建立并固化"四个一培训"、单点课程培训模式，达到班组学习自主化、培训程序化，进一步提高维护人员专业技能。

6. 营造实施氛围

TPM 管理理念在维修模式、参与人员等方面都有别于其他传统的设备管理理念。为深入贯彻 TPM 管理理念，车辆部对部门管理岗、技术岗、生产岗逐级进行 TPM 理论培训，将全员参与落到实处。设立 TPM 专题宣传看板，将 TPM 相关知识和政策加以宣传、实时更新。通过全员培训以及自主学习与实践，使 TPM 管理理念扎根于部门每位员工心中，为 TPM 管理体系的搭建营造了良好氛围。

7. 建立评价激励体系

只有建立公开透明的评价体系，对正面的加以激励，对负面的加以杜绝，才能更好地推进 TPM 管理体系的搭建工作。TPM 管理体系完成初步搭建后，TPM 管理领导小组严格按照《TPM 管理评价与奖惩实施办法（细则）》对 TPM 管理执行情况进行评估，实时监控 TPM 管理运作状况。TPM 管理工作小组根据 TPM 管理年度工作目标和工作计划，组织实施 TPM 管理专项评估。评估通过后，TPM 管理工作小组及时总结提炼好的建设经验和工作方法，不断完善运作管理制度，为 TPM 管理的整体升级奠定坚实的基础。

三、实践效果

初步完成基于列车自动清洗机、不落轮镟床的 TPM 管理体系的搭建。通过评估，列车自动清洗机及不落轮镟床的综合利用率分别超过了预定的 85% 和 90% 的目标。为更加直观验证 TPM 管理实施效果，特以列车自动清洗机综合利用率的提升为例进行分析。

1. 列车自动清洗机综合利用率

（1）可用率

通过实施日常点检，取消了原来需停机 2 天的月检，将点检分散到每天的洗车间隙中。列车自动清洗机的可用率由原来的 91% 上升为 100%。

（2）表现指数

2017 年全年计划洗车 900 列次，因列车自动清洗机故障、电客车临时转轨、配合正线演练、天气影响等原因，实际洗车 759 列次，表现指数为 84%。通过日常点检、定期点检的实施，列车自动清洗机故障率显著降低。截至 2018 年 7 月中旬，计划洗车 508 列次，实际洗车 464 列次，表现指数为 91%。

（3）质量指数

根据"任意 10cm^2 面积内，点、块状水渍不得超过 3 处，任意一块玻璃流水状污渍不得超过 2 条"的验收标准，2017 年洗车 759 列次，合格 699 列次，质量指数为 92%。通过开展改善列车自动清洗机洗车质量 QC 攻关活动，洗车质量明显提高。截至 2018 年 7 月中旬，洗车 474 列次，合格 455 列次，质量指数为 98%。

2.　不落轮镟床综合利用率

不落轮镟床的综合利用率由原来的 75% 上升为 93%。

TPM 管理体系在列车自动清洗机及不落轮镟床上的成功搭建，为探索更加科学合理、独具特色的设备管理模式提供了参考。后期可以将 TPM 管理体系搭建推广至固定架车机、立体仓库等其他城市轨道交通车辆设备，完成城市轨道交通车辆设备全覆盖，以实现城市轨道交通车辆设备检修作业更加标准、检修现场环境更加友好、班组管理更加规范、设备运用更加可靠的目标。

第六节　智能交通通信系统设备的运营和维护

我国城市轨道交通建设经过多年的高速发展，其里程数、车站数和线路数在不断地增加，一线城市的大规模城市轨道交通网络逐渐形成。通信系统作为城市轨道交通运营的重要技术保障和支撑，其系统的运营和维护在此背景下面临着新的机遇和挑战，需要结合自身优势和当前形势制定运营和维护策略，以网络化、集约化思维对城市轨道交通通信系统进行系统性的管理规划、优化业务体系和人员组织，以期有效地支撑城市轨道交通大规模网络化运营的开展。

随着近 20 年的城市轨道交通大发展，我国某些特大城市的城市轨道交通（以下简称"城轨"）运营线网总长即将达到 800km，对整个城轨的运营和维护（以下简称"运维"）的要求也不断提高，直接支撑乘客服务和城轨运维数据交互的各类通信系统紧随大规模网络发展的步伐而发展，通信系统设备的软硬件种类和数量大幅增加，组网结构和业务流向日趋复杂；同时，随着通信技术的高速发展，新技术、新设备不断被城轨建设所采用，对维护人员的要求也在不断提高。因此，有必要对城轨通信系统在当前大规模网络运营下面临的问题和挑战进行深入的评估，并对在此背景下的城轨通信系统布局和运维策略进行研究。

一、大规模网络化运营下城轨通信系统的变化

城轨通信系统一般由传输、专用无线、专用电话、公务电话、技防、信息、广播、导乘、时钟、电源、光电缆等子系统组成，在建设初期一般以线为单位进行建设，各通信子系统以满足单线路运营需要进行布局配置；随着线路的增加，各线路通信系统进行了有限的互联互通，以满足统一管理的需求，但原有的单线布局架构并未改变。随着大规模城轨网络化运营的发展，网络化、集约化管理的要求大幅提高，同时，为了发挥城轨大规模网络化的规模优势，通信系统的各子系统进行了重新布局和配置，触发了通信系统的系统架构、技术要求的变化。

广播、导乘由 2 个互相独立的子系统向系统融合方向发展，打破既有单线布局的系统架构，有形成路网级多媒体影音系统的趋势。其深度标准化系统的内外部接口协议及类型，使用通用硬件平台来构建核心架构。

专用无线、公务电话、专用电话、信息等子系统由单线布局、业务互通向路网级集中交换转变，以路网级交换核心替代每条线路的自建交换核心，依托上层骨干传输系统实现业务数据交互，以异地的核心主备冗余配置和骨干传输环网保护实现各子系统的可靠运行。

技防子系统由单线布局、全网互联向充分网络化的扁平架构转变。以视频监控系统为主体的技防系统，目前正处在由模拟系统向高清系统过渡的阶

段，由模拟摄像机、矩阵、硬盘录像机、编解码板、光端机等组成的视频监控系统向由高清摄像机、网络交换机、存储服务器和上层软件平台等组成的高清视频监控系统转变，以满足在应对大规模网络运营时，上层用户对视频资源的调用需求，同时，为后台人脸识别、客流分析、乘客行为分析等应用提供高质量的数据源。

电源、光电缆、时钟、传输系统作为基础资源由单线布局、有限网络化向覆盖全网、规格统一的规模网络化转变。

二、大规模网络化运营带来的挑战

组成城轨通信系统的传输、专用无线、专用电话、公务电话、广播、导乘、技防、时钟、电源、光电缆等 10 余个子系统，由于建设时期不同，所采用的技术标准和集成架构也有较大差异，其设备的种类、品牌和数量众多。随着城轨大规模网络的形成，跨线路的业务需求不断增加，路网级的通信数据交互越来越多、越来越重要，使通信运维面临多维度的挑战。

系统可靠性要求大幅提升。在大规模网络化背景下，每天客流均以百万人次计，运营压力巨大。通信各子系统在行车调度、车站运营组织、各类运营信息发布、各类核心数据交互上发挥着重要作用。集约化、核心化、平台化的管理模式下，支撑线网级运营的集中管理平台的投用对通信系统资源依赖度进一步增强，同时，随着线网级 LTE-M（地铁用长期演进）核心网、软交换核心的投用对传输、电源、时钟、光电缆等通信承载资源的可靠性提出了更高要求。

难以全面精准把握设备状态。城轨通信系统设备数量众多，每个车站、段场、控制中心，以及轨行区均有通信系统设备的部署，已延伸到城轨的各个角落；其各子系统设备、固定和移动终端的设备数量以万计，对设备状态的评估需整合上百套网管数据和数千次维护人员的现场巡视反馈才能实现，工作量巨大且不能及时精准地实时监控所有设备状态。

故障复杂且影响范围大，需多部门协同。随着城轨线网规模逐渐扩大，跨线路业务逐渐增加，通信系统拓扑结构也随之变化，逐渐从线状结构向网络化结构转变；线网级核心系统的集中交换和主备冗余机制使数据业务流进一步复杂，增加了故障判断的难度；故障现象发生的位置和故障点在物理位置上可能跨线、跨专业、跨区域，可能分属不同部门管辖，因此，在故障排查的过程中需要多个部门协同进行，影响了故障排查效率。

设备标准和规格不统一。大规模网络化的城市轨道交通系统并非一日建成，需跨越十几年甚至几十年的时间逐线逐段建设开通。即使在建设初期进行了较为长远的顶层规划，但随着形势的不断变化、新需求的不断增加、技术的高速发展，以及产业链供应商的新老更替，城轨通信系统设备标准、品牌、规格的不统一，使当前大规模网络化运营下的规模效应未能充分转化为效益，掣肘了集约化、智能化管理的发展和实施。

对维护人员能力要求较高。为了达到人员和设备能效的最优配置，城轨维护人员和设备的配置逐渐趋向集中，专用无线、专用电话、公务电话、信息等通信系统的子系统逐渐向核心化发展，依托覆盖全线网的传输系统实现业务的核心交换处理。城轨通信系统各线、各子系统的关联度更高，系统和网络规划更为精细，要求城轨维护工程师对整个城轨通信系统有深度的认识和理解。可以依托各专业系统平台对城轨通信系统进行状态评估和分析，在系统级故障处理时，应具备全局意识和缜密的逻辑思维能力，可组织跨专业、跨线路、跨部门排查确认，在全网范围内定位故障点。

三、大规模网络化运营的优势

城轨形成大规模网络化运营后，在覆盖全网的城轨通信系统体量大幅提高的同时，城轨通信系统在人才、经验、知识等方面有了深厚的积累，以城轨大规模网络化运营为平台，在新的高度上助力通信系统新一轮的发展，也可使城轨通信系统的运维工作得到进一步的提升。

整体规划、统一布局，降低建设和运维成本。城轨形成大规模网络化运营时，线网规模和设备体量均达到了较高水平，拥有了大量运维经验和人才储备。以大规模的城轨网络为平台，有条件从运维模式、需求整合、技术架构、战略合作等多维度进行科学务实的顶层规划和布局，以最大限度地发挥规模效应、优化系统结构，以提高运维组织效能。

个性化的用户需求逐渐趋向统一。在城轨大规模网络化运营逐步形成的背景下，运维企业管理日趋统一化、标准化、集约化，原本各条线路根据自身习惯提出的用户需求逐渐被汇总统一，使专用电话、专用无线、广播、导乘、技防等子系统的功能和操作界面标准化，逐渐形成一整套匹配运维企业管理模式的标准和软件体系。

组建战略合作，形成城轨通信业务生态圈。在大规模的体量优势下，可与轨道交通通信行业内一线企业建立战略合作关系，形成战略合作伙伴群，以充分发挥规模效应、降低城轨运维成本；并引进业内前沿技术和理念，共同研究城轨通信系统的发展趋势，共同制定各通信专业的系统架构和技术标准，以形成城轨通信业务生态圈。

发挥经验和能力的积累，提升对外经营潜力。在城轨大规模网络化运营的背景下，系统体量增大，通信各专业子系统业务逐渐网络化，复杂性大幅增加，测试评估要求也相应提高，传输、无线、视频等专业逐渐形成专业团队，实现对关键业务的专业化管理；同时，在一些局部整治和维修需求的触发下，逐步形成了一定的软件开发、自主集成和自主维修能力，与城轨大规模网络化运营背景下的通信系统运维经验一起，形成可实现对外输出、对外经营的核心竞争力。

物资、备件和业务资源集中管理调配，提高资源利用率。在大规模网络化运营的背景下，可以打破线路和专业界限，对通信系统的各种物资、备件进行梳理归类，统一进行仓储管理和调配，形成高效的线网级资源共享，以提高利用率、降低呆滞率。

四、城轨大规模网络化运营下通信系统的运维策略

为了应对城轨大规模网络化运营形成而带来的挑战，需从顶层全局视角调整运维管理结构，设计构建符合城轨大规模网络化运营背景的通信系统运维的系统架构，明确各子系统的技术演进方向；从指导思想、系统管理规划、业务体系优化和人员组织优化等作细化研究，并形成规划和行动路

线图。

1. 由单线思维向网络化思维转变

城轨在形成大规模网络化运营之前，通信系统一般以线为单位进行建设、运维和更新改造，本线路的资源仅供本线路使用，同时，本线路发生的问题一般也可以自主解决。随着匹配城轨大规模网络化运营的技术不断地被引入和使用，各种软硬件资源形成资源池以供全网络使用，同时，许多问题的表象和根源因为在物理位置上分离较大，故需要在全网内协同处理解决。因此，城轨通信系统的建设、运维和更新改造需要有与城轨大规模网络化运营相匹配的指导方针，即由单线思维向网络化思维转变。

2. 系统管理规划

步入城轨大规模网络化运营的城轨通信系统，其规划有别于从无到有的新线建设式的规划，应当在当前形势背景下，总结自身运营需求和运维经验，以集约化、通用化、扁平化、智能化为导向，以网络化思维研究明确各通信子系统的功能定位、技术演进方向和架构，并结合当前系统现状和资金成本，匹配更新改造周期，逐渐通过更新改造将既有线路的各通信子系统完全纳入符合城轨大规模网络运营背景下通信系统运维的架构中。

城轨通信系统需打破原有单线系统的模式，形成线网级一体化架构，增强顶层平台管理能力，增强终端侧设备通用性，以期实现最大程度的统一管理和资源共享。依托覆盖全线网的传输网络实现"云、管、端"的扁平化结构。以全局化、专业化方向培养核心工程师团队，实现对"云、管、端"架构的通信系统运维。

传输、信息、时钟源、光电缆、电源等资源型子系统，宜规范技术标准和规格，限制品牌、型号的种类，并设置管理平台进行统一管理。使专用无线、专用电话、公务电话、导乘、广播、技防等业务子系统向"云＋端"的双层结构发展；对专用无线、专用电话、公务电话等专业化较强的业务子系统，研究确定技术演进方向，实施阶段限制 2～3 种品牌，以实现跨品牌的核心和终端的互联互通；导乘、广播、技防等集成子系统应考虑结合运维需求开发自有软件，核心侧依托数据中心资源，终端侧使用通用硬件集成。

3. 业务体系优化

城轨大规模网络化运营背景下的通信系统应当以业务不中断、用户无故障感知为优化目标，做到冗余配置到位、预警机制完备、故障的快速诊断手段充分、故障处置迅速。

支持城轨大规模网络化运营的通信系统应具有高可靠性，且集约化、核心化的系统架构要求核心侧设备能承担全网的业务处理和数据交换，因此对可靠性的要求尤为突出。适度地在关键位置提高系统冗余度，在兼顾经济性的同时，可大幅提高系统的可靠性。应实现全网级系统核心设备异地冗余，根据系统特点，采用主备热切冗余或业务分担冗余，非核心侧设备则对关键设备、板卡和业务进行1+1或者1+N冗余，同时配置多条数据交互路由。

预警机制完备、故障快速诊断和处置的基础是需要充分了解故障现象和当前设备状态，结合工程师对各通信子系统的了解、运维经验和逻辑分析，做出正确的诊断和处置。可喜的是，通信各子系统的网管是较为完善的，在单线运维的情况下，强大的网管系统和本线路的工程师可以快速地诊断和处置故障；当发展到大规模网络化运营时，故障处理时需要综合多套网管的信息，外加人工排查才能较为全面地了解当前设备状态，但能综合这些信息进行故障分析、处置的工程师凤毛麟角，这就大大拖延了故障诊断和处置时间。在城轨大规模网络化运营背景下，应建设一套可以跨线路、跨系统的智能运维平台，采集汇总当前设备状态，以便在第一时间预警故障、提示故障区域和影响范围，通过一定时间的经验数据积累，可逐步实现故障的及时预警、精确快速定位，并提供有效的故障弱化和处置建议。

4.人员组织优化

随着城轨大规模网络化运营的发展，人员组织应打破原有线路为单位的维护团队模式，人员配置由单线向分层转变；分层建设调度协调团队、专业技术团队、现场保障团队和数据分析团队，形成分层配置、顶层主导的维护人员组织架构。调度协调团队负责依托智能运维平台实时监控全网系统运行状态，协调与横向单位的工作协作，负责调配人员、物资和车辆，监控维护和排故作业，接报和闭环确认故障；专业技术团队可按专业分类组建，对本专业进行深入研究，依托本专业系统平台实现对系统状态的监测和业务配置调整，根据系统状态制定修程修制，负责系统性故障处理，指导和支持现场保障团队开展维护和排故作业；现场保障团队负责终端设备维护、维修，负责通信机房的巡视工作，配合专业技术团队处理系统性故障；数据分析团队依托智能运维平台对各专业子系统的告警、状态和性能数据进行大数据挖掘分析，与专业技术团队一起优化故障诊断、处置流程和方案，不断升级智能运维平台算法。

城轨通信系统作为覆盖范围最广、技术更新最快的城轨业务系统，是城轨运营的重要技术保障和支撑，依托大规模网络化运营的平台优势，以及伴随城轨发展积累的人才、经验和知识储备，在对整个运维体系进行务实的系统规划、合理的组织优化和适时的统筹调整下，必然可以在当下和未来实现集约高效的系统运维，助力城市轨道交通大规模网络化运营实现安全、有序、高效的目标。

第七节　智能交通全自动运行列车日常维护

与常规的城市轨道交通列车相比，全自动运行列车的列车控制系统、乘客信息系统等功能有了进一步的加强，司机室布局也因适应全自动运行的要求而有所调整，新增的空开远程自复位功能则代替了司机的部分工作职责。障碍物探测及脱轨监测设备、弓网监测设备、烟火报警设备的应用，使得全自动运行列车的安全性得到了大幅的提高。针对上述变化对列车的维护保养工作进行分析和阐述，并根据各项功能的特点和结构制定相应的维保方案。

自 1981 年 2 月第一条真正意义上完全实现全自动运行的轻轨项目——日本神户港岛线开通投入运营开始，国外对全自动运行列车的研究已经历了很长的发展过程，并且形成了规范化的标准。2006 年发布的 IEC-62290-1 标准从定义、原理和主要功能等几个方面对城市轨道交通管理与指令 / 控制系统予以规定。2011 年该标准的第二部分 IEC-62290-2 发布，对列车运行功能、运营管理和监视功能进行了进一步的细化。

2009 年发布的 IEC-62267 标准对轨道交通自动化运营的安全性要求做出

了规定，该标准的第二版 IEC/TR-62267 于 2011 年发布，对司机室或列车上没有乘务人员时可能引起的安全问题制定了处理措施。

基于 IEC-62290-1 和 IEC-62267 的相关规定，我国在 2016 年发布了国标 GB/T 32590.1-2016《城市轨道交通运输管理和指令 / 控制系统第一部分：系统原理和基本概念》和 GB/T 32588.1-2016《自动化的城市轨道交通（AUGT）安全要求第一部分：总则》。在 GB/T 32590.1-2016 中，城市轨道交通列车的自动化等级按列车运行时人员和系统所承担的基本功能与责任被划分为 GOA0（人工列车运行）、GOA1（非自动化列车运行）、GOA2（半自动化列车运行）、GOA3（无人驾驶列车运行）、GOA4（无人干预列车运行）5 个等级。列车达到 GOA3 及以上级即可被视为实现了全自动运行。GOA3 下需要随车人员干预列车投入或退出运营，监控列车运行状态，并负责列车的安全监控和应急管理，而 GOA4 下所有操作均由系统自动完成。

截至 2018 年，全球以 GOA4 开通运营的城市轨道交通项目累计总长度约 913 km。其中，我国约有 80 km，包括 1996 年开通的台北文湖线、2010 年开通的广州 APM（自动旅客运输）线、2016 年开通的上海轨道交通 10 号线和香港南港岛线东段，以及 2018 年开通的上海轨道交通浦江线。可以看出，我国全自动运行轨道交通项目的发展并不快，开通的运营线路长度和投用的列车数量也整体偏低。由于全自动运行列车在功能和安全性方面比常规城市轨道交通列车复杂度更高，其日常的维护与保养（以下简称"维保"）工作在具体内容和侧重点上会作相应的调整。本节将就全自动运行列车与常规的城市轨道交通列车在维保过程中的主要差异点进行讨论，以期为后续开通的全自动运行项目提供参考。

一、全自动运行列车的功能需求及维保方案

结合 GB/T 32590.1-2016 中的功能要求以及既有全自动运行轨道交通项目的实际运营情况，与常规的城市轨道交通列车相比，全自动运行列车主要在列车控制系统、乘客信息系统、司机室布局、空开远程复位等方面有所修改，或强化了相关功能。

1. 列车控制系统

常规城市轨道交通列车的控制系统的运行监控功能主要是记录列车运行过程中的各类关键信号，用于列车故障的事后分析。全自动运行列车的控制系统则更加智能化，强调对所有列车信号的实时监控，将数据同步传输至运营控制中心（OCC），并根据监控到的实时数据自动判断列车的故障类型。这无论是在列车信号的记录量和时效性上，还是列车故障判断的快速性上都有了质的提升。

保证全自动运行列车控制系统工作稳定性的关键在于确保列车与地面设备、OCC之间通信的持续顺畅，设备状态始终保持在良好状态。相应的维保方案可按以下内容进行：每月对列车主处理单元（MPU）、列车控制单元（VCU）、事件记录仪（EVR）中的故障记录进行下载，检查故障记录是否存在缺失；每月对MPU的系统时间进行检查和校准，确保其误差不超过10 s；每6个月对MPU、VCU与列车网络通信设备的各个接口进行检查，确保接口无松动。

2. 乘客信息系统（PIS）

常规城市轨道交通列车的PIS允许乘客在紧急情况下通过设置在客室内的乘客紧急通信系统（PECU）与司机进行沟通。部分列车能够将客室监控画面传输至司机室，司机可根据需要选择相应的摄像头并查看客室内的情况，各个客室摄像头的画面也被存储下来以备使用。全自动运行列车的PIS可直接向OCC实时传输列车客室的监控画面，当有乘客激活PECU或紧急制动拉手时，OCC会直接收到警报信息并自动切换到相应的摄像头画面。OCC可根据现场情况直接向乘客发出报警或疏散信息，乘客也能够通过PECU直接与OCC进行通话，从而更有利于紧急情况的快速处理。

针对全自动运行列车PIS的功能特点，制定维保方案如下：每3个月使用刷子或真空吸尘器对PIS主机的机架连接件及导线的灰尘进行清洁；每3个月使用软布对司机控制器（DACU）和车厢音频通信单元（SCU）进行擦拭清洁；每3个月使用软布蘸中性洗液对PECU进行擦拭清洁；每年使用模拟设备对PIS进行OCC通讯模拟测试；每5年使用毛刷或真空吸尘器清洁所有的扬声器。

3. 司机室布局

常规城市轨道交通列车由于需要司机在司机室中驾驶或监护列车运行，故司机座椅采用结构较为稳固的固定式座椅，司机室与客室通过司机室隔间门予以隔离。全自动运行列车则取消了司机室隔间门，并将司机室座椅替换成可折叠式座椅，平时收进司控台下方，仅在紧急情况下展开使用。

对于全自动运行列车的司机室，不必再对隔间门锁和固定式司机室座椅进行定期检查，转而需要每月对折叠式座椅的坐垫和靠背是否损坏、转动轴功能是否正常、导轨抽放是否顺畅、座套有无丢失等方面进行检查。

4. 空开远程自复位

常规城市轨道交通列车电气柜中的空开均为手动控制断合，而全自动运行列车则能够在故障已排除的情况下，由OCC通过控制设置，在空开下方的自动复位装置进行远程复位操作，实现部分列车故障的远程处理。

远程自复位装置的维保方案为每3个月对带自复位的空气开关进行测试，空开断开后司机显示单元（DDU）应能正确显示，并能够通过DDU上的复位按钮进行复位。

二、全自动运行列车的安全要求及维保方案

全自动运行列车由于在列车的运行控制、线路监控、乘客监控、安全监控以及应急管理等方面均全权交由系统来自动执行，故在安全性方面有着更加严格的要求。为了实现安全性的提升，全自动运行列车通常都会安装障碍物探测及脱轨监测设备来应对轨道风险，安装弓网监测设备控制弓网风险，使用烟火报警设备降低火灾风险。

1. 障碍物探测及脱轨监测设备

障碍物探测设备的主要功能是列车运行过程中与轨道上的异物发生碰撞，或即将碰撞时自动触发列车的紧急制动功能。脱轨监测功能则为当列车出现脱轨情况时，可自动施加列车紧急制动。这2个设备共同承担了常规城市轨道交通列车中司机人为观察确认轨道安全的职责。

目前，国内还未有全自动运行项目同时安装障碍物探测及脱轨监测设备。

上海轨道交通 10 号线的列车安装了机械接触式障碍物探测设备。北京交通大学的梁少喆根据北京燕房线全自动运行列车的设计要求，设计了一种障碍物及脱轨检测（ODD）设备，同样采用机械接触式，兼具了障碍物检测和脱轨监测的功能。未来可能会将可视化方案、红外线、雷达等技术的障碍物探测设备运用于全自动运行项目中。尚在生产线上的上海轨道交通 14 号线列车除了具备障碍物探测设备外，还将安装带有脱轨监测功能的走行部车载故障诊断系统。

机械接触式的列车障碍物探测设备由于已经有了使用实例，结合实际运营情况制定其维保方案如下：每月检查接线盒及其紧固件，确保外观完好、无裂纹，各紧固件无缺失或松动；每月检查障碍物探测器支架与构架间装配螺栓、接线盒与支架间装配螺栓是否有缺失或松动；每月检查障碍物探测器横杆及紧固件是否损坏、缺失或松动；每 3 个月测量并调整障碍物探测仪距离轨面高度，使其保持在 115 ~ 120 mm；每年使用专业测试设备对障碍物探测器的触发行程进行一次测量和调整。

对于非接触式障碍物探测装置及脱轨检测，需要根据实际结构和安装位置来制定相应的维保方案，由于目前还没有使用实例，故暂不讨论。

2. 弓网监测设备

常规城市轨道交通列车极少加装弓网监测设备。全自动运行列车由于采用无人值守的列车运行方式，需要对受电弓的状态进行严密的监控，一旦出现异常情况立即远程控制停车。所以，弓网监测设备在全自动运行线路中是必不可少的。根据弓网监测设备的构成及工作环境的特点，制定其维保方案如下：每月检查摄像头镜头及防护罩，清除积灰和油渍；每月检查照明装置，确保其工作正常，并清除积灰和油渍；每月检查设备箱及其支架外观是否损坏，紧固件是否缺失或松动；每月检查接线及连接器是否松动；每月使用测试软件检查摄像头云台、视屏编码系统及软件、硬盘录像系统是否运作正常，下载监控录像检查弓网状态是否有异常。

3. 烟火报警设备

烟火报警系统同样是只在全自动运行列车上予以配备，通常由烟温复合探测器和感温电缆组成。其功能为通过安装于列车车厢顶部的感应器检测车厢内是否有明火或烟雾。一旦检测发现明火或烟雾，列车将会自动停车。

烟火报警系统的维保方案可按以下内容进行：每天对该系统的各个部件进行外观检查；每月使用热风机从探测器的侧面给探头吹热风，使探头周围空气温度升高，测试探测器是否有报警动作；每月使用喷烟枪对准探测器喷烟，使探头周围烟雾浓度增大，使探测器报警；每2年对感温电缆采用断开终端电阻器的方式检测列车是否有故障显示，并采用短接终端电阻器的方式检测探测器是否报警。

4. 列车线束

除了上述几个关键安全设备需要定期进行维护外，列车线束的健康状态也同样值得关注。目前大多数常规城市轨道交通列车通过大量使用继电器构成列车运行的逻辑控制系统，用于传递控制信号。而全自动运行系统由于需要对所有的列车信号进行监控，因而继电器和信号线的数量剧增，列车线束的直径随之提高了数倍，出现线束间互相摩擦，线缆与线槽、支架摩擦导致线缆磨损破皮的风险也大大增加。

使用逻辑控制单元（LCU）替代继电器来实现列车运行的控制功能，可以很好地解决这个问题。但对既有项目进行大批量的 LCU 改造从成本上看不太现实，仍需要针对列车线束制定合适的维保方案，以降低风险。主要的维护方案可按以下内容进行：每年对线束折弯处、进出线槽处进行重点检查，排除摩擦磨损情况，更换损伤的扎带、尼龙包布、单面胶皮以及线束等。

本节基于城市轨道交通全自动运行列车在关键功能和安全方面的要求，对列车维护工作的改进进行分析，并制定了相应的维护方案，可为未来的全自动运行列车项目的维保工作提供参考。

第九章 智能交通领域物联网运营管理

第一节　智能交通运营管理创新体系

为解决城市交通堵塞，给城市居民提供一个良好的出行环境，智能交通得到极大的发展，本节对智能交通运营管理创新体系进行深入的研究，提出可靠的构建运营管理创新体系的建议，以期为智能交通的发展以及城市化进程的推进，提供有力的帮助。

智能交通是城市建设的主要内容之一，对城市的交通服务功能和质量产生至关重要的影响。为了更好地促进城市发展，提升城市功能服务质量，为城市居民创建一个良好的城市生活环境，对智能交通运营管理体系进行创新，使其更加科学合理，并带动智能交通的发展和进步，从而提高智能交通的服务质量，这对城市的发展建设和社会经济的长远发展，具有积极的意义。

一、构建运营管理创新体系的重要意义

1. 构建运营管理创新体系是城市管理科学化水平提高的客观要求

智能交通已成为城市建设的关键要素之一，是促进城市功能正常运行，提升城市服务质量的重要组成部分。甚至，一个城市的轨道交通运营质量，往往决定了这个城市整体科学管理水平。在建立"安全社会共管"的理念之下，智能交通运营企业将地铁和城市公共安全管理体制进行有机的结合，从而创新城市公共生活空间服务质量和水平，实现管理机制社会化，促进城市管理的科学化发展。

2. 构建运营管理创新体系是突破管理瓶颈、实现网络化运营转型的必

要手段

随着网络的发展、普及应用，构建运营管理创新体系从传统运营管理向着网络化运营管理进行转型，必然会面临很多瓶颈，而创新运营管理体系，更好地满足乘客的交通需求，对网络化运营模式进行深入的探索，将是解决运营管理转型瓶颈的重要方法，也是促进智能交通运营管理水平进步和发展，并实现创新的重要手段。

3. 构建运营管理创新体系可以培养企业的可持续发展能力

智能交通的发展，得益于乘客对出行质量提出的新要求。智能交通企业为在市场竞争中占据优势，因此，需要更好地了解乘客对出行质量的要求，进而加强对智能交通的建设，促进智能交通的不断进步。在这一过程中，智能交通企业需要对长期利益和短期利益、公益性和营利性、企业与员工的成长不断地探索，促使其平衡发展，这是维持智能交通企业可持续发展的根本。而构建运营管理创新体系，新的理念、体制、机制和服务，能够有效兼顾智能交通企业的公共性和经济性、趋势性和阶段性的平衡发展，还能够促进利益相关者实现多元化导向，为企业的发展提供强而有力的支撑。

二、运营管理创新体系的构成方法

1. 在理念方面的创新

（1）坚持以人为本的运营管理理念

坚持以人为本，是运营管理创新体系中最高的价值取向，也是智能交通发展的根本导向。所谓以人为本，就是需要进行换位思考，要以尊重、理解和关心乘客为基本原则，以不断满足乘客的出行需求为基本出发点。智能交通的根本就是为乘客提供便捷的出行服务，并且不断满足乘客的出行需求，这是智能交通发展建设的根本。因此，其运营管理创新体系不能与这一根本相冲突，而是要以此为基础，建立以人为本的核心运营管理理念。此外，在满足乘客出行需求的同时，还要充分考虑舒适度，在满足乘客出行需求、提供便捷服务的同时，不断提高出行舒适度，提升智能交通的服务品质。

（2）坚持网络统筹理念

网络统筹理念就是充分利用网络资源进行运营管理，同时，还要对网络化运营的特性进行深刻的认识和分析，同时利用网络资源集约化、网络功能优化和网络系统的开放性，使智能交通运营管理的效能得到有效的提升。此还，还需要利用网络资源、功能和系统，构建开放和谐的智能交通体系，创建良好的智能交通环境。

（3）坚持安全第一的理念

安全第一是以人为本理念的重要内容，也是智能交通建设最基本的理念和最重要的支柱。坚持安全第一的理念，以预防为主，利用运营管理手段，切实地对智能交通实施安全管理，提高智能交通的安全性，建设安全的智能交通运营服务。

2．体制创新

（1）公益性与适度市场化两种管理体制相结合

智能交通是城市基础设施建设的一部分，因此，既具有公益性，也具有经济性，要促进两者的平衡，促进智能交通的和谐发展，就需要将公益性管理体制与适度的市场化管理体制结合起来，从而既能够强化成本效益，减轻政府财政压力，也能够满足乘客出行需求，提高乘客满意度，为社会服务。

（2）网络和企业两种管理体制相结合

智能交通网络极为复杂，既成为一个整体，又可分为多个不同的部分，而且各个部分彼此联动，因此在运营管理过程中，需要构建网络运营管理。企业管理体制是网络管理体制的重要组成部分，需要在网络管理体制的基础上，合理设计企业管理体制，实现局部服从整体的效果，提高网络的联运和高效2个方面的性能。

（3）地铁与城市公共安全管理体制相结合

智能交通是城市公共服务设施的重要组成部分，因此，对地铁的管理体制与城市公共安全管理体制密切相关。在构建运营管理创新体系的过程中，要将地铁管理体制和城市公共安全管理体制进行有机结合，从而有效保障地铁的安全运行，为社会提供安全的轨道交通服务。

3．机制创新

（1）实现管理集约化

对智能交通进行集约化管理，是构建运营管理创新体系的重要内容之一。这是为了适应网络化运营阶段的运营格局而发展起来的，管理集约化能够有效地发挥网络化管理以及轨道交通网络系统运行的关联功能，从而实现标准化管理，统一业务运行标准规范、运营维护计划和资源配置要求，实现网络化运营管理的统筹、协调和控制，保证智能交通网络系统的正常和高效运行。

（2）实现管理扁平化

扁平化管理能够使智能交通更加适应网络化运营模式，同时，还能够使管理幅度得到适当的增加，减少管理层级，提高管理效率。扁平化的管理组织形式和传统金字塔形管理组织形式相比，对信息的传递效率更高、更准确，不仅对管理效率的提升起到极大的促进作用，更能够有效地降低管理成本，解决很多传统运营管理过程中出现的问题，促进智能交通网络系统高效运行。

（3）实现管理社会化

社会化管理使智能交通运营时，能够满足多方面的利益需求，同时，还能够与多方面建立起联运机制，从而促进智能交通更好地与市民、城市管理者和管理机构等进行沟通、对话及交流，使多方面形成有机的合作团体，进而合力提升智能交通的运营服务品质。

4．服务创新

（1）对服务特色进行发展和创新

对地铁服务进行创新，就要在建设标准化服务的基础上，对服务特色进行发展和创新。创新特色服务，就要提供人性化服务和个性化服务，前者可以使乘客感受到关心，在情感上使乘客感到舒适；后者则能够满足乘客的个性化需求，使乘客拥有更好的出行体验。

（2）对乘客需求进行主动管理

乘客的需求是不断变化的，因此在对乘客进行服务时，不能被动地应对乘客的需求变化，而是要积极主动地对乘客的需求进行管理。以适当超前的管理理念，抓住时代发展过程中乘客需求的变化规律，从而为乘客提供更高质量的出行服务。

（3）突出公益性运营服务

智能交通不仅是一项交通工具，还是城市的公共服务设施和公共生活空间，更是对外展现城市精神文明形象的重要窗口。因此，在构建运营管理创新体系时，必须要突出公益性运营服务，使轨道交通城成为引领城市精神文明建设的重要标志。

三、构建运营管理创新体系的重要支撑手段

1. 建立创新的诱发机制

创新思想和意识是以员工的日常工作为基础的，因此，必须大力支持员工在日常工作中进行创新，并加强宣传，鼓励学术交流，营造创新激励氛围，形成良好的诱发机制，诱发员工对运营管理体系进行创新路径的探索。

2. 建立创新的实施机制

运营管理创新体系必须要得到切实的实施才具有意义，因此，建立良好的实施机制是必不可少的。可以广纳社会资源，整合不同行业、部门及单位，形成创新平台，优化资源配置，支持创新发展。

3. 建立创新的长效机制

运营管理创新体系的构建不是一时的，而是要长久发展，必须要建立长效机制。要积累轨道交通设施设备的基础数据，创新经费比例，创新培养各个专业领域的技术人才，从而形成一个组织严密、运行良好的创新队伍体系。

随着我国城市化建设不断发展，城市规模不断扩大，人口不断增多，交通问题成为困扰城市发展的重要问题之一。智能交通的发展极大地解决了城市交通问题，而构建智能交通运营管理创新体系，是促进和实现智能交通可持续发展的重要措施，对我国的城市化建设及社会经济发展具有极为重要的作用。

第二节　智能交通运营管理专业顶岗实习

顶岗实习是高职教育中不可缺少的环节，对强化学生的知识运用能力和实践技能、提高专业人才培养质量具有重要的意义。由于智能交通运营管理专业受行业独特性所限，学生在实习中因实习条件的缺失导致学习效果受到影响。本节分析该专业顶岗实习中存在的问题，提出本专业的顶岗实习条件。

随着各地智能交通的兴起，轨道企业对相关毕业生需求不断增长，很多高职院校依托良好的行业背景，开设轨道交通运营专业。目前，智能交通运营管理专业和高职类其他专业一样，基本实行的是"2+1"培养模式，学生有近1年的时间从事顶岗实习。顶岗实习在培养学生吃苦耐劳精神、综合应用能力和开阔视野、丰富专业知识等方面发挥了重要的作用，同时，学生通过企业的文化熏陶，更容易实现由"学生"向"员工"身份的转变。

一、顶岗实习现状

1. 顶岗实习企业数量少

智能交通运营管理专业顶岗实习的对口企业主要是轨道类的运输企业，包括地铁、有轨电车、轻轨等。这类企业地域性强，基本只接受本区域范围的实习学生，而一个地区的轨道类企业，一般只有一家或者少数几家，容纳能力有限。同时，这类运输企业计划性强，接收学生实习需要统筹安排，在学生需要实习的时期，企业可能没有制定实习安排。如广州地铁，提供给学生实习的时间不固定，需按照企业生产进度和需求统一安排，偶然性大。

2. 顶岗实习岗位单一

智能交通运营管理专业毕业学生主要面向站务员、值班员、值班站长、行车调度员等岗位，而站务员一般是学生毕业刚开始从事的岗位，也是企业最愿意提供的实习岗位。其他岗位由于直接关系行车安全和乘客安全，很多企业不愿意承担这样的风险。即便是对站务员这样偏向直接服务乘客的实习岗位，很多企业也有不少顾虑，如担心实习学生在实习过程中发生人身伤害问题，实习学生与乘客发生冲突影响企业形象等。尽管学生在校期间已经掌握了较为扎实的理论知识，也通过校内实训提升了综合技能，但由于轨道类企业具有较强的地域特性和独特的企业文化，因此，即便是跟岗实习，企业也需要对实习学生进行较长时间的岗位培训，而企业往往不愿意花精力做这样投入大、产出少的工作，特别是对待非订单班的实习学生。

3. 学生意愿性较差

部分学生由于未能进入订单班，感觉将来从事轨道运营类工作的机会较小，不愿意从事轨道运营的相关实习。还有一些学生只顾眼前利益，认为在其他行业兼职经济上的回报更大，缺乏进入专业相关行业实习的积极性。部分学生即便是进入轨道企业实习，但面对一线枯燥烦琐的工作，缺乏工作动力，以各种理由请假，甚至出现旷工等情况，影响了实习效果，也给校企合作带来一定的负面影响。

4. 实习阶段监管缺失

实习学生具有双重身份，既是在校学生，又是企业的临时员工。学生在企业实习，学校认为学生已进入企业，企业认为学生在校没有毕业，导致实习学生很容易处在两头都没及时管的中空地带而脱离学校和企业的监管。尽管目前各校基本都有顶岗实习平台，但往往只是网络监管，学校无法真正、具体地掌握学生实际实习情况。

5. 顶岗实践考核体系不完善

目前，很多院校顶岗实习考核体系还没有建立，学生在实习结束后，往往进行的是一系列的定性评价，学生实习期间学到了什么、学得多深、有没有达到预期的目标，并没有依据模块化的指标进行考核，很多企业在学生实习结束后仅仅给予一些总结性、想象性的评价。

二、人才培养目标

智能交通运营管理专业主要面向智能交通、城市公共交通、铁路等行业（企业），通过 2 年的校内理论知识和综合技能训练，结合 1 年的校外顶岗实习，使学生掌握智能交通车站客流组织、行车组织、应急处理和票务处理等职业能力，同时具备城市轨道站务管理、轨道交通运输设备操作及基本维护等专业知识，形成良好的服务意识、安全意识、沟通表达能力等职业素养。本专业职业发展路径为站务员—值班员—值班站长—行车调度员—调度主任。一般情况下，学生顶岗实习阶段在企业只能接触站务员和值班员的实习岗位，这些一线岗位能有效提高实习学生客流组织能力和突发事件处理能力。

三、构建顶岗实习基础条件

顶岗实习对强化实践教学环节、增加学生的职业素质具有重要的意义。由于智能交通运营管理专业的特殊性，学校要为学生创造足够数量的实习岗位具有较大的难度，很多学生在毕业实习期间从事与本专业相关性不大或者完全不相关的实习工作。本专业学生很难自己联系到相关的实践岗位，因此，学校要加大力度为学生创造良好的实习环境。

1. 加大校企合作力度

校企合作能创造互惠共赢的局面，近年来，各高职院校越来越重视校企合作。由于智能交通运营管理专业相关的实习企业很少，因此，应充分利用现有的合作资源，积极开辟区域外的合作资源。轨道交通企业大都拥有自己的培训基地，培训基地基本具备了和运营车站一样的各项软硬件设备、设施。而培训基地平时利用率不高，使用风险小，如果提供给实习学生使用，几乎能达到与运营车站一样的实习效果。

而对于轨道类企业来说，在节假日和新线开通时期，企业一般会出现人手不足的情况，此时，学校有针对性地提供一些志愿者，既帮助企业维持正常的运营秩序，又能使学生通过现场志愿活动提高综合实践技能。

2. 完善顶岗实习网络平台

顶岗实习平台架起了学校、企业和学生之间的桥梁，顶岗实习平台的运用，大大提高了学校和企业对学生的监管和指导效果。现有的实习网络平台，基本包括实习安排、实习过程管理、考核评价、互动交流等模块，其中最主要的是实习过程管理和考核评价模块。前者主要是学校对学生在实习过程中各项工作的监督管理，并及时解答学生在实习过程中遇到的问题；后者主要是对学生实习效果的考核，一般有分阶段考核和最终考核。由于网络监管和网络考核的局限性，学生很容易弄虚作假，因此，应增加现场工作的证明材料，如岗位工作照片和视频。由于承担学生顶岗实习工作的企业也会对学生进行监管，如实习计划、考勤、实习指导等，因此，校企应该共享该类数据，使学校及时、准确掌握学生实习动态，及时做出调整，及时进行督促。

3. 加强实习现场指导及监管

学生在实习过程中，难免会碰到各种各样的问题，因此，学校指导老师应和企业指导老师共同为学生答疑解难，引导学生理论联系实际，提高动手能力和处理现场事务的能力。目前，有些院校通过各种激励措施调动老师走进企业指导实习学生的积极性。除了实习指导老师外，班主任、辅导员对顶岗实习的顺利开展也有着积极的影响，班主任、辅导员等学生工作人员在促使学生端正工作态度、遵守劳动纪律、强化安全意识方面具有重要的作用。只有指导老师的"教"和学生工作人员的"管"结合起来，才能真正保障顶岗实习的质量和效果。

4. 建立可量化的顶岗实习标准

为了保证学生的实习效果，在实习过程中应进行阶段性考核，在实习结束后进行最终考核。部分院校采取指导老师或企业负责老师凭印象直接给分的方式，无法真正掌握学生的实习效果，也不利于学生端正实习态度。在对实习效果进行考核中，应进行分模块考核，如分别对实习态度、实习纪律、工作能力进行量化考核，可以采用等级评比，如优秀、良好、合格、不合格等级，也可以采取百分制进行考核。在对实习内容进行评价时，可以对岗前培训、适岗培训、安全培训、技能培训等分别进行考核，同样可以采取等级评比或百分制方式。

5. 其他实习的基本条件

智能交通运营管理专业学生实习的企业主要是本地区内的轨道类企业，学生在实习阶段基本可以住校，基本无须企业安排住宿条件，但其他的基本保障条件不可缺少，如需要给学生购买人身伤害险，保障学生实习效果的管理制度、提供给学生的劳动防护用品等。

顶岗实习是学生大学学习阶段在校外的延伸，能有效缩短从学生身份向员工身份的适应周期，为学生实现"毕业即上手"提供了保障。只有保障学生的实习条件，才能有效保障学生的实习质量，从而保证智能交通运营管理专业的人才培养质量，满足用人单位的需求。

第三节　自动化与智能交通运营管理

随着城市化进程的加快，我国重要基础设施的建设取得了优异的成绩。随着社会经济的发展，交通运输网络逐渐完善。但是，随着城市化的步伐，社会对城市交通提出了更高的要求，因此，迫切需要建设智能交通。现代自动化技术的应用可以有效地提高交通安全性和可靠性，因此，研究现代自动化技术在智能交通中的具体应用显得尤为重要。本节讨论了控制自动化技术在智能交通运行中的应用。

随着社会的不断发展，轨道交通已逐渐成为当前城市交通系统中的一种重要交通方式，可以有效提高交通运输能力，缓解城市交通拥堵。随着科学技术的发展，自动化技术已逐渐在智能交通中得到广泛应用，极大地提高了智能交通的自动化程度和信息化程度。

一、现代自动化技术在智能交通中的应用现状

智能交通自动化的现代技术已得到越来越多的应用。我国的现代智能交通自动化技术处于世界领先地位。我国已经有了一套完整的监测、管理和操作系统，并且仍在不断完善中。现代智能交通自动化技术已广泛应用于北京、上海、广州、深圳等主要城市，在现实生活中发挥着重要作用。但是，尚未实现现代自动化技术在智能交通中的应用范围。在中小型城市，仍需努力开发用于智能交通的现代自动化技术。

二、自动化技术在智能交通运营与管理中的应用措施

1. 多条线和一个中心

通常情况下，一条线路不能成为铁路运输网络，因此，在不同城市设计铁路运输网络时，通常会在铁路上设计网格以提高其便利性和安全性。在轨道交通建设中，通常采用"先干后充线"的形式，并逐渐发展成为轨道交通网络。可以看出，轨道交通的建设是一个耗时且复杂的过程，其中一条线路的建设将花费数年。在当地轨道交通发展的初始阶段，许多城市没有修建和使用许多铁路线，并且对这些线路的监视本质上是"一条线，一个中心"，即一条铁路线对应一个线路的检测机构。然而，随着智能交通线路建设的不断增加，在复杂的线路和众多的观测站的背景下，传统的控制方法已无法满足日常轨道交通运营的调度和紧急服务的要求。数字轨道的重要前提是创建基于多条线的多行、单行跟踪表单。铁路运输线路监控中心是一个管理多条线路的自动监控系统，包括 2 个监控中心和 1 个模拟运营中心、即运维控制中心，应急控制中心和模拟运营中心。

2. 加强各种管理体系的实施

首先，我们要重视制度层面上的监督作用，严格按照规定对违规人员和单位进行处理；其次，要加强对地方各单位的联合检查，以确保制度健全、实施得当。联合检查期间，参与联合检查的工作人员会立即面对各种隐患，联合检查后，将在规定的时间内统一发布存在问题及纠正通知，并且对项目完成情况不佳的人员进行处罚。为了进一步提升管理的有序性，可以采取分级管理的措施，按照责任级别，如果出现问题，相关的责任人必须首先对管理负责并承担责任。

3. 多系统集成

轨道交通信息管理系统包括业务管理系统和生产系统。该系统集成了战略计划、核心业务管理、业务支持、生产系统和总线等。并实现了轨道交通运营系统的自下而上的体系结构，有关管理解决方案的自上而下的信息传递，同时考虑了各种业务模块的信息共享和使用。轨道交通的多系统集成包括通信集成、集成监控等。其中，自动监控系统基于集成平台，可集中管理列车

的运行状况、平台信息等，在紧急情况下做出决策并解决问题，确保轨道运输的正常运行。如今，铁路交通的智能监控已得到全面发展。例如，新加坡的综合跟踪系统是世界上第一个了解自动化铁路运输操作的系统，其整个系统由500多台计算机管理。北京市于2004年制定了发展轨道交通天文台的战略，于2008年启动铁路天文台。它集成了部署管理和票证模块。这是目前最复杂和高度自动化的生产线。

4. 加强项目工程规划

根据智能交通运营和管理的实际发展，未来轨道交通的数量将会增加，而综合项目及更新对于大型城市来说是非常重要的。考虑到这一点，设计应避免产生烦琐影响的智能交通管理工作。作为实际智能交通管理过程的一部分，所有项目的开头和结尾都必须有详细的数据和信息记录，并且必须与有关部门保持密切合作，以有效提高项目的可实施度。避免一味地从理论的角度出发开展工作。科学的项目工程规划需要对许多因素进行透彻的研究和分析。在智能交通运营管理工作中，目前的工作取得了良好的成绩。

5. 加快运营管理技术升级

在智能交通运营管理过程中，有必要结合社会发展和人员变动，加快运营管理技术的更新。面对新问题、新形势，有必要不断贯彻管理理念和管理方法，从不同层次入手，优化传统的经营管理模式，开发更加合适的经营管理方法和技术工具。我国对智能交通的运营和管理提出了一些要求，必须严格遵守国家有关法规，以确保各项运营管理任务能够充分体现，制度化和标准化的特殊性，并进一步改善智能交通的运营管理水平。

三、智能交通相关活动和管理的未来发展

我国现代社会经济发展等方面需要有效加强智能交通管理能力，有关工作的实际执行必须按照有关规定进行。未来应实施及时有效的管理。在制定智能交通管理工作计划时，有必要加强登记程序，特别是在解决客观问题和确保有序工作的基础上，通过及时有效的创新和完善保护制度。需要及时有效地完善智能交通管理的内容，加强信息技术的有效利用，并建立适当、完

善的信息管理系统，以确保智能交通管理能够得以实现。在实际的管理工作中，要积极推进人才队伍建设。

随着我国城市发展水平的不断提高，智能交通作为城市发展基础设施的建设，其运行和管理也越来越受到人们的关注。鉴于各种轨道交通运营管理业务模块的功能和特性，可实现轨道交通运营管理的智能化和自动化，自动化技术在智能交通管理中的应用大大降低了基础建设中的各种轨道交通运营成本，增强了铁路运营的影响力和智能交通运营的安全性。

第四节　大数据与智能交通运营管理

北京、上海、武汉、深圳等城市相继开始试点建设智能交通信息化云平台和大数据平台，实施互联网 + 战略，推进信息化、智能化深度融合，以信息化带动智能交通智能化，以智能交通智能化促进信息化，为智能交通行业的可持续、快速发展提供强有力的信息技术支撑。

随着我国新型城镇化的加速发展和城市群、都市圈建设的稳步推进，智能交通已经成为城市交通发展政策的支持要点和城市交通建设的热点。为使智能交通成为交通强国建设的重要内容和城市交通改善的重要引领与支撑力量，在当前移动互联网、大数据、云计算、物联网和人工智能技术在交通运输领域应用势头良好的大背景下，应充分发挥智能交通良好的聚流、引流和产业生态培育作用，抓住智慧化引领智能交通高质量发展的机遇，明确智能交通指挥化发展的方向，寻求新的全生命周期发展路径。

一、智慧化是智能交通高质量发展的必然趋势

目前，我国智能交通发展在总体上滞后于城镇化发展，遵循满足需求式的发展模式，并未在现代信息技术和人工智能已广泛应用的时代条件下充分显示出鲜明的智慧化特征。在发展初期，由于城市的财政资金不能有效支持造价昂贵的智能交通建设，导致其明显滞后于城市的发展。等到城市（尤其是特大城市）产生较严重的交通拥堵后，才不得不"补课"。在这种"应急"

发展场景下，城市主要考虑的是解决交通问题，即把精力集中在解决智能交通的有无问题上，而无暇顾及现代信息技术和人工智能技术的应用。如今，虽然部分城市的部分轨道线路已在外围引导城市发展，成为城市群、都市圈高效交通的重要方式，其发展范围也得到了极大拓展，但从总体上看，依然是满足需求型，缺乏引导、增加和捕捉需求的能力。

随着城市范围的逐步扩大、中心城市的影响力不断扩张和都市圈的逐步形成，我国智能交通的大规模建设才刚刚开始。无论是从需求的必要性还是从当前发展的惯性来看，在未来相当长的一段时间内，智能交通大规模建设和发展仍是大势所趋，即使可能受到资金的限制和影响。在城市群、都市圈和城市中心区经济产业高质量发展的背景下，高质量的智能交通也理应纳入城市发展的范畴。发挥智能交通的聚流、引流优势（原因在于站点人流高度集中，运行途中人流量大且换乘频繁），以发展流量经济、枢纽经济、数字经济的方式补偿智能交通在建设和运营初期投资、运营能力的欠缺，应成为未来一段时间智能交通高质量快速发展的重要内容和任务。现代信息技术和人工智能技术的快速发展，以及在交通运输领域的广泛应用，为智能交通发展流量经济、枢纽经济、数字经济提供了重要手段和业态场景。

在轨道交通建设力度和规模仍将保持较高水平的形势下，网络化、规模化发展的格局和趋势愈加明显。此时，应高度重视智能交通的智慧化运营，为进入建设与运营并重阶段奠定坚实的技术、模式、业态创新基础。同时，还应从规模经济和产业链、价值链延伸的角度出发，充分考虑智能交通制造产业的发展，使其与城市和站点周边产业的协同融合，实现交通与产业联动发展的模式创新。目前，现代信息技术和人工智能技术与人们的生活越来越密切，并改变着人们的生活方式，而智能交通人流集中，因此，智能交通具有应用这些技术的需求基础。在智能交通建设和运营过程中，智慧化技术的应用与应用场景的建设已经成为技术进步和相关服务业态发展的必然趋势，也是提高智能交通自身运营效率、运营安全和服务水平的必然要求。

二、大数据平台方案

大数据平台的主要作用如下：①通过整合线网级电力监控系统（SCADA）、火灾自动报警系统（FAS）、环境与设备监控系统（BAS）、ATC、AFC、ACC 等专业数据，实现客流、行车、设备数据的集中统一，形成企业级数据统一视图，实现企业数据标准化。②通过运营的维修、施工等系统，结合客流数据实现客流、设备、行车、票务、维保等信息的实时统计分析，帮助运管人员及时了解路网客流、行车运营、设备资产、票卡收入、维修保养等情况，在保证地铁路网安全运营的前提下，不断提升运能、降低成本。③通过结合客流数据、商圈居住数据、市政规划数据等，提供新线路规划的数据支持，同时可预测新增线路对路网的影响。④结合客流、行车等数据为乘客提供实时路网信息，方便乘客选择出行，提升公众信息服务能力。

1. 大数据能耗分析

大数据平台可实现智能交通车辆、接触网、动力照明、通风空调、食堂生活、生产用水等机电系统设备的运营用电实时采集，并对耗电量进行大数据分析，实时采取节能措施，降低运营耗电量。同时，针对用电负荷实时监测，通过合理调度确保用电安全，从而更好地实现智能化运营。针对某些用电量比较大的专业，如车站动力照明系统，可采取智能照明模式，降低用电量；对通风空调系统，可采用智能温控模式，节能降耗。

2. 大数据客流预测

基于大数据的智能交通客流预测与乘客行为分析。通过引入客流起讫点分布（OD）、一卡通、移动运营商定位、ATS、行车计划数据等，分析枢纽车站乘客进出站情况及新线对既有线换乘的影响，研究大型活动客流的变化规律，优化客运组织。

3. 实时调整运行图

基于动态客流数据，采用以下大数据分析技术对列车运行图进行自动调整：①利用实时客流监测技术，动态监测 AFC 进出站客流情况。②利用视频分析技术，实现在计数区域进行客流计数，并对站台人群密度进行分析。③利用车辆的空气弹簧提供的车厢重量信息，包括车站上下客的车厢重量变化情况，判断客流变化。

智能交通大数据平台的建设，必须根据运营实际需求进行。建设和运营部门要进行密切协调统筹，严格按照国家标准和规范，整合所有机电专业的信息资源，实现所有机电设备的运营信息共享、维修调度集中控制，从而提高整个智能交通的自动化、信息化水平，推动智能交通信息化系统的转型升级。通过智能交通大数据平台的建设，既减少了机电设备资源的重复投资和浪费，又有效提高了整个机电系统的智能化水平，降低机电设备采购、建设、运营使用及维修成本，实现整个线网机电设备信息实时共享、实时监测、实时决策。

第五节　智能交通运营管理专业教学标准

根据智能交通运输业现状，智能交通运营管理专业教学标准的规范化，不仅可以提高学生素质和教学质量，而且能培养出更多合格的技能型员工。对此，本节从培养目标、课程开发与教学要求、实训环境等方面展开论述。

随着智能交通行业的迅速发展，现有的智能交通方面的员工数已无法满足智能交通行业发展的需要，从事智能交通行业员工的整体素质与企业的最终要求也相差甚远。目前，我国许多高职院校为了适应社会发展设置相关专业，主要培养能胜任供电、通信、信号维修、车辆驾驶、运输管理的基层职工，满足智能交通行业的人才需求。为培养具有高尚职业道德和爱岗敬业精神，具备过硬的专业知识和设备操作技能的学生，配备完善的教学标准很有必要。

一、培养目标

本专业主要培养学生运用轨道交通十大运输设备的能力，掌握不同情况下有序组织客流的能力，具备正常情况下和非正常情况下的行车指挥能力，安排车辆基地调车工作的能力，遵守行车规章和相关制度的责任意识，高效处理重大事故的应变能力，具有较高的职业素质和较强的操作技能的专业性人才。学生毕业后可从事车站客流组织工作、售检票工作、设备维修工作、行车指挥工作等。

二、课程开发与教学要求

1. 课程开发

在企业调研的基础上发展本专业课程体系，先分析主要就业岗位，包括客运类岗位（售票员、厅巡员、督导员、站台员、替岗员、值班站长）和行车类岗位（行车值班员、行车调度员、车场信号员）。根据企业各岗位具体工作过程的分析，总结其工作任务。经分解、归纳工作任务，确定专业研究范围和职业能力，再根据相关岗位职业能力，确定专业学习领域，进而开发本专业课程体系。

为了培养具有基本职业素质要求（如职业基础能力要求、职业核心能力要求和职业拓展能力要求）的毕业生，本专业构建了"三阶段一贯通"的课程体系。"三阶段"主要用于学生职业岗位能力的培养，在具备基本职业素质的基础上进一步培养职业核心能力，培养专业发展能力。"一贯通"是指自主学习课程从学生第 1 年入学到第 3 年毕业。根据"三阶段一贯通"的课程体系设置公共基础课程、专业课程、拓展课程及自主学习课程。公共基础课程涉及道德教育、职业指导、体育健康、大学语文等基础课，培养学生进入社会所必需的基本职业修养。专业课程分为专业基础课程和专业核心课程。其中对专业课程起主要支撑作用的单一技能训练课程和综合技能实践课程，培养学生的实际动手能力和解决问题能力。拓展课程包括专业限选课程和通识教育课程。通识教育课程可以选修学院开设的人文科学、艺术与哲学方面课程，以保证学生树立科学的人生观、世界观。专业选修课程设置信号方向、供电方向、车辆方向和铁路领域相关课程，满足学生在轨道交通其他方向的职业发展。自主学习课程引导鼓励学生积极参加社会实践活动、听讲座、参加知识竞赛等，提高学生的人际交往与团队合作能力，激发学生的创作灵感，为学生的深入学习创造一个良好的研究氛围，促进学生全面发展；培养学生由双证到多证，拓宽学生就业渠道；提高学生专业能力和激发学生学习兴趣的同时丰富学生第二课堂，提高专业技能；使学生了解行业企业发展现状，用人需求等与就业相关的信息，为毕业后找到合适的工作打下基础。

2. 教学要求

公共基础课程要以学生全面素质的提高为重点，为学生营造一个好的学习环境，帮助学生了解世界，培养多种思维方式，使学生德智体全面发展。对于专业课程，改变传统的教师讲授方式，让学生参与课程，教师起指导作用，按照工作岗位的要求，培养学生专业技能。在教学实施过程中，重点锻炼学生的实际动手能力，针对不同的专业知识采用多用教学方法，布置工作任务让学生动手完成，将理论知识与实践教学相联系。拓展课程要达到拓展学生职业素养和专业素养的要求，树立学生科学的世界观、人生观、价值观和与本专业相关联的职业能力。

三、实训环境

1. 公共基础课

对于公共基础课的学习应有完善的优质教学资源及学生使用平台，如计算机基础课程的学习应有不少于 50 人的网络机房；大学英语课程应有语音室和口语练习室；体育与健康课程应有专门的体育馆和室外体育场，以满足学生上体育课和平时锻炼的需要。

2. 专业课程

为了更好地学习专业课程，不仅需要设置校内实验室，还需校企合作共建实训基地。

校内实验室。为了方便专业基础课程的学习，需设置校内实验室。如设置电子基础实验室，电工基础实验室满足电工电子基础、电工操作技能实训课程的教学要求。维修电工实验室可为电工技能考试提供训练机会。

校外实训基地。校外实训基地主要为专业课的学习服务，能够为学生的主要课程、学习任务提供模拟操作的实训环境，弥补部分课程实训环节无法现场开展的缺憾，为课堂教学设计的实施提供实训场所。

根据专业核心课程包含的 5 个方向 (行车组织、票务管理、设备运用、事故处理、客流运输) 设置 ATC 列车自动控制实训室、运营模拟沙盘实训室、

AFC自动售检票实训室、车辆模拟驾驶实训室以及车站模型实训室等。ATC列车自动控制实训室可以完整演练运营开始前列车从车辆段出库、运营期间正线运行、运营结束后回库等过程，锻炼学生调度指挥能力和应急处理能力。运营模拟沙盘实训室包括一台中心工作站、八台车站工作站、一台车辆段微机连锁、一台列车控制系统、一台服务器、一台列车运行图服务器以及沙盘模型，学生以小组为单位担任车站行车值班员、控制中心调度员、调度主任、驾驶员、车辆段信号员等角色，相互配合相互协作，组织多列车追踪运行，培养其团队合作精神和遵守规章制度的规范意识以及设备发生故障时的降级运行能力。AFC自动售检票实训室配备AGM（一套三杆和一套扇形）、TVM、TCM（一台位置固定不变，另一台可以随时随地移动）和BOM，使学生掌握车站终端设备的常用操作和简单维护方法以及在特殊情况下如何处理票务问题。车辆模拟驾驶实训室设置十台驾驶台，学生通过模拟驾驶，掌握驾驶车辆的具体步骤，熟记车辆段、正线的限速要求，探索对标停车的技巧，体会司机在列车运行中的重要责任。车站模型实训室设置人民广场站模型、车控室IBP盘以及防灾报警系统控制盘，通过演练学生能够在紧急情况下操作IBP盘进行紧急停车或扣车，在发生火灾时利用防灾报警系统控制盘及时控制火势蔓延。为了充分发挥各实训室的作用，需开发与课程教学内容一致的实训项目，以项目或者任务的形式组织教学，从而实现"三结合"，即课程中的能力要求与实际工作的能力要求相结合；学习过程与实际的工作过程相结合；学生充当的角色与实际的企业岗位相结合。

本专业制定的教学标准在具体实施过程中，要根据学校的实际情况和行业企业的发展现状不断改革和完善，努力培养符合轨道交通行业要求的一线员工。

第六节　标杆管理与智能交通运营管理

标杆管理是一项有系统、持续性的评估与改进过程，是通过不断将组织流程、业绩与全球行业领导者相比较，以获得协助改善运营绩效的过程。标杆管理在现代企业管理活动中已成为支持企业不断改进和获得竞争优势的重要管理方式之一。文章探讨了标杆管理方法如何在智能交通行业建立模型、对标应用，并以某轨道交通企业乘务系统中的实施应用为例，简要介绍地铁运营中如何实现标杆管理改进。

标杆管理（Benchmarking），又称基准管理、对标管理等，其概念起源于 20 世纪 70 年代末，由施乐公司首创，后经美国生产力与质量中心进行系统化规范，将其定义为一项有系统、持续性的评估过程，通过不断将组织流程与全球企业领导者相比较，以获得协助改善运营绩效的管理理念。目前通行的标杆管理的定义，则是指企业将自己的产品、服务和经营管理方式与行业内或其他行业的领先企业进行定量化评价和比较，分析这些基准企业的绩效达到优秀水平的原因，在此基础上选取改进的最优策略，并持续改进，甚至最终实现超越的过程。

标杆管理为企业或其他组织提供了关于其人员、设备、服务以及流程究竟能做到多好的客观、有效的衡量指标；让企业认识到必须打破以往的思维定式和经营方式，重大的经营改善活动在组织中不仅完全可行，而且成为组织生存所必须开展的活动；为企业描绘了一幅竞争对手为什么表现如此卓越的清晰的图画。

一、标杆管理体系模型建立

以国内某地铁运营公司为例，通过参加行业内智能交通运营绩效评估体系（MetroOperational Performance Evaluation System，MOPES）和轨道运输标杆联盟（Nova Benchmarking Group of Metros，NOVA）对标组织，对国内、国际多家地铁运营企业在运营效率、服务绩效、财务指标、劳动生产率、能耗与安全等各项关键绩效指标（Key Performance Indicator，KPI）的综合对标分析，建立了公司标杆指标库，掌握了自身运营管理水平在国内、国际同行业中所处的位置。

2015 年，该运营公司通过建立对标管理体系，提升运营公司的标杆管理能力，以提高运营公司运营质量，强化核心能力，增强发展潜力，希望把运营公司打造成国内智能交通运营标杆企业。

综合施乐的 10 步骤模型、IBM 的 14 步骤模型、罗伯特·坎普的 5 阶段论以及国际标杆管理交流中心的 4 阶段论，联系地铁行业的实际情况，该运营公司建立了标杆管理双循环流程，并确定每个阶段需要控制和确认完成的关键点。

标杆管理双循环流程是由两大循环流程复合而成。这两类管理活动紧密关联，相辅相成。

一是定期的标杆评估流程。这一过程通过定期与国际国内其他地铁运营企业以及其他相关产业进行业绩比较，明确运营企业定位与差距，寻找改进机会，并确定优先级别，帮助运营企业制定战略。

二是标杆管理改进流程。即在运营企业的战略框架下，根据标杆评估的结果，选择重点过程，运用过程标杆分析的方法及一系列改进工具提升产品或服务的质量，优化流程，以实现运营企业绩效的提升与服务质量的强化，并建立竞争优势。

二、地铁运营中的标杆管理体系实施案例

该地铁运营公司基于自身的标杆管理体系，建立了标杆改进项目池，通过公司内部标杆改进项目的实施，取得了较大成效。现以该地铁运营公司实施的电客车司机排班效率提升项目为例，简要介绍地铁运营中如何实现标杆管理改进。

为提升司机现场安全管理水平、优化司机工作效率，该地铁运营公司乘务中心计划启动标杆管理改进项目，系统学习和借鉴兄弟公司在司机安全管理和司机交路编排工作的宝贵经验。通过科学合理地安排司机交路，提升乘务中心的管理水平，提高司机值乘工作效率，提升司机生产率，达到节省成本的同时保证服务质量的目的。

通过内部调研分析得知，改进前该地铁运营公司某线路电客车司机排班方法如下：

第一，班制设置。A 线路目前采用四班三运转的班制组织司机正线值乘。

该班制下司机值乘方式为轮乘制。

第二，司机配备人数。全线路 4 个班组合计需 92 人。

第三，司机有效工时统计。按照现有的 3 张日常运行图的需求，周一至周四的有效工时为 224.2 小时；周六至周日的有效工时为 231.5 小时。

第四，司机有效工时利用率。每名司机月制度工时为 148 小时；日平均有效工时 = 周总有效工时 /7=224 小时；司机月有效工时 = 日平均有效工时 ×30.4 天 =6809.6 小时；司机有效工时利用率 = 司机月有效工时 / 司机月制度工时 × 司机人数 ×100%=50%。

确定改进项目的目标并进行内部调研后，才能够有目标有方向地进行外部调研。首先，必须选取合适的外部标杆合作伙伴。在选择标杆伙伴的时候应遵从先进性原则、可比性原则、经济性原则、可获得性原则、先内后外原则，乘务中心结合这五项原则，通过加权评分的方式选取合适的标杆合作伙伴进行标杆管理活动。经过讨论评估，中心决定对评分结果排在前 4 位的 ABCD 4 家地铁运营公司的相应线路进行现场调研。

调研结果显示，4 家地铁运营公司的人员配置和值乘方式各具特点，互相之间有较大差别。司机班制包括上四休二、上五休二、四班三运转和六班五运转；值乘方式包括固定交路和轮乘。A 公司采用固定交路、六班五运转班制；B 公司采用轮乘与固定交路综合的值乘方式、四班三运转班制；C 公司采用固定交路，上四休二的班制；D 公司采用固定交路，上五休二的班制。

通过对以上 4 家运营公司的人员配置和值乘方式的对比分析初步发现，B 公司的四班三运转班制加轮乘与固定交路混合的值乘方式具有更多的优点，而另外几家公司的排班方式也有可借鉴之处。调查研究人员根据本公司的实际情况，结合调研分析结果，在此基础上进行进一步创新，初步得出四班三运转 + 高峰组、多班制混合作业、六班四运转 + 固定交路 3 种可选优化方案。

综合这 3 种改进方案来看，方案 3 的司机有效工时利用率为 54.5%，在 3 种方案中提升幅度最大。方案 1 的司机有效工时利用率为 52.8%，提升幅度最小。进一步对比分析则发现以下一些情况：方案 1 的交路编排较简便，时刻表需提前一周下发。运行图临时调整对司机交路影响不大。同时，班组人员集中，便于管理和培训。司机公寓的现有床位能满足需求。高峰班虽然"干一休一"，完整休息日较少，且全上夜班。方案2的交路编排也较简便，时刻表需提前一周下发。运行图临时调整对司机交路影响亦不大。司机公寓的现有床位能满足需求。但是班组人员不平均，工作时间存在差异，不利于班组管理和培训；需增加专业培训人员。高峰班、两头班虽然"干一休一"，完整休息日较少，且全上夜班。另外通过调查得知日班运营任务国外一般通过雇佣司机担当。方案3的交路编排较为复杂、烦琐，时刻表需提前2周下发，同时，需增加线路排班技术管理人员。并且对列车运营稳定性要求较高，运行图需谨慎调整和更换。此外，工作时间存在差异，不利于班组管理和培训，并且公寓管理和入住压力加大。所有司机连续4个晚上不能在家休息，上下班路上、公寓候班等非工作时间占用较多。综合上述分析可知，虽然方案3对司机有效工时利用率指标提升幅度最大，但因此而带来的流程复杂程度和管理难度提升、额外的人员配置需求等负面影响亦较大。

通过上述各方案分析比较，结合本公司运营实际，采用第1种优化方案在该线路进行试点验证。经过1个月的试运行之后发现，方案1既提高了司机值乘工作效率，又壮大了司机骨干队伍，对提高公司乘务中心管理水平，维护司机队伍稳定，确保地铁运营安全起到了积极推动作用。

第七节　智能交通运营管理方式方法

社会科技的不断发展也相应地促进了智能交通的发展，智能交通良好的运营离不开高效的管理，只有运用良好的管理方法才能够实现相应的管理效果。因此，应该结合智能交通运营的特点，采取有效的方法进行管理。

伴随着社会的发展，智能交通也在不断地发展壮大，在针对智能交通运营方面，需要采用有效的方法进行良好的管理，才能够促进智能交通的良好发展。

一、做好智能交通运营管理的基础工作

城市轨道是为城市居民提供更加便利的出行服务，也就是说乘车的市民是轨道交通运营管理的核心，提高智能交通运营管理应做好市民的工作。市民良好的乘车习惯是智能交通运营管理的基础。首先，要通过车站的标识系统正确的引导乘客，从而养成乘客的良好乘车习惯。城市地铁根据城市的不同建设方式也各不相同，主要将站台分为地下、地面、高架等3种形式，相对来说大部分的地下站的活动空间要比地面和高架站的活动空间小一些，而且乘客在车站内分辨方向也极难，特别是在找出入口时乘客的逗留都会造成地铁站内出现拥挤的状态，尤其是乘车高峰期的人流量较大会对智能交通运营管理造成一定的负担。因此，要发挥标识系统的作用，合理地设置车站内的出入口标识，以及列车运行方向、卫生间导向等标识，及时地引导客流提高智能交通运营的管理效率。其次，要加大对城市居民乘车知识的宣传和引导，智能交通在我国很多城市都在运行和发展，为人们的出行提供非常便利的服务，而有些居民由于没有乘坐过地铁，不知道该以什么样的方式乘坐，这个时候的宣传工作就能起到很大的作用。从初期开始培养居民养成良好的乘车行为，并扩大宣传力度，通过电视、广播等方式宣传地铁出行的安全事项以及正确的乘车行为。通过这些方式，为智能交通运营管理打下坚实的基础。

二、做好智能交通运营管理的重点工作

智能交通运营管理重点在于行车的组织，合理的行车组织机制能提高智能交通运营的效率。首先，行车组织需要对乘车客流量进行分析，包括乘客出行的特点、分布情况等，并由专业管理人员对客流量进行预测，在不同的时间段设置不同的行车计划图，而且要将各个时间详细划分，便于管理更利于市民的出行，如正常工作日、双休日、节假日等，在合理的行车计划图的组织下，城市轨道相关部门可以更好地按行车计划组织车辆的出行路线，对线路的运行列车数量、出进站时刻也有着更好的规划，不至于在客流量较大

的节假日或休息日，出现交通运营管理混乱的现象。而且智能交通运营的乘务部门可以根据相关的行车计划图来制定乘务员的串休计划，同时，智能交通的其他部门，如通信部门、供电部门、轨道部门、机电部门等，也可以合理地安排各个设备、系统以及机械等维修计划和施工计划，既不耽误智能交通的正常运营，还可以通过日常的维护工作来提高智能交通运营的安全性和稳定性。其次，要考虑到乘车客流量较大时的智能交通运营方式，可以通过加大线路的行车密度、就近折返线、小交通线路等方式来增加列车的运营效能。当然，也不排除列车运行时的早点、晚点、故障等情况，如果列车出现早点或晚点的现象，可以通过提前或推迟列车的出发时间来实现列车的正常运营，一旦列车出现故障的话，要及时拉大线路列车之间的运行间隔，同时，相关人员要及时疏散客流人群，以实现故障列车的快速处理，以此提高智能交通运营的管理效率。

三、做好智能交通运营管理的补充方法

所谓补充方法，就是在原有的运行方式出现了问题之后采用的替换方法或解决方法。在智能交通运营中，虽然交通事故率较低，但是有些不可预测的事故还是会发生。因此，智能交通运营管理应做好相关的解决措施。首先，要加强智能交通中的多个部门、多个岗位之间的协调配合，保持相互的实时通信，为处理故障事件打好基础，避免故障时部门之间缺乏协调性而导致事故扩大；其次，要建立完善的应急保障体系，这是智能交通运营管理的重要内容。乘客的安全保障是城轨交通管理的核心观念，尤其是列车发生故障时会与乘客的安全产生直接的联系，一个环节的疏忽可能对乘客造成严重的伤害。因此，应建立有效的应急预案，并且要对应急预案进行演练，不断地强化应急预案以及乘务员的应急处理能力。对于智能交通运营来说，时间是非常宝贵的，最终受到影响的是乘客的出行，通过强化应急预案和乘务员的应急能力，可以在列车故障时进行有序的处理；第三，加强智能交通运营的专业技术人员队伍的建设，主要围绕着智能交通的各个环节、设备、线路以及车辆等设备的维修保养工作，要求各岗位人员必须是各个工种的专业人员，

能做好各个设备的检查维修工作，也能在设备故障时有着临危不乱的心态，能够有序有效地处理故障问题。另外，还要做好工作人员的管理工作，以乘客服务为工作的核心，做好组织工作，尤其是在客流量较大时，要及时地组织乘客有序乘车，避免因乘车混乱而造成安全事故，在确保乘客安全的基础上，提高智能交通运营的管理效率。

第八节　智能交通运营安全管理

智能交通为市民出行带来极大便利，其运营安全也受到广泛关注。本节分析了智能交通运营安全管理存在的风险主要来源于人员、设备设施、环境和管理因素，并针对这 4 个因素提出相应的运营安全管理优化对策，希望能够为安全运营积累丰富的参考资料。

近年来，智能交通凭借运量大、速度快、节能、准时等优势成为广大市民出行的最佳选择。但由于综合性强，所处空间特殊，一旦出现事故，就会产生严重后果，所以智能交通运营安全管理的研究，对预防事故发生具有重要意义。

一、智能交通运营安全管理的风险分析

根据对历史事故和实际运营状况的调研得出，智能交通运营安全风险主要由人员、设备设施、环境和管理 4 个因素以及它们之间的相互作用造成的。其中前 3 个因素是直接原因，管理因素是间接原因。这些因素相互联系、相辅相成，构成了智能交通运营事故致因机理体系。

二、目前智能交通运营安全管理存在的风险问题

近年来，智能交通运营安全的总体形势平稳，但也面临着诸多问题，以下从人员、设备设施、环境和管理 4 个方面进行分析：

1. 人员方面

人员方面的风险主要来源于生理、心理和技术3个因素。工作人员由生理因素造成的风险主要有列车司机违规驾驶，身体存在缺陷等风险；由心理因素造成的风险主要有安全意识淡薄、纪律性不强、心理素质较差等；由技术因素造成的风险主要有员工专业基础较差、操作技能不熟练等造成。非工作人员由生理因素造成的风险主要有乘客身体原因造成的突发事件等；由心理因素造成的风险主要有乘客乘车过程中心理障碍等造成的危险事件等；由技术因素产生的风险主要体现在乘客缺乏相关安全常识导致的危险行为。

2. 设施设备方面

智能交通系统是一个复杂的系统，涉及许多的设施设备，包括信号设备、车辆设备、机电设备、环控设备等。安全运营必须以设备的安全运行为前提，任何一个小故障都可能导致不安全后果，造成运营秩序不顺畅，甚至更严重的事故，所以，设备设施的良好质量和稳定运转是安全运营的重要保障。

3. 环境方面

影响智能交通运营安全的环境包括内部环境和外部环境。内部环境通常包括区间、车站公共区域、设备用房和管理用房等区域的空气环境指标。这些指标可能会导致工作人员和乘客致病，也可能会造成设备设施不能正常运转。外部环境包括极端气候灾害等自然环境和涉及极端恐怖活动等的社会环境。自然环境是由自然界提供的、人类难以改变的生产环境，如台风、暴雨、暴雪等对轨道交通线路设备的破坏。极端恐怖活动因素主要有人为排放有毒气体、爆炸物、纵火等行为。

4. 管理方面

由于管理不善造成的运营风险主要体现在规章制度和安全保障工作的漏洞，例如，因规章制度不健全而带来的管理职责不明确、工作组织混乱等问题；安全管理工作不到位，领导层责任心不够，监管不严格，员工在工作中违规操作等，这些都会增加安全风险。

三、智能交通运营安全管理优化对策

针对上述提到的风险问题，以下从人员、设备设施、环境和管理 4 个方面提出优化对策：

1. 人员方面

运营企业需要设置安全管理机构，配备安全管理人员，以法律法规、规章制度为主要学习内容，采取多种形式对职工进行培训，将安全工作重在落实的理念贯穿于员工的工作、学习和生活的全过程。对乘务、行车值班员等关键岗位员工进行岗前身体状态检测，利用科技手段对其身体状况进行监控、辨识，以便提前规避潜在的安全隐患。通过制作乘客安全应急知识手册、安全乘车宣传视频以及邀请乘客参观、座谈、知识竞赛、模拟演练等方式把相关安全乘车、文明乘车、常规应急设备设施的使用等常用知识，有效地传达给乘客，提高乘客安全意识及自救逃生能力，避免乘客由于不知道、不会用而造成恶劣后果。

2. 设备设施方面

通过科技监测手段，加强设备设施在线监测，实现远程实时动态监控，实时掌握设备设施的状态，及时发出预报、报警并果断采取措施。对隐患设备进行分级分类，强化上报、评估、维保等功能，实现隐患动态管理。掌握故障发生的规律并及时采取有效控制措施，提高设备设施日常维修维护及故障处理的标准化、规范化和精细化管理水平。

3. 环境方面

加强对智能交通运行涉及的保护区域违法施工、违章建筑、违法经商以及树木、广告侵限等现象的巡查，建立隐患台账，发现隐患及时上报，加强与相关部门沟通协调。高度重视安保与反恐工作，通过各种专业安检设备，在最大范围内对车站关键区域做好安全检查，对乘客做好引导工作和宣传教育，确保乘客有序乘车，安全出行，从而降低智能交通运营的事故风险。

4. 管理方面

在地铁开通运营前，需要建立、健全涵盖各专业、各环节的制度和操作规程，使各专业安全管理制度有章可循，促进安全管理制度化、规范化。在实践中，不断提高安全管控标准，完善公司安全生产责任制以及具体落实举措。在车站层面开展班组安全文化建设和安全作业标准，对相关规定进行考核、评比，同时，通过合理的奖惩制度完善绩效考核，提高员工的工作积极性，对于重复事故、惯性事故要严格考核。

综上所述，智能交通运营安全管理要围绕人员、设备设施、环境因素和管理 4 个因素，提出了完善的安全管理优化对策，从而为智能交通的健康发展夯实了基础。

第九节　智能交通运营管理咨询

随着我国智能交通建设的快速发展，智能交通的管理咨询业务也在逐渐兴起。目前，国内多个城市，特别是建设首条轨道交通线路的城市，都倾向于采用"管理咨询及服务"采购的模式，以促进轨道交通运营管理水平的快速提高。本节在阐述智能交通管理咨询业务的基础上，着重就智能交通运营管理咨询模式进行分析探讨。

一、智能交通管理咨询的市场背景

21 世纪伊始，我国智能交通的管理咨询业务开始兴起。2003 年，中国国际工程咨询公司受国务院委托提交的《关于当前智能交通建设情况和建议的报告》，成为国家制定智能交通政策的重要依据。从此，国内掀起了智能交通建设的大浪潮。北京、上海、广州、南京等多个城市的咨询企业或轨道交通企业，纷纷成立了与智能交通业务相关的咨询公司。

新兴的轨道交通城市及企业（以下简称"业主"）采购"管理咨询及服务"，主要原因是：业主经验较为匮乏，尤其是开通首条智能交通线路的业主普遍缺乏管理经验；业主方技术力量相对不足，国内现有的智能交通领域人才，尤其运营管理和维护专业人才力量薄弱；引进现代有轨电车、全自动驾驶、自动导轨系统（APM）等新技术后，在运营管理上与常规的地铁线路有较大差异；特许经营模式迎来新的发展机遇，如 TOD（交通引导发展）、

PPP（公私合作）等方式的引入，使得智能交通管理咨询可以多种方式参与其中。

二、智能交通运营管理咨询概述

智能交通管理咨询，是一种由智能交通运营管理上具有丰富理论知识和实践经验的专家，与业主方有关人员密切配合，辅助业主建立智能交通管理秩序，改进生产与服务的咨询活动。其咨询的核心是根据智能交通线路实际情况，制定管理策略及实施方案，保障新线开通试运营，确保运营安全，解决管理和技术问题，提升管理水平和运营效率，降低成本。

运营管理咨询是智能交通管理咨询的一个重要组成部分。业主在智能交通运营管理上遇到的问题都可以纳入智能交通运营管理咨询的范畴。按照时间轴划分，可以分为运营筹备咨询、运营开通准备咨询、运营管理提升咨询、网络化转型咨询等；按照业务模块划分，可以分为经营战略咨询、组织结构咨询、制度体系咨询、管理流程咨询、业务流程咨询、生产管理咨询、设备维护咨询、质量管理咨询、绩效管理咨询、人力资源管理与开发咨询、培训咨询、企业文化咨询、信息化咨询等；按照专项角度划分，还可以细分为票价听证咨询、标准化咨询、安全保护区咨询、客服品牌咨询、应急公关咨询等。

国务院下发的〔2018〕13号文件明确规定：城市智能交通建设规划要树立"规划建设为运营，运营服务为乘客"的理念，将安全和服务要求贯穿于规划、建设、运营全过程。因此，运营理念提前介入到线路的规划与建设中，以贴合线路开通后运营管理的特点和需求，是智能交通运营管理咨询的重要特征。

三、智能交通运营管理咨询模式

我国智能交通运营管理咨询，根据运营管理合作内容和咨询深度的不同，主要有咨询顾问、以管带教、特许经营等3种常规模式。

1. 咨询顾问模式

咨询顾问模式是指依据业主委托，就某个项目或某个方面组建咨询团队，为业主出谋划策，提出切合业主实际需求的方案或行动计划等。

我献策，您决策。根据业主方的需求，咨询团队基于自身丰富的行业经验，制定出贴合企业实际的方案与建议，供业主方参考选择。采用哪个方案及实施的程度，由业主自主决定。

咨询内容按需选择。咨询内容以菜单的形式呈现，业主方可以根据自身需求来选择其中的咨询项目和内容。

成果提交。采用咨询报告的方式提交成果。一般不参与方案的具体实施。

咨询内容及形式。咨询方主要是为业主在运营介入、运营筹备及运营管理过程中遇到的各类技术和管理问题提供技术咨询支持和建议方案，包括工程顾问、机电顾问、运营管理顾问等方面。从咨询的内容是否具备全过程和全方位来划分，咨询顾问还可以分为运营整体咨询和运营专题咨询两种形式。

根据合同规定，服务周期有半年至 3 年不等。项目现场一般不派常驻团队，而是通过阶段性沟通、方案汇报的方式进行交流，经专家评审和业主会审后提交正式的咨询方案。

业主方的主要权责。业主方是智能交通线路运营管理工作的责任主体，负责线路从无到有、从线到网各个阶段的建设、发展和全方位管理工作，负责线路的经营管理风险和社会公益责任，并可自由支配线路的各类经营收益。

2. 以管代教模式

以管代教咨询模式是指派出覆盖各核心专业的咨询团队，在业主的运营单位担任运营相关管理部门的实际职务，全程参与新线从筹备到开通的所有环节，保证项目按计划推进。同时，以带教老师的身份，辅助业主培养运营管理的核心人员团队，协助业主逐步实现自主管理。

咨询特点。参与运营管理。咨询方派出的咨询团队，在业主的运营单位担任部分中高层职务，直接参与线路运营管理相关事务，并承担相应管理职责；全过程带教。协助业主进行人员招聘、培训、人员考评等工作，辅助业主逐步建立管理人员和技术骨干团队；成果提交。除了咨询报告外，更多的是考评线路运营管理和人员培养的实际成效。

咨询内容及形式。咨询方在运营筹备、运营接管、人员培训、计划财务、企业管理、设备保障等方面提供全过程运营管理服务，确保智能交通线路如期、安全、顺利开通；建立符合业主运营实际的管理模式，形成运营管理的相关规章、制度、方案、工作流程和工作机制，指导逐步形成先进的运营管理团队和技术队伍，为合同期满后业主可自主运营管理奠定坚实的基础。

服务周期一般包括 3 年运营筹备期和 1 ～ 2 年的运营保驾期。咨询方派驻的是在智能交通领域具有丰富的运营筹备、接管及运作经验的团队（15 ～ 20 人），常驻项目现场，人员涵盖运营管理、行车组织、客运管理、乘务管理、通信信号、机电、车辆、供电、工务房建等各个主要专业。此外，根据项目具体实施进度和业主需求，分阶段、分批次派遣各专业的资深专家到项目现场进行短期业务指导。

业主方的主要权责。咨询方负责部分或全部运营业务的管理，业主方人员负责运营工作的具体组织和实施。线路在运营接管、系统调试、开通运营各阶段的责任主体和运营权益均为业主方。

3. 特许经营模式

咨询方以运营商的身份，接受业主对新线运营管理的整体委托，或经参与 PPP 模式进入项目。运营商根据特许经营协议和其他法规，负责线路设施的运营和维护，获取票款和其他非票务收益，或收取管理佣金。特许期结束后，运营商将设施交还给业主，或移交给市政府或其指定机构。

（1）咨询特点

组建运营公司。运营商负责组建专业管理团队和核心技术团队，建立智能交通运营公司。

全程服务。工作内容囊括了线路开通前后的所有运营及维护的管理，并负责具体实施。业主方无须操心具体的运营管理事务。

管理自主权。在特许期内，运营商拥有线路运营管理自主权，业主原则上不参与各类资源的运作和管理。

接受监管。运营商对线路的运营安全、生产指标、经营风险等全面负责，并接受业主及政府的监督和检查。此外，运营商有义务尽最大努力，通过提高运营管理效率来尽可能减少运营成本或资本性支出。

（2）咨询内容及形式

一般分为整体委托运营或组建合资公司 2 种方式。二者最大的区别在于，合资公司是由双方共同出资组建运营公司，运营商开展运营维护工作，双方共同承担风险和责任。

获取智能交通线路特许经营权的企业，其特许经营的年限一般较长，多为 15 ~ 30 年。运营商将安排专业管理团队和核心技术团队至现场，组建运营公司，进行公司运作、生产管理、人员管理等各方面工作，使线路运营管理所需的各类资源实现最优化组合，从而达到安全可靠、高效运营的目的。

（3）业主方的主要权责

业主方为运营商提供合同约定的运营资金拨付、运营管理政策支持、运营管理配套条件构建、客流培育方案支持等。在合同有约定的前提下，业主还可按约定比例享有经营收益回报。

参考文献

[1] 徐勇军，刘禹，王峰. 物联网关键技术[M]. 北京：电子工业出版社，2012.

[2] 陈海滢，刘昭. 物联网应用启示录[M]. 北京：机械工业出版社，2011.

[3] 物联网产业技术创新战略联盟. 中国物联网产业发展概况[M]. 北京：人民邮电出版社，2016.

[4] 张新程，付航，李天璞，等. 物联网关键技术[M]. 北京：人民邮电出版社，2011.

[5] 周洪波. 物联网[M]. 北京：电子工业出版社，2011.

[6] 艾浩军，单志广，张定安，等. 物联网[M]. 北京：人民邮电出版社，2011.

[7] 张铎. 物联网大趋势[M]. 北京：清华大学出版社，2010.

[8] 廖建尚. 物联网开发与应用[M]. 北京：电子工业出版社，2017.

[9] 贝瑟斯. 大数据与物联网：面向智慧环境路线图[M]. 郭建胜，周竞赛，毛声，等. 译. 北京：国防工业出版社，2017.

[10] 克兰兹. 物联网时代：新商业世界的行动解决方案[M]. 周海云，译. 北京：中信出版社，2017.

[11] 刘军，阎芳，杨玺. 物联网与物流管控一体化[M]. 北京：中国财富出版社，2017.

[12] 徐小龙. 物联网室内定位技术[M]. 北京：电子工业出版社，2017.

[13] 张冀，王晓霞，宋亚奇，等. 物联网技术与应用[M]. 北京：清华大学出版社，2017.

[14] 董健. 物联网与短距离无线通信技术[M]. 北京：电子工业出版社，2016.

[15] 丁飞. 物联网开放平台——平台架构、关键技术与典型应用[M]. 北京：电子工业出版社，2018.

[16] 刘凯. 从芯片到云端：Python物联网全栈开发实践[M]. 北京：电子工业出版社，2017.

[17] 吴功宜，吴英．解读物联网[M]．北京：机械工业出版社，2016.

[18] 王平．工业物联网技术及应用[M]．北京：科学出版社，2014.

[19] 桂劲松．物联网系统设计[M]．北京：电子工业出版社，2017.

[20] 俞晓磊，汪东华，赵志敏．物联网系统动态性能半物理验证技术[M]．北京：科学出版社，2017.

[21] 马费成．信息资源开发与管理[M]．北京：电子工业出版社，2014.

[22] 池天河，彭玲，杨丽娜．智慧城市空间信息公共平台[M]．北京：科学出版社，2014.

[23] 于施洋，王璟璇．电子政务顶层设计[M]．北京：社会科学文献出版社，2014.

[24] 全国信息技术标准化技术委员会SOA分技术委员会，工业和信息化部电子工业标准化研究院．智慧城市实践指南[M]．北京：电子工业出版社，2013.

[25] 马费成．数字信息资源规划、管理与利用研究[M]．北京：经济科学出版社，2012.

[26] 李军，彭凯．政务地理空间信息资源管理与共享服务应用[M]．北京：北京大学出版社，2009.

[27] 穆勇，彭凯．政务信息资源目录体系建设理论与实践[M]．北京：北京大学出版社，2009.

[28] 高复先．信息化IRP之路[M]．大连：大连理工大学出版社，2008.

[29] 高复先．信息资源规划[M]．北京：清华大学出版社，2002.

[30] 吴信才，吴亮，厅波．地理信息系统原理与方法[M]．北京：电子工业出版社，2002.

[31] 徐继华，冯启娜，陈贞汝．智慧政府[M]．北京：中信出版社，2014.

[32] 李江涛．广州创新型城市发展报告[M]．北京：社会科学文献出版社，2014.

[33] 邹采荣，马正勇，冯元．中国广州科技和信息化发展报告[M]．北京：社会科学文献出版社，2014.

[34] 毛建儒，李忱，王颖斌．系统哲学的探索与研究[M]．北京：中国社会科学出版社，2014.

[35] 王爱华．智慧城市[M]．北京：电子工业出版社，2014.

[36] 陈畴镛．智慧城市建设[M]．杭州：浙江大学出版社，2014.